高等院校化学实验教学改革规划教材

江苏省高等学校精品教材

仪器分析实验

第三版

总主编　孙尔康　张剑荣

主　编　陈国松　张长丽

副主编　徐继明　董淑玲　徐建强　王京平　黄　芳

编　委　（按姓氏笔画排序）

卜洪忠　王秀玲　王松君　王　颖　方　魏
边　敏　刘建兰　邱凤仙　陈昌云　陈晓君
汤莉莉　何凤云　张之翼　张红漫　张显波
张钱丽　张海鸥　杨雪云　娄　帅　高旭升
董英英　魏永前

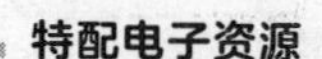

特配电子资源

微信扫码

视频动画

拓展阅读

互动交流

南京大学出版社

图书在版编目(CIP)数据

仪器分析实验 / 陈国松，张长丽主编. — 3 版. —
南京 ：南京大学出版社，2019.8(2021.12 重印)
ISBN 978 - 7 - 305 - 22584 - 0

Ⅰ. ①仪… Ⅱ. ①陈… ②张… Ⅲ. ①仪器分析—实
验 Ⅳ. ①O657—33

中国版本图书馆 CIP 数据核字(2019)第 160766 号

出版发行 南京大学出版社
社　　址 南京市汉口路 22 号　　　　邮　编 210093
出 版 人 金鑫荣

书　　名 仪器分析实验(第三版)
总 主 编 孙尔康　张剑荣
主　　编 陈国松　张长丽
责任编辑 刘　飞　蔡文彬　　　　编辑热线 025 - 83592146

照　　排 南京南琳图文制作有限公司
印　　刷 常州市武进第三印刷有限公司
开　　本 787×1092　1/16　印张 16.75　字数 410 千
版　　次 2019 年 8 月第 3 版　2021 年 12 月第 2 次印刷
ISBN 978 - 7 - 305 - 22584 - 0
定　　价 39.00 元

网址：http://www.njupco.com
官方微博：http://weibo.com/njupco
官方微信号：njupress
销售咨询热线：(025) 83594756

高等院校化学实验教学改革规划教材

编　委　会

第三版序

化学是一门实验性很强的科学，在高等学校化学专业和应用化学专业的教学中，实验教学占有十分重要的地位。就学时而言，教育部化学专业指导委员会提出的参考学时数为每门实验课的学时与相对应的理论课学时之比为(1.1～1.2)∶1，并要求化学实验课独立设课。已故著名化学教育家戴安邦教授生前曾指出："全面的化学教育要求化学教学不仅传授化学知识和技术，更训练科学方法和思维，还培养科学品德和精神。"化学实验室是实施全面化学教育最有效的场所，因为化学实验教学不仅可以培养学生的动手能力，而且也是培养学生严谨的科学态度、严密科学的逻辑思维方法和实事求是的优良品德的最有效形式；同时也是培养学生创新意识、创新精神和创新能力的重要环节。

为推动高等学校加强学生实践能力和创新能力的培养，加快实验教学改革和实验室建设，促进优质资源整合和共享，提升办学水平和教育质量，教育部已于2005年在高等学校实验教学中心建设的基础上启动建设一批国家实验教学示范中心。通过建设实验教学示范中心，达到的建设目标是：树立以学生为本，知识、能力、素质全面协调发展的教育理念和以能力培养为核心的实验教学观念，建立有利于培养学生实践能力和创新能力的实验教学体系，建设满足现代实验教学需要的高素质实验教学队伍，建设仪器设备先进、资源共享、开放服务的实验教学环境，建立现代化的高效运行的管理机制，全面提高实验教学水平。为全国高等学校实验教学改革提供示范经验，带动高等学校实验室的建设和发展。

在国家级实验教学示范中心建设的带动下，江苏省于2006年成立了"江苏省高等院校化学实验教学示范中心主任联席会"，成员单位达三十多个，并在2006～2008年三年时间内，召开了三次示范中心建设研讨会。通过这三次会议的交流，大家一致认为要提高江苏省高校的实验教学质量，关键之一是要有一个符合江苏省高校特点的实验教学体系以及与之相适应的一套先进的教材。在南京大学出版社的大力支持下，在第三次江苏省高等院校化学实验教学示范中心主任联席会上，经过充分酝酿和协商，决定由南京大学牵头，成立江苏省高等院校化学实验教学改革系列教材编委会，组织东南大学、南京航空航天大学、苏州大学、南京师范大学、南京工业大学、江苏大学、南京信息工程大学、盐城师范学院、淮阴师范学院、淮阴工学院、苏州科技大学、常熟理工学院、江苏警官学院、南京晓庄学院、南京大学金陵学院等十五所高校实验教学的一线教师，编写《无机化学实验》、《有机化学实验》、《物理化学实验》、《分析化学实验》、《仪器分析实验》、《无机及分析化学实验》、《化工原理实验》、《大学化学实验》、《普通化学实验》、《高分子化学与物理实验》、《化学化工实验室安全教程》和至少跨两门二级学科(或一级学科)实验内容或实验方法的《综合化学实验》系列教材。

该套教材在教学体系和各门课程内容结构上按照“基础—综合—研究”三层次进行建设。体现出夯实基础、加强综合、引入研究和经典实验与学科前沿实验内容相结合、常规实验技术与现代实验技术相结合等编写特点。在实验内容选择上，尽量反映贴近生活、贴近社会，与健康、环境密切相关，能够激发学生兴趣，并且具有恰当的难易梯度供选取；在实验内容的安排上符合本科生的认知规律，由浅入深、由简单到综合，每门实验教材均有本门实验内容或实验方法的小综合，并且在实验的最后增加了该实验的背景知识讨论和相关延展实验，让学有余力的学生可以充分发挥其潜力和兴趣，在课后进行学习或研究；在教学方法上，希望以启发式、互动式为主，实现以学生为主体，教师为主导的转变，加强学生的个性化培养；在实验设计上，力争做到使用无毒或少毒的药品或试剂，体现绿色化学的教学理念。这套化学实验系列教材充分体现了各参编学校近年来化学实验改革的成果，同时也是江苏省省级化学示范中心创建的成果。

本套化学实验系列教材的编写和出版是我们工作的一项尝试，省内外相关院校使用后，深受广大师生的好评，并于2011年被评为“江苏省高等学校精品教材”。

本套系列教材的出版至今已近十年，随着科学技术日新月异地发展，实验教学改革也随之不断地深入，尽管高等学校实验的基本内容变化不大，但某些实验内容、实验方法和实验技术有了新的变化。本套教材的再版也就是为了适应新形势下的教学需要，在第二版的基础上删除了部分繁琐、陈旧的实验，增加了部分新的实验内容，并尽可能引入新的实验方法和实验技术。在第三版教材的编写过程中，难免会出现一些疏漏或者错误，敬请读者和专家提出批评意见，以便我们今后修改和订正。

编委会

第三版前言

分析仪器是当代化学、化工、生物、医药、冶金、矿产、材料、电子、食品、安全、环境等领域科学研究和生产实践的重要手段。掌握现代仪器分析方法，学会操作现代分析仪器是相关专业本科生和研究生必备的基本专业素质。

根据教育部本科教学指导委员会对《仪器分析实验》仪器配置的基本要求，在实验室建设中，必配的仪器有：可见分光光度计、紫外一可见分光光度计、红外分光光度计、原子发射光谱仪、原子吸收分光光度计、气相色谱仪、高效液相色谱仪、离子活度计、电化学工作站。选配的仪器（至少配置三种）有：分子荧光分光光度计、原子荧光光谱仪、X射线衍射仪、气相色谱-质谱联用仪、液相色谱一质谱联用仪、凝胶渗透色谱仪、离子色谱仪、毛细管电泳仪、核磁共振波谱仪、元素分析仪、热分析仪、顺磁共振仪、电感耦合等离子体原子发射光谱仪、流动注射分析仪等。

本书第一版自2010年12月出版以来，深受广大读者的欢迎，2011年被评为“江苏省高等院校精品教材”。第三版在保持第二版体系和特点的基础上，对部分实验内容进行了修订，增加了外文实验及校企合作实验。全书将40个实验分为电化学分析（含电位、库仑、伏安）、分子光谱分析（含紫外-可见、红外、分子荧光）、原子光谱分析（含原子发射、原子吸收、原子荧光）、色谱分析（含气相色谱、高效液相色谱、离子色谱、凝胶渗透色谱）、其他仪器分析实验和外文实验及校企合作实验，共六章内容。以上各章均含有相关理论的概要性内容，涵盖了各类仪器分析的基本原理、仪器结构、定性和定量方法及相关计算公式、适宜的分析对象以及样品处理的基本原则、仪器操作使用的一般原则、经验和注意事项等，在每个实验后还附有思考题。本书可作为《仪器分析》理论课的复习参考书。

由于学时的限制，加上各个学校的办学特点和实际条件有所不同，学生很难有机会全部完成本书所收编的实验，也未必有机会直接接触和使用门类如此众多的分析仪器，因此，在第七章中对40个门类的国产和进口仪器的基本特点和操作方法进行了介绍，包括新近出现的光催化分析仪器和连续流动多参数分析仪器。

本书由省内外九所高校联合编写，参编的有：南京工业大学（陈国松、陈晓君、卜洪忠、边敏、高旭升、杨雪云、张红漫、张显波、张之翼、刘建兰）、南京晓庄学院（张长丽、陈昌云、黄芳、何凤云、王颖）、淮阴师范学院（徐继明）、苏州科技大学（董淑玲、王秀玲、张钱丽、娄帅、王松君）、南京信息工程大学（徐建强、汤莉莉、张海欧）、江苏大学（邱凤仙）、苏州大学（魏永前、方魏）、盐城师范学院（王京平）、河南城建学院（董英英）。九所院校的二十多位老师将各校开设的具有不同特色的实验内容奉献出来汇编成书，在此表示衷心的感谢。也要特别感谢南京工业大学唐美华老师、研究生石成成、杨丽君、黄千姿、董丁、李晓峰、古文、杨晓露、吕丹丹、贺小云以及盐城工学院仇静老师等对部分实验和数据进行的验证和修订工作。书中难免会有疏漏和错误之处，恳请老师和同学们在使用中发现问题不吝指正，我们将认真学习和修正。

编　者

2019年7月

目 录

第一章　电化学分析实验

§1.1　电位分析法

一、基本原理

电位分析法是在电池零电流条件下，利用电极电位与组分浓度间的关系进行测定的一种电化学分析方法。

电位分析法分为直接电位法和电位滴定法。直接电位法采用专用的指示电极，如离子选择电极，把被测离子 A 的活度转化为电极电位，电极电位与离子活度之间的关系用 Nernst 方程表示：

$$E=常数+\frac{2.303RT}{nF}\lg a_{A}=常数+s\lg a_{A}$$

式中：R 为摩尔气体常数（$8.314\ J\cdot mol^{-1}\cdot K^{-1}$）；$F$ 为法拉第常数（$96\ 486.7\ C\cdot mol^{-1}$）；$T$ 为热力学温度；n 为电极反应中转移的电子数；s 称为电极响应斜率，标准状态下为$0.0592/n$。

这是直接电位分析法的基本定量依据。

电位滴定法是利用电极电位的突变（或达到设定值）代替化学指示剂的颜色变化以确定终点的滴定分析方法。

直接电位法是在溶液体系不发生变化的平衡状态下进行测定的，电极响应的是物质游离离子的量。而电位滴定过程中则发生了化学反应，测得的是物质的总量。

在电位分析中构成电池的两个电极，一个为指示电极，其电极电位随待测离子浓度的变化而变化；另一个为参比电极，其电位不受试液组成变化的影响。将指示电极和参比电极一同浸入试液，构成电池体系，如图 1-1 所示，通过测量该电池的电动势或电极电位可以求得被测物质的含量、酸碱解离常数或配合物稳定常数等。

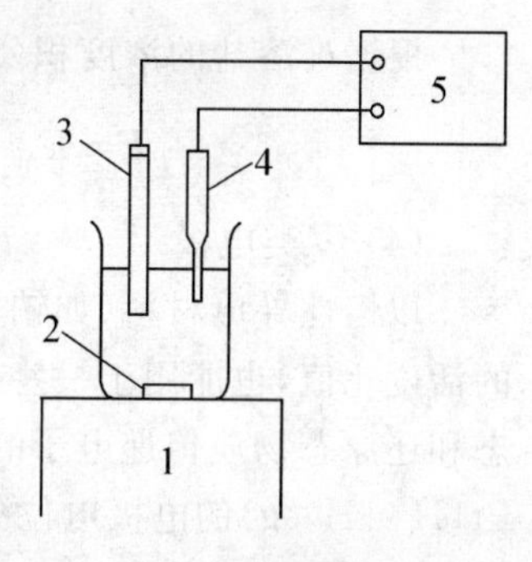

图 1-1　测量电池

1. 磁力搅拌器　2. 转子
3. 指示电极　4. 参比电极
5. 电位差计

二、电极

1. 金属电极

金属电极按其组成体系及响应机理不同，可分为以下四类：

(1) 第一类电极

金属与该金属离子溶液组成的电极体系，$M|M^{z+}$，其电极电位取决于金属离子的活度。

电极反应为：

$$M^{z+} + z\,e = M$$

电极电位为：

$$E = E^{\ominus}_{M^{z+}/M} + \frac{0.059\,2}{z}\lg a_{M^{z+}}$$

(2) 第二类电极

金属及其难溶盐和该难溶盐的阴离子溶液所组成的电极体系。例如银-氯化银电极、饱和甘汞电极(saturated calomel electrode, SCE)等。

银-氯化银电极($Ag|AgCl, Cl^-$)的电极反应为：

$$AgCl + e^- = Ag + Cl^-$$

电极电位为：

$$E = E^{\ominus}_{AgCl/Ag} - 0.059\,2\ \lg a_{Cl^-}$$

甘汞电极($Hg|Hg_2Cl_2, Cl^-$)的电极反应为：

$$Hg_2Cl_2 + 2e = 2Hg + 2Cl^-$$

电极电位为：

$$E = E^{\ominus}_{Hg_2Cl_2/Hg} - 0.059\,2\ \lg a_{Cl^-}$$

这类电极常用来做参比电极，它们克服了标准氢电极(SHE)使用氢气的不便，一定条件下，可以用饱和氯化钾溶液控制恒定的氯离子活度，即具有恒定的电极电位。

(3) 第三类电极

金属与两种具有共同阴离子(或络合剂)的难溶盐(或稳定的络离子)以及含有第二种难溶盐(或稳定的络离子)的阳离子达到平衡状态时所组成的电极体系。例如草酸根离子能与银离子和钙离子生成草酸银和草酸钙难溶盐，在以草酸银和草酸钙饱和过的、含有钙离子的溶液中，用银电极可以指示钙离子的活度。

$$Ag|Ag_2C_2O_4|CaC_2O_4|Ca^{2+}$$

根据难溶盐的浓度积公式和银电极电位公式，可得该电极的电极电位：

$$E = E^{\ominus}_{Ag_2C_2O_4/Ag} - \frac{0.059\,2}{2}\lg K^{\ominus}_{sp(CaC_2O_4)} + \frac{0.059\,2}{2}\lg a_{Ca^{2+}}$$

(4) 零类电极

以惰性导电材料(如铂、金、碳等)作为电极，指示同时存在于溶液中的氧化态和还原态的活度比值，也能用于一些有气体参与的电极反应。电极本身不参与电极反应，仅作为氧化态和还原态物质传递电子的场所，同时起传导电流的作用。例如电极 $Pt|Fe^{3+}, Fe^{2+}$ 和电极 $Pt|H^+|H_2(g)$ 的电极电位分别为：

$$E = E^{\ominus}_{Fe^{3+}/Fe^{2+}} + 0.059\,2\lg\frac{a_{Fe^{3+}}}{a_{Fe^{2+}}}$$

$$E = E^{\ominus}_{H^+/H_2} + 0.059\,2\lg\frac{a_{H^+}}{p_{H_2}^{1/2}}$$

2. 离子选择电极

离子选择电极(ion selective electrode, ISE)分为原电极和敏化离子选择电极两大类。

原电极包括晶体膜电极(如氟离子选择电极、氯离子选择电极)、刚性基质电极(如玻璃电极)、流动载体电极(如钙离子选择电极、硝酸根离子选择电极)等。

敏化离子选择电极是以原电极为基础装配成的离子选择电极，包括气敏电极和酶电极。

各类离子选择电极的响应机理虽各有特点，但工作的基本原理都是利用膜电位的变化来测定溶液中离子的浓度或活度。在敏感膜与溶液两相间的界面上，由于离子的扩散，产生相间电位。在膜相内部，膜的内外表面与膜本体的两个界面上有扩散电位产生，其大小相同。

离子选择电极的电位为内参比电极的电位与膜电位之和，即

$$E_{ISE}=E_{内参比}+E_{膜}=K\pm\frac{0.0592}{z}\lg a_{(外)}$$

式中 K 为常数项，包括内参比电极的电位与膜内的相间电位。阳离子取"＋"，阴离子取"－"。

(1) pH 电极

pH 玻璃电极的玻璃膜内盛有 $0.1\ mol\cdot L^{-1}$ HCl 溶液作内参比溶液，以银-氯化银为内参比电极。敏感玻璃膜是由固定的带负电荷的硅-氧结构形成骨架（载体），在骨架的网络中存在体积较小但活动能力较强的阳离子，主要是 Na^+，并由它起导电作用。溶液中的 H^+ 能与 Na^+ 发生交换从而取代 Na^+ 的点位。阴离子被带负电荷的硅氧载体所排斥，高价阳离子也不能进出网络。所以敏感玻璃膜对 H^+ 具有选择性。

当玻璃膜浸泡在水中时，由于硅氧结构与 H^+ 的键合强度远大于其与 Na^+ 的键合强度（约 10^{14} 倍），因此发生如下的离子交换反应：

$$H^+ + NaCl = Na^+ + H^+Cl^-（水化凝胶层）$$

H^+ 在水化凝胶层与溶液的界面上进行扩散，破坏了界面附近原来正负电荷分布的均匀性，在两相界面形成双电层结构，从而产生道南（Donnan）电位。玻璃电极的电极电位与试液 pH 有如下关系（25℃）：

$$E_{玻璃}=K+0.0592\ \lg a_{H^+}=K-0.0592\ pH$$

(2) 氟离子选择电极

氟离子选择电极的敏感膜为 LaF_3 的单晶薄片，为了提高膜的电导率，在其中掺杂了 Eu^{2+} 和 Ca^{2+}。由于溶液中的 F^- 能扩散进入膜相的缺陷空穴，而膜相中的 F^- 也能进入溶液相，因而在两相界面上建立双电层结构而产生膜电位；又因为缺陷空穴的大小、形状与电荷分布只能容纳特定的可移动的晶格离子 F^-，其他离子不能进入空穴，因此敏感膜具有选择性。氟离子选择电极的电极电位为：

$$E_{膜}=K-0.0592\ \lg a_{F^-(外)}$$

三、定量分析方法

1. 直接电位法

(1) 直读法（标准比较法）

所有仪器定量分析方法均需要有标样作为参照，直读法也不例外。选择一个与待测溶液浓度相近的标准溶液，用同一对电极在相同条件下测量标准溶液 s 和待测溶液 x 的电动势，根据能斯特公式可得：

$$E_x=K\pm s\ \lg a_x$$

$$E_s=K\pm s\ \lg a_s$$

两式相减可得：

$$\lg a_x = \lg a_s \pm \frac{E_x - E_s}{s}$$

若测定对象为 H^+，则

$$pH_x = pH_s + \frac{E_x - E_s}{2.303RT/F}$$

这是 pH 的实用定义。即在酸度计上将标准溶液的 E_s 定位于 pH_s，则可根据仪器对待测溶液的偏转量 $E_x - E_s$ 直接读出待测溶液的 pH_x。

(2) 标准曲线法

配制一系列含有不同浓度待测组分的标准溶液，分别测量其电极电位值 E，绘制 $E \sim \lg c$ 曲线。然后测量未知试液的电极电位值，由标准曲线确定其浓度。

标准曲线法适用于大批量试样的分析。对于较复杂的体系，测量时需要在标准系列溶液和未知试液中加入总离子强度调节剂(TISAB)。它有三个方面的作用：① 保持试液与标准溶液具有基本相同测量条件(离子强度、活度系数)；② 控制溶液的酸度在离子选择电极适宜的 pH 范围内，维持待测离子的状态，避免 H^+ 或 OH^- 的干扰；③ 含有络合剂，可以掩蔽干扰离子，释放待测离子。

(3) 标准加入法

分析基体较复杂的样品应采用标准加入法，即将待测组分的标准溶液加到待测试样溶液中进行测定。也可以采用样品加入法，即将样品溶液加到标准溶液中进行测定。

标准加入法分三步进行。第一步，准确量取体积为 V_x、浓度为 c_x 的待测溶液(其中已含有 TISAB)，测得其电动势为：

$$E_1 = K \pm s\lg c_x$$

第二步，向测量过 E_1 的待测溶液中加入体积为 V_s、浓度为 c_s 的标准溶液(要求 $V_s \ll V_x$，约为其 1%，而 $c_s \gg c_x$，约为其 100 倍)。测量此时溶液的电动势为：

$$E_2 = K \pm s\lg \frac{c_x V_x + c_s V_s}{V_x + V_s}$$

两式相减得：

$$\Delta E = E_2 - E_1 = s\lg \frac{c_x V_x + c_s V_s}{c_x (V_x + V_s)} \approx s\lg\left(1 + \frac{c_s V_s}{c_x V_x}\right)$$

令 $\Delta c = \frac{c_s V_s}{V_x}$，即标准加入后溶液浓度的改变量，则

$$c_x = \Delta c (10^{\Delta E/s} - 1)^{-1}$$

第三步，测量电极响应斜率 s。取两份浓度不同的标准溶液 c_1 和 c_2，在相同条件下分别测得其电位值 E_1 和 E_2，由两者的能斯特公式相减可得：

$$s = \frac{E_1 - E_2}{\lg c_1 - \lg c_2}$$

若 $c_1 = 2c_2$，则

$$s = \frac{E_1 - E_2}{\lg 2} = \frac{\Delta E}{0.301}$$

2. 电位滴定法滴定终点的确定方法

以离子选择电极的电位 E 对滴定剂体积 V 作图，得 $E \sim V$ 曲线。对反应物系数相等的

反应，曲线的拐点即为化学计量点；对反应物系数不等的反应，拐点与化学计量点稍有偏离，但偏差很小，仍可作为滴定终点。

若拐点难以确定，可绘制一级微商滴定曲线，即$\frac{\Delta E}{\Delta V}\sim V$曲线，曲线的极大值所对应的点即为滴定终点。

也可绘制二级微商曲线，即$\frac{\Delta^2 E}{\Delta V^2}\sim V$曲线，曲线与$V$轴的交点为滴定终点。

§1.2　库仑分析法

库仑分析法是建立在电解过程基础上的电化学分析法。电解过程中，在电极上发生反应的物质的量与通过电解池的电量成正比，即法拉第定律：

$$m=\frac{it}{nF}M$$

式中：m为析出物质的质量(g)；M为其摩尔质量($g\cdot mol^{-1}$)；n为电极反应中的电子转移数；F为法拉第常数($96\,486.7\ C\cdot mol^{-1}$)；$i$为电解电流(A)；$t$为电解时间(s)。法拉第电解定律是自然科学中最严格的定律之一，不受温度、压力、电解质浓度、电极材料和形状、溶剂性质等因素的影响。

库仑分析分为控制电位库仑分析法与控制电流库仑分析法两种，后者简称库仑滴定法。库仑分析法要求工作电极上没有其他电极反应发生，电流效率必须达到100%。

一、控制电位库仑分析法

1. 方法原理

在控制电位电解过程中，调节外加电压，使工作电极的电位控制在某一合适的值或某一小范围内，使被测离子在工作电极上析出，其他离子留在溶液中以达到分离和测定的目的。其基本装置见图1-2，由工作电极、对电极和参比电极共同组成电位测量与控制系统。开始时被测物质析出速度较快，随着电解的进行，溶液中被测离子浓度逐渐降低，电极反应速率逐渐变慢，电解电流越来越小。当电解电流趋近于零时，指示该物质已被电解完全。用与之串联的库仑计精确测量电解电量，即可由法拉第电解定律计算其含量。常用的工作电极有铂、银、汞、碳电极等。

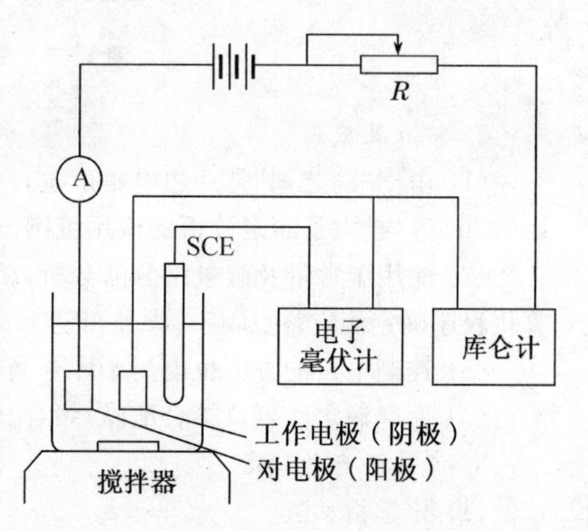

图1-2　控制电位库仑分析法装置示意图

2. 特点及应用

(1) 控制电位库仑法并不要求被测物质一定要在电极上沉积为金属或难溶物，因此可用于测定进行均相电极反应的物质，特别适用于有机物的分析。

(2) 灵敏度和准确度较高，检出限最低可至0.01 μg，相对误差0.1%～0.5%，是最准确的常量分析方法之一。

(3) 可用于准确测定电极反应过程中的电子转移数。

二、控制电流库仑分析法(库仑滴定法)

1. 方法原理

在恒定电流的条件下电解，由电极反应产生的电生“滴定剂”与被测物质发生反应，用化学指示剂或电化学方法确定“滴定”的终点，由恒电流的大小和到达终点需要的时间算出消耗的电量，由此求得被测物质的含量。这与滴定分析中用标准溶液滴定被测物质的方法相似，因此也称库仑滴定法。库仑滴定装置见图 1-3，由电解系统和终点指示系统两部分组成。电解系统包括电解池、计时器和恒电流源。电解池中插入工作电极、辅助电极以及用于指示终点的电极。将强度一定的电流 i 通过电解池，并用计时器记录电解时间 t。在工作电极上通过电极反应产生“滴定剂”，该“滴定剂”立即与试液中被测物质发生反应，当到达终点时由指示系统指示终点到达，停止电解。

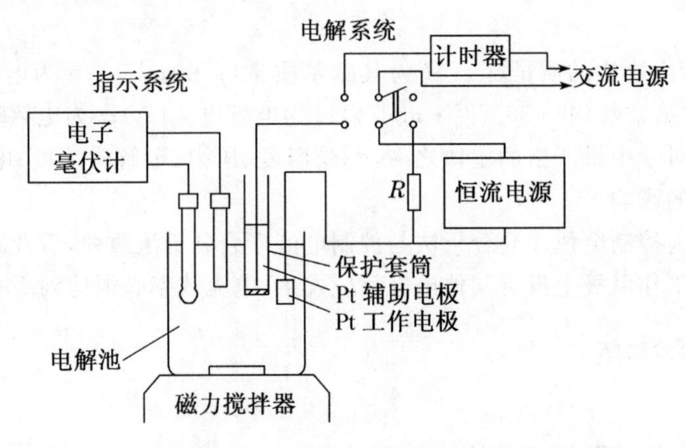

图 1-3 库仑滴定装置示意图

2. 特点及应用

(1) 由于“滴定剂”是一边电解产生，一边滴定的，所以可使用不稳定的滴定剂，如 Cl_2、Br_2、Cu^+ 等，扩大了滴定分析的应用范围。

(2) 能用于常量及微量组分的分析，相对误差约为 0.5%，若采用精密库仑滴定法，由计算机程序确定滴定终点，相对误差可达 0.01%以下，能用作标准方法。

(3) 控制电位的方法也能用于库仑滴定。

(4) 库仑滴定法可以结合酸碱、络合、氧化还原及沉淀等各类反应进行滴定。

3. 滴定终点的确定

(1) 化学指示法

可省去库仑滴定中指示终点的装置，在常量库仑滴定中比较方便。例如：单质碘作为滴定剂滴定三价砷时，可用淀粉作指示剂，当三价砷全部被碘氧化为五价砷后，过量的碘将使淀粉溶液变为浅蓝色，指示反应终点。

(2) 电位法

如酸碱滴定，利用 pH 电极与饱和甘汞电极来指示终点 pH 的变化，可用作图法或一级、二级微商法确定终点。

(3) 永停终点法

装置如图 1-4 所示。将两个相同的铂电极 e_1 和 e_2 插入试液，加上一个小电压(50 mV 或稍大一些)，并在线路中串联一个灵敏的检流计 G。如果试液中同时存在氧化态和还原态的可逆电对，则电极上发生反应，电流通过电解池。如果只有可逆电对的一种状态，所加的小电压不能使电极上发生反应，电解池中就没有电流通过。例如在酸性溶液中由 Pt 工作电极上产生 Br_2 来滴定 As(Ⅲ)：

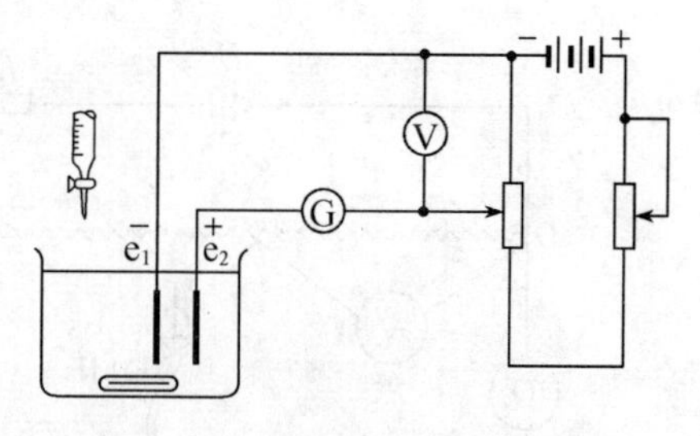

图 1-4　永停终点法装置示意图

$$\text{铂阳极(工作电极)：} 2Br^- - 2e \longrightarrow Br_2$$

$$\text{铂阴极(辅助电极)：} 2H_2O + 2e \longrightarrow H_2 + 2OH^-$$

在铂阳极上产生的“滴定剂”Br_2 滴定 As(Ⅲ)，当 As(Ⅲ)反应完全后，试液中的 Br_2 微过量，此时溶液中存在电对 $Br_2|Br^-$，回路中就有电流通过，表示终点到达。永停终点法指示终点非常灵敏，常用于氧化还原滴定体系。

由铂阴极反应产生的 OH^- 将会改变试液 pH，所以应将铂阴极隔开。通常把产生干扰的电极装在一个玻璃套管中，管底部装上一微孔底板，板上放一层硅胶或琼脂。

§1.3　伏安分析法

伏安法(voltammetry)是以测量电解过程中所得电流-电压曲线进行定性和定量分析的方法。极谱法(polarography)是伏安法的特例，使用表面能够更新的滴汞电极。而一般伏安法使用的极化电极是固体电极或表面不能更新的液体电极。极谱法包括直流极谱法、单扫描极谱法、方波极谱法、脉冲极谱法、交流示波极谱法和计时电位法等，这使得极谱分析方法成为电化学分析的重要组成部分，不仅可用于痕量物质的测定，而且还可用于化学反应机理、电极过程动力学及平衡常数测定等基础研究。

一、直流极谱法

直流极谱法又称经典极谱法。它是以滴汞电极为极化电极，饱和甘汞电极为去极化电极进行的特殊电解分析。根据电解得到的电流-电位或电流-电压曲线，对被测物质进行分析。

1. 极谱分析装置

极谱分析实验装置如图 1-5 所示，它分为电压装置、电流装置以及电解池三个部分。电压装置提供可变的直流电压，电流装置测定电解电流，一般为 μA 级。电解池中有支持电解质、极大抑制剂、被测物质(去极化剂)，插入面积小的滴汞电极和面积大的饱和甘汞电极。滴汞电极的结构见图 1-6，上部为贮汞瓶，下接一厚壁硅橡胶管，硅橡胶管的下端接一毛细管，毛细管内径约 0.05 mm。汞自毛细管中有规则地、周期性地滴落，滴落周期约 3～5 s。

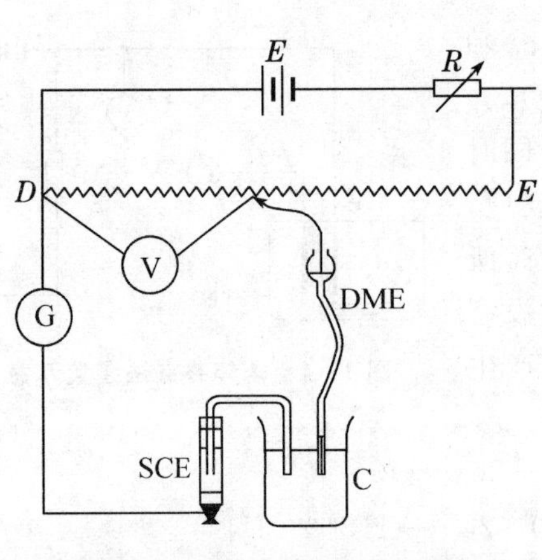

图 1－5 直流极谱法装置示意图

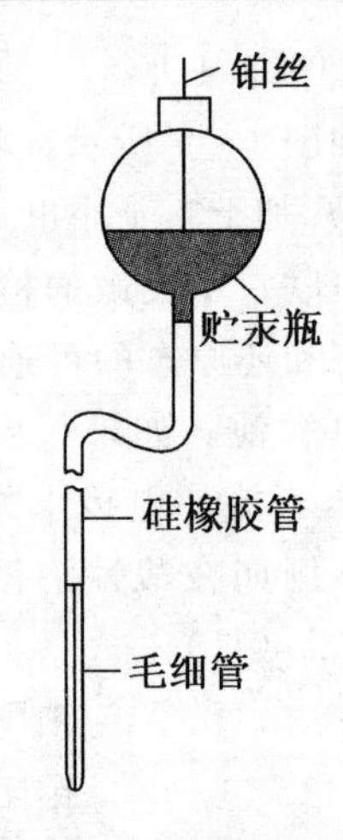

图 1－6 滴汞电极

以滴汞电极为阴极，饱和甘汞电极为阳极，在不搅拌溶液的静止条件下电解。调节外加电压，逐渐增加加在两电极上的电压。用极谱仪自动记录每个滴汞周期的电流-电压值，结果如图 1－7 所示。图中台阶形的锯齿波称为极谱波，此曲线为 Pb^{2+} 和 Cd^{2+} 的极谱波。

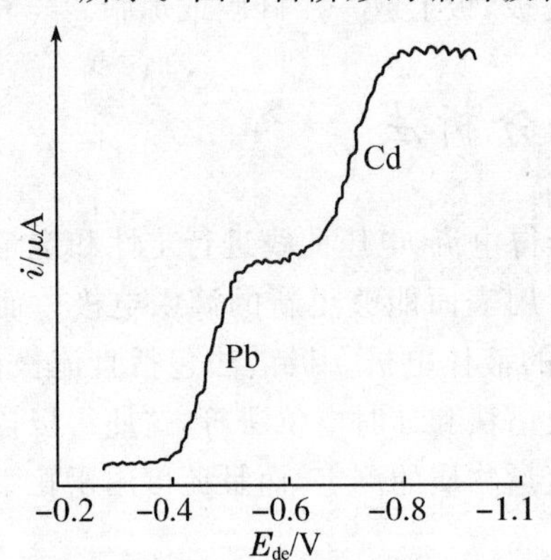

图 1－7 Pb^{2+} 和 Cd^{2+} 的极谱波($3\ mol \cdot L^{-1}$ HCl 介质)

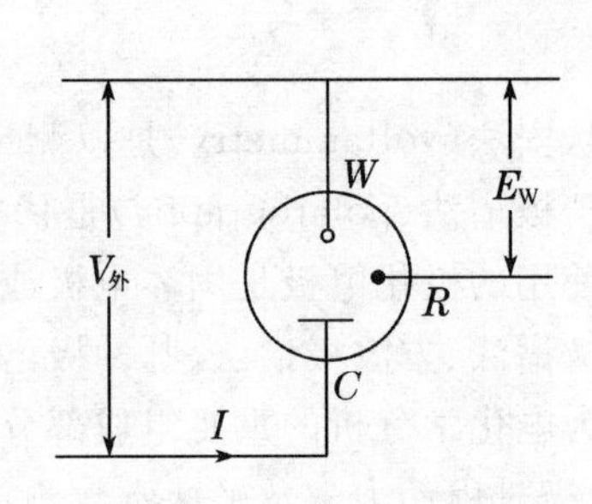

图 1－8 三电极系统示意图

W. 极化电极 R. 参比电极 C. 对电极

极谱过程是一种特殊的电解过程，外加电压 V 与两个电极的电位有如下关系：

$$V = E_{SCE} - E_{de} + ir$$

在极谱分析法中，若使用两电极，电压施加在滴汞电极和饱和甘汞电极上，滴汞电极电位为 E_{de}(*vs.* SCE)$=-V+ir$。由于溶液内阻产生 ir 降，并且有电解电流通过饱和甘汞电极而不可避免地会产生极化，此时测得的极谱波是 $i \sim V$ 曲线，而不是 $i \sim E_{de}$ 曲线，这将引起极谱波的变形等等。为了克服这些缺点，现代极谱法中采用三电极系统，即极化电极(滴汞电极)、参比电极(SCE)和对电极(如铂丝电极)，如图 1－8 所示。这样，参比电极中无电解电流流过，不会产生极化作用。

2. 极谱波的形成

极谱波为台阶形的锯齿波，如图 1－9 所示。

当滴汞电极电位比－0.5 V 略正时，还没有达到 Cd^{2+} 的还原电压，应该无电流通过电解池，但这时仍有极微小的电流通过电解池，这部分电流称为残余电流。当滴汞电极电位处

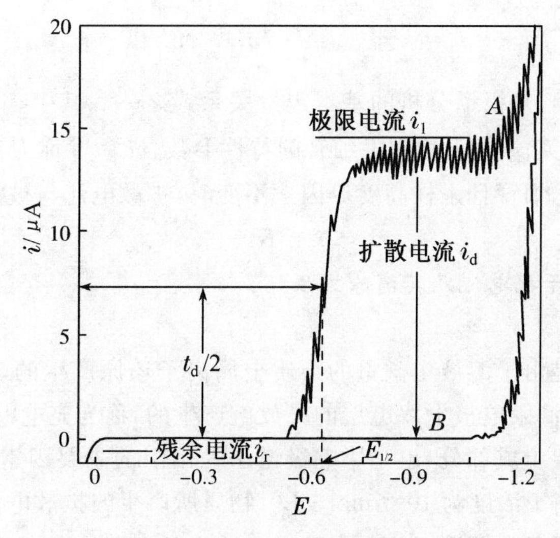

图 1-9　Cd^{2+} 的极谱图

于−0.5～−0.7 V 之间，电位负至 Cd^{2+} 的析出电位时，Cd^{2+} 在滴汞电极上还原并与汞形成汞齐 Cd(Hg)。随着电位继续变负，滴汞电极表面的 Cd^{2+} 迅速还原，电流急剧上升。当滴汞电极电位处于−0.7～−1.1 V 之间时，滴汞电极表面 Cd^{2+} 浓度变小并趋近于零，此时电流达到极限值，即图 1-9 中台阶的平坦部分。极限电流(i_l)扣除残余电流(i_r)后为极限扩散电流(i_d)。i_d 与被测物质的浓度成正比，这是极谱法定量分析的基础。同时，还可以测得半波电位 $E_{1/2}$，即与扩散电流值一半相对应的电位。在支持电解质浓度和温度一定时，$E_{1/2}$ 为定值，与被测物质浓度无关，可以作为定性分析的一个参数。

极谱波波形以及相关的参数 i_d 和 $E_{1/2}$ 是反映极谱性质的重要标志。

3. *滴汞电极*

在极谱分析法中，采用滴汞电极作为工作电极具有以下优点：

(1) 汞滴表面不断更新且能保持溶液扩散层厚度一定，分析结果的重现性好，准确度高；

(2) 多数金属可以与汞生成汞齐而不沉积在电极表面；

(3) 氢在汞电极上的过电位很高，在酸性介质中滴汞电极电位负至−1.3 V(vs. SCE)时才会发生氢离子还原的干扰作用。

滴汞电极的缺点是汞蒸气有毒，实验时需小心防止汞散落在实验桌上或地上。另外，由于汞的氧化，滴汞电极不能用于太正的电位，一般小于 0.2 V(vs. SCE)。

4. *扩散电流方程式*

在滴汞电极上，单一滴汞上的最大扩散电流 $i_{d,\max}$(μA)为：

$$i_{d,\max}=708nD^{1/2}m^{2/3}t^{1/6}c$$

式中：n 为电极反应的电子转移数；D 为被测组分的扩散系数($cm^2 \cdot s^{-1}$)；m 是滴汞流量($mg \cdot s^{-1}$)；t 为汞滴周期(s)；c 为被测物质(去极剂)的浓度($mmol \cdot L^{-1}$)。由于汞滴在不断地长大，在汞滴生长期内，电流是逐渐变大的，在每滴汞寿命的最后时刻获得最大扩散电流，而实际测量的是平均扩散电流，平均电流是最大电流的$\frac{6}{7}$倍，则

$$i_d=\frac{6}{7}i_{d,\max}=607nD^{1/2}m^{2/3}t^{1/6}c$$

该式称为尤考维奇方程，是极谱分析的基本定量关系式之一。其中，$607nD^{1/2}$称为扩散电流常数，与毛细管特性无关；m与t均为毛细管的特性参数，$m^{2/3}t^{1/6}$称为毛细管常数，均与汞柱高度有关。用同一根毛细管且汞柱高度等因素不变时，扩散电流与被测组分浓度成正比，即

$$i_d=Kc$$

5. 极谱分析中的干扰电流及其消除方法

(1) 残余电流

残余电流一方面是由于溶液中微量的杂质金属离子还原产生的，可以通过提纯试剂来消除；另一方面是由于滴汞电极上双电层的充放电产生的，称为充电电流或电容电流。充电电流是残余电流的主要组成部分，也是影响极谱法检出限的主要因素。充电电流的大小约为10^{-7} A数量级，相当于浓度为10^{-5} mol · L^{-1}物质所产生的扩散电流的大小，这就是常规极谱分析所能达到的最低检测限。充电电流在汞滴生长初期最大，末期最小，因此现代极谱法根据电解电流比充电电流衰减慢这一特征，采取在汞滴末期记录电解电流的方法来降低极谱分析的检出限。

(2) 对流电流和迁移电流

极谱分析中，只允许扩散电流与去极剂(待测组分)的浓度成正比。为消除对流电流，测定时溶液必须静止。加入大量支持电解质则可以消除迁移电流，还可以降低ir降。通常，支持电解质浓度比去极剂浓度大100倍以上时，迁移电流基本消除。支持电解质是一些能导电但在该条件下不起电极反应的惰性电解质，如氯化钾、盐酸、硫酸等。

(3) 极谱极大

随着外加电压的增大，在极谱波的前部出现极大值，称为极谱极大，又称畸峰，极大的出现将影响扩散电流和半波电位的准确测量。可加入少量表面活性剂来抑制。由于表面活性剂能吸附在汞滴表面上，使汞滴表面各部分的表面张力均匀，避免了切向运动，从而消除了极大。常用表面活性剂有动物胶、Triton X-100、明胶、聚乙烯醇和某些有机染料等。加入的抑制剂不宜过多，否则会降低扩散电流。

(4) 氧电流

室温时，氧在溶液中的溶解度约为8 mg · L^{-1}，当进行电解时，氧在滴汞电极上的还原分两步进行，产生两个极谱波。第一个波的半波电位约为−0.2 V，第二个的半波电位约为−0.9 V，两个波所覆盖的范围正是大多数金属离子还原的电位范围，因此干扰测定，应预先通N_2除O_2，中性或碱性溶液中也可加入Na_2SO_3。

二、极谱波的类型

1. 按电极反应的可逆性

可分为可逆波与不可逆波。其根本区别在于电极反应是否表现出明显的过电位，如图1-10。曲线2就是当表现出有过电位时，相对应于曲线1的不可逆波。不可逆波实际上是由于电极反应的速度很慢，所以只有施加更负的电位，使得过电位被逐渐克服，电极反应的速度才会增加，电流亦随之增加。

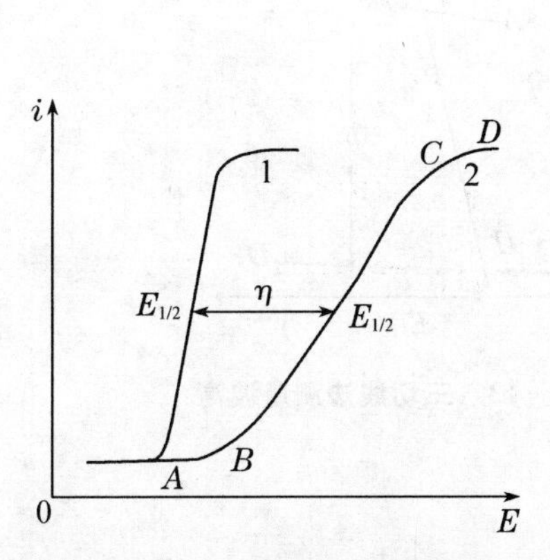

图 1-10　可逆波与不可逆波

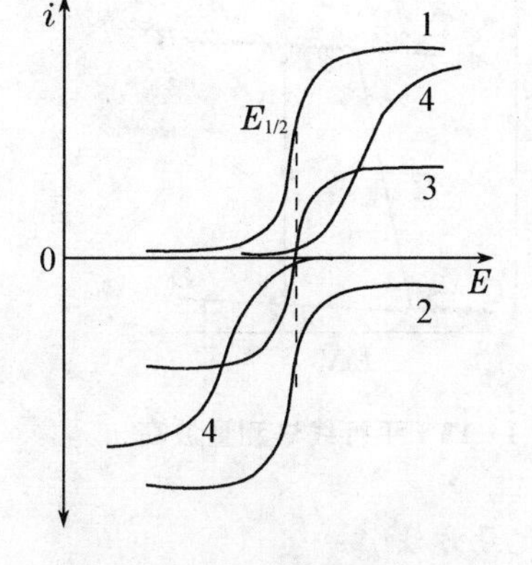

图 1-11　还原波与氧化波

1. 还原波　2. 氧化波　3. 综合波　4. 不可逆波的还原波与氧化波

2. 按电极反应的氧化或还原过程

可分为还原波(阴极波)和氧化波(阳极波)。还原波即溶液中的氧化态物质在电极上还原时所得到的极化曲线,如图 1-11 中曲线 1;氧化波即相当于溶液中的还原态物质在电极上氧化时所得到的极化曲线,如图中曲线 2;当溶液中同时存在氧化态和还原态时,得到如图中曲线 3,称为综合波。

对可逆波来讲,同一物质在相同的底液条件下,其还原波与氧化波的半波电位相同,如图中曲线 1 与 2 所示。但对于不可逆波来讲,情况就不一样了,由于还原过程的过电位为负值,氧化过程的过电位为正值,所以还原波与氧化波的半波电位就不同,如图 1-11 中曲线 4。

3. 根据反应物类型

可分为简单离子、配合物离子和有机物极谱波。

三、极谱定量分析方法

尤考维奇方程是极谱定量分析的基础。扩散电流(波高)与被测物质浓度呈线性关系。极谱波波高可用作图法测量,定量方法可采用标准曲线法或标准加入法。

1. 波高测量方法

对于波形良好的极谱波,只需通过极限电流和残余电流锯齿波纹的中心作两条相互平行的直线,两平行线之间的垂直距离即为所求波高,如图 1-12 所示。当极谱波的波形不规则时,须采用三切线法或矩形法。三切线法的具体操作为:通过极限电流和残余电流的波纹中心分别作直线 AB 和 CD,这两条线和波的切线相交子点 G、H,过点 G、H 分别作平行于横轴的直线,此平行线间的垂直距离即为所求波高,如图 1-13 所示。

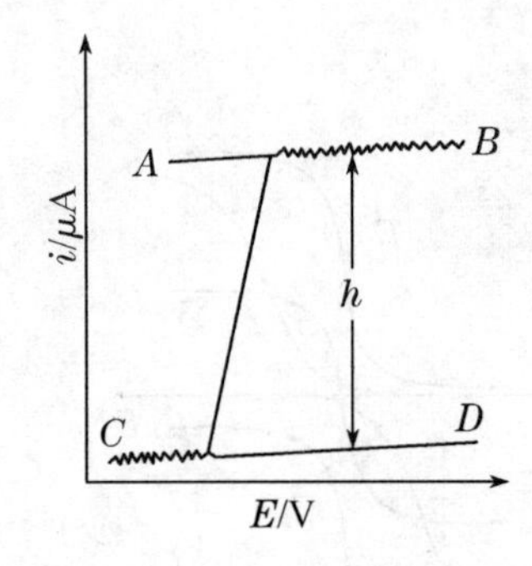

图 1-12 平行线法测量波高

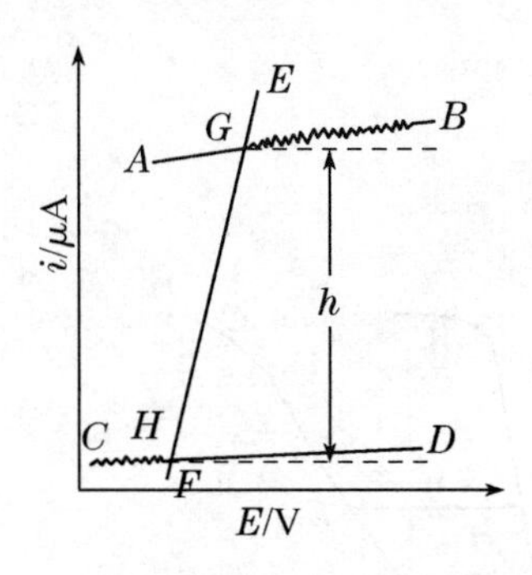

图 1-13 三切线法测量波高

2. 极谱定量方法

(1) 直接比较法

将浓度为 c_s 的标准溶液和浓度为 c_x 的未知待测溶液在相同的极谱条件下进行测定，分别测得其极谱波高为 h_s 和 h_x，则待测溶液的浓度为：

$$c_x=\frac{h_x}{h_s}\times c_s$$

(2) 标准曲线法

配制一系列不同浓度的标准溶液，在相同的极谱条件下进行测定，以波高为纵坐标，浓度为横坐标绘制标准曲线。然后在同样的极谱条件下测得未知样品的波高，由标准曲线确定其浓度。

(3) 标准加入法

当待测溶液的组成比较复杂，基体条件难以确定时，常采用标准加入法。首先取浓度为 c_x 的未知溶液 V_x mL，测得其波高为：

$$h=Kc_x$$

然后加入浓度为 c_s 的标准溶液 V_s mL，在相同条件下测得波高为：

$$H=K\left(\frac{c_xV_x+c_sV_s}{V_x+V_s}\right)$$

即

$$c_x=\frac{c_sV_sh}{(V_x+V_s)H-V_xh}$$

四、循环伏安法

1. 基本原理

循环伏安法就是将单扫描极谱法的线性扫描电位扫至某设定值后，再反向扫回至原来的起始电位，以所得的电流-电压曲线为基础的一种分析方法，其电位与扫描时间的关系如图 1-14(a)所示，呈等腰三角形。如果前半部(电压上升部分)扫描为物质还原态在电极上被氧化的阳极过程，则后半部(电压下降部分)扫描为氧化产物被还原的阴极过程。因此，一次三角波扫描完成一个氧化和还原过程的循环，故称为循环伏安法。其电流电压曲线如图 1-14(b)所示。

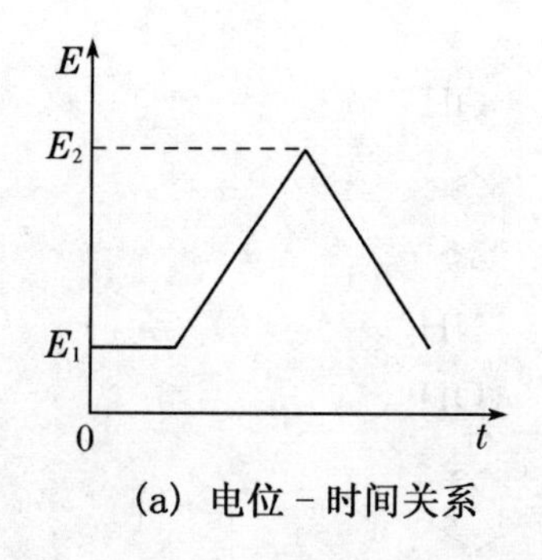

(a) 电位-时间关系

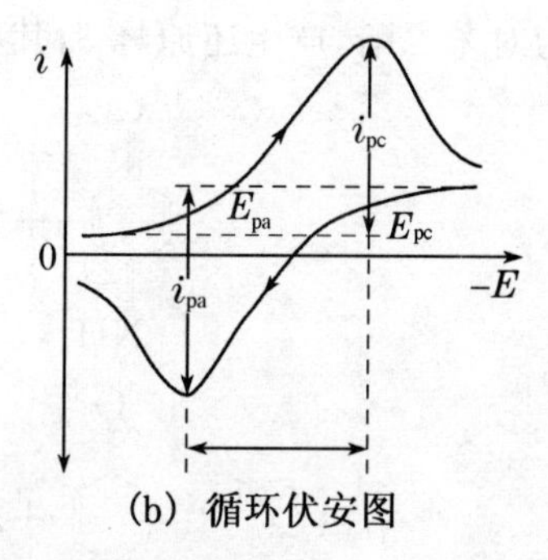

(b) 循环伏安图

图 1-14　电位与扫描时间关系和电流电压曲线

通常，循环伏安法采用三电极系统，使用的指示电极有悬汞电极、汞膜电极和固体电极，如铂电极、玻碳电极等。

对于可逆电极过程，两峰电流之比为$\frac{i_{pa}}{i_{pc}}\approx 1$；

两峰电位之差为$\Delta E_p = E_{pa} - E_{pc} \approx \frac{56.5}{n}(\mathrm{mV})$，通常$\Delta E_p$值在55～65 mV之间；

峰电位与条件电位的关系为$E^{\ominus'} = \frac{E_{pa}+E_{pc}}{2}$。

2. 应用

循环伏安法可用于研究电极过程和化学修饰电极等。例如，研究对氨基苯酚的电极反应机理时，得到如图1-15所示的循环伏安图：电极先从图上的起始点S向电位变正的方向进行阳极扫描，得到阳极峰1；然后再反向扫描，出现了两个阴极峰2和3。当再次进行阳极扫描时，则出现两个阳极峰4和5(图中虚线)。峰5的峰电位与峰1相同。

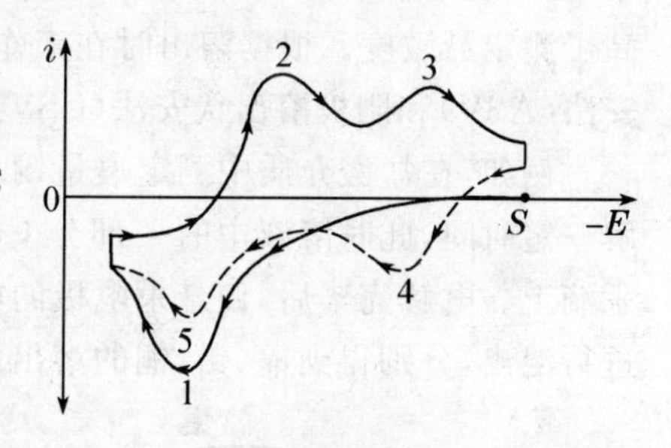

图 1-15　对氨基苯酚的循环伏安图

根据循环伏安图可得如下结论：在第一次进行阳极扫描时，峰1是对氨基苯酚的氧化峰。电极反应为：

$$\mathrm{HO{-}C_6H_4{-}NH_2} \rightleftharpoons \mathrm{O{=}C_6H_4{=}NH} + 2\mathrm{H^+} + 2\mathrm{e^-}$$

反应产物对亚氨基苯醌在电极表面发生如下的化学反应：

$$\mathrm{O{=}C_6H_4{=}NH} + \mathrm{H_3O^+} \rightleftharpoons \mathrm{O{=}C_6H_4{=}O} + \mathrm{NH_4}^+$$

部分对亚氨基苯醌转化为对苯醌，而对亚氨基苯醌和苯醌均可在电极上还原。因此，在进行阴极扫描时，对亚氨基苯醌又被还原为对氨基苯酚，形成还原峰2；而对苯醌则在较负的电位被还原为对苯二酚，产生还原峰 3，其电极反应为：

$$\text{O=C}_6\text{H}_4\text{=NH} + 2H^+ + 2e^- = \text{HO-C}_6\text{H}_4\text{-NH}_2$$

$$\text{O=C}_6\text{H}_4\text{=O} + 2H^+ + 2e^- = \text{HO-C}_6\text{H}_4\text{-OH}$$

当再次进行阳极扫描时，对苯二酚又氧化为对苯酚，形成峰 4。峰 5 与峰 1 相同，仍为对氨基苯酚的氧化峰。

五、溶出伏安法

溶出伏安法(stripping voltammetry)是指先富集后溶出的一类分析方法。首先通过预电解将被测物质电沉积于电极上，起到富集的作用；再施加反向电压使被富集的物质电解溶出。溶出峰电流或峰高在一定条件下与被测物质的浓度成正比。由于工作电极表面积很小，通过预电解，电极表面汞齐中富集的金属浓度相当大，可以产生较大的溶出电流，从而提高了测定灵敏度。根据溶出时在工作电极发生的是氧化还是还原反应，可分为阳极溶出伏安法(ASV)和阴极溶出伏安法(CSV)。

例如，在盐酸介质中测定痕量铜、铅、镉时，首先将悬汞电极的电位固定在－0.8 V，预电解一定时间，此时溶液中的一部分 Cu^{2+}、Pb^{2+}、Cd^{2+} 在电极上还原，并生成汞齐，富集在悬汞滴上。电解完毕后，使悬汞电极的电位均匀地由负向正变化，相当于采用线性扫描伏安法进行溶出，分别得到镉、铅、铜的溶出曲线，如图 1－17 所示。

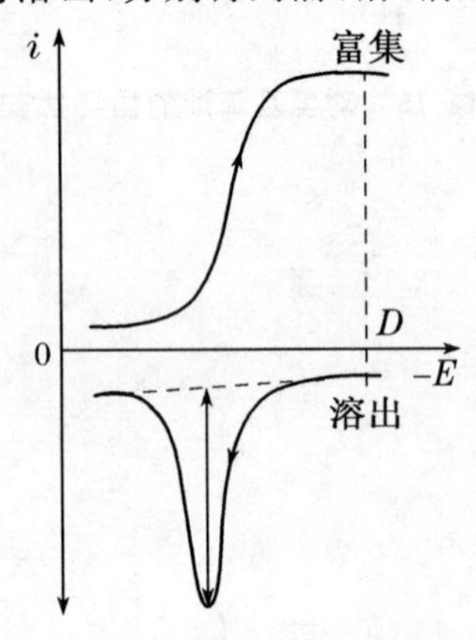

图 1－16　阳极溶出伏安原理图

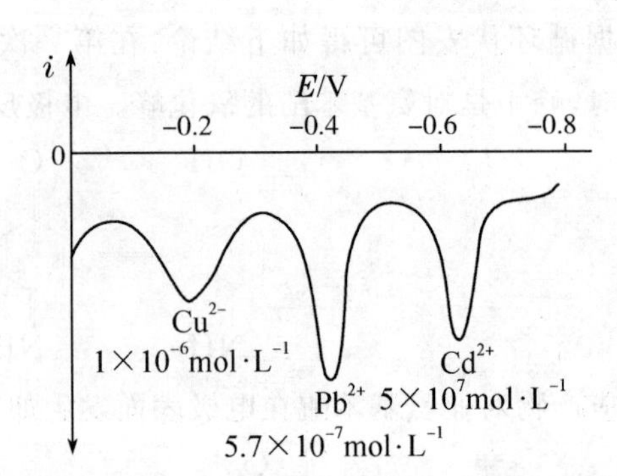

图 1－17　盐酸底液中铜、铅、镉的阳极溶出伏安曲线

实验1　电位滴定法测定醋酸的含量及其离解常数

一、实验目的

(1) 掌握电位滴定法的基本原理和操作技术。

(2) 学习运用二级微商法确定电位滴定的终点。

二、实验原理

醋酸为一元有机弱酸($K_a=1.8\times10^{-5}$)。当其浓度不太低时($cK_a\geqslant10^{-8}$),用 NaOH 标准溶液滴定,可在化学计量点附近产生明显的突跃(pH 或 mV)。由于醋酸常存在于食醋及一些生物发酵体系等有色物质中,难以根据酸碱指示的变色来确定滴定终点,而采用电位滴定法则可以较好地解决这一问题。

滴定终点可由指示电极电位对滴定剂体积所作的电位滴定曲线($E\sim V$)确定,也可以将所得数据处理为一级微商曲线($\frac{\Delta E}{\Delta V}\sim V$)或二级微商曲线($\frac{\Delta^2 E}{\Delta V^2}\sim V$)而求得,分别对应于 $E\sim V$ 曲线的拐点、$\frac{\Delta E}{\Delta V}\sim V$ 曲线的顶点和$\frac{\Delta^2 E}{\Delta V^2}\sim V$ 曲线的零点。由于$\frac{\Delta^2 E}{\Delta V^2}$的零点可由线性插值法方便地求得,无须绘图处理,因而应用较多,举例如下。

表 1-1　一组电位滴定数据及二级微商法处理过程

滴定剂体积 V/mL	电位读数 E/V	ΔE	ΔV	$\frac{\Delta E}{\Delta V}$	$\frac{\Delta^2 E}{\Delta V^2}$
24.10	0.183				
		0.011	0.10	0.11	
24.20	0.194				+2.8
		0.039	0.10	0.39	
24.30	0.233				+4.4
		0.083	0.10	0.83	
24.40	0.316				−5.9
		0.024	0.10	0.24	
24.50	0.340				−1.3
		0.011	0.10	0.11	
24.60	0.351				

表中$\frac{\Delta^2 E}{\Delta V^2}=\frac{\left(\frac{\Delta E}{\Delta V}\right)_2-\left(\frac{\Delta E}{\Delta V}\right)_1}{\Delta V}$。滴定剂体积 V 从 24.30 mL 增加至 24.40 mL 时,$\frac{\Delta^2 E}{\Delta V^2}$由+4.4变化至−5.9,表明滴定终点(零点)在此两点之间。

设:(24.30 $+x$)mL 为滴定的终点,则

$$\frac{x}{24.40-24.30}=\frac{0-4.4}{-5.9-4.4}$$

得:$x=0.04$

滴定终点为:$V_{ep}=24.30+0.04=24.34$(mL)

另由醋酸的离解常数 $K_a=\frac{[H^+][Ac^-]}{[HAC]}$ 可知，当醋酸被滴定至一半时，$[Ac^-]=[HAc]$，此时 $K_a=[H^+]$，或 $pK_a=pH$。即滴定剂加入体积为 $\frac{1}{2}V_{ep}$ 时的 pH 等于醋酸的 pK_a。

三、实验仪器与试剂

1. 仪器

酸度计，pH 复合电极，磁力搅拌器，搅拌磁子，50 mL 滴定管，滴定管夹，滴管台。

2. 试剂

(1) 0.1 $mol \cdot L^{-1}$ NaOH 溶液：称取 4 g 固体 NaOH，加入煮沸除去二氧化碳刚冷却的蒸馏水，完全溶解后，定容至 1 L。标定其准确浓度。

(2) 待测醋酸溶液。

四、实验步骤

(1) 接好复合玻璃电极；打开酸度计电源开关，预热 15 min。

(2) 用 pH 6.86(25℃)和 pH 4.00(25℃)的标准缓冲溶液校正酸度计。

(3) 粗测：准确吸取醋酸试液 10.00 mL 于 100 mL 烧杯中，加水约 20 mL。放入搅拌磁子，浸入 pH 复合电极。开启磁力搅拌器，注意磁子不要碰到电极，用 NaOH 标准溶液进行滴定，每隔 1 mL 读数一次，直至超过化学计量点，初步确定滴定终点。

(4) 细测：同上，准确吸取醋酸试液 10.00 mL 于 100 mL 小烧杯中，再加水 20.00 mL。放入搅拌磁子，浸入 pH 复合电极。开启磁力搅拌器，用 NaOH 标准溶液滴定。开始时每点隔 1 mL 读数一次，在化学计量点附近每隔 0.10 mL 读数一次，记录各点对应的体积和 pH，超过化学计量点数滴后每滴 1 mL 读数一次，直至 pH 12 左右。

(5) 滴定结束后的电极、烧杯和搅拌子均要清洗干净。实验完毕后整理好仪器、器皿，放回原处。

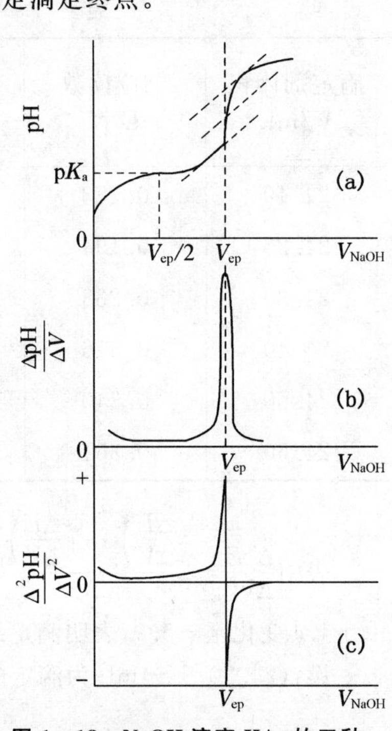

图 1-18 NaOH 滴定 HAc 的三种滴定曲线示意图

五、数据处理

(1) 以表格形式记录实验数据，按二级微商法找出有用的数据确定滴定终点 V_{ep}(见图 1-18)。

(2) 根据滴定终点求出试样溶液中醋酸的浓度(以 $g \cdot L^{-1}$ 表示)。

(3) 根据滴定数据作 pH～V 滴定曲线，$\frac{1}{2}V_{ep}$ 处的 pH 即为 pKa，并与理论值作比较。

六、问题讨论

(1) 酸度计使用前为何要进行校正?

(2) 电位法滴定与用酚酞作指示剂的滴定相比主要特点是什么?

实验2　啤酒中总酸的测定

一、实验目的

(1) 掌握电位滴定分析法的原理。

(2) 理解电位滴定的优点。

(3) 了解含有溶解性气体样品的脱气方法。

(4) 掌握啤酒总酸的测定方法。

二、实验原理

啤酒中含有各种酸类200种以上,这些酸及其盐类物质控制着啤酒的pH和总酸的含量。啤酒的总酸度是指其所含全部酸性成分的总量,用每100 mL啤酒样品所消耗的1.000 $mol \cdot L^{-1}$ NaOH标准溶液的毫升数表示(滴定至pH=9.0)。

啤酒总酸的检验和控制是十分重要的。“无酸不成酒”,啤酒中含适量的可滴定总酸,能赋予啤酒以柔和清爽的口感,是啤酒重要的风味因子。但总量过高或闻起来有明显的酸味也是不行的,它是啤酒可能发生了酸败的一个明显信号。根据国家标准“GB4927—2001 啤酒”的规定:常见的10.1°～14.0°啤酒总酸度应≤2.6 mL/100 mL酒样。在实际生产中则控制在≤2.0 mL/100 mL酒样。

本实验利用酸碱中和原理,以NaOH标准溶液直接滴定啤酒样品中的总酸。但因为啤酒中含有种类较多的脂肪酸和其他有机酸及其盐类,有较强的缓冲能力,所以在化学计量点处没有明显的突跃,用指示剂指示不能看到颜色的明显变化。但可以用pH计在滴定过程中随时测定溶液的pH,至pH=9.0即为滴定终点。即使啤酒颜色较深也不妨碍测定。

三、实验仪器与试剂

1. 仪器

pH计,pH复合电极,碱式滴定管,磁力搅拌器,恒温水浴锅。

2. 试剂

浓度约为0.1 $mol \cdot L^{-1}$的NaOH标准溶液,基准邻苯二甲酸氢钾,酚酞指示剂,标准缓冲溶液(25℃时pH=6.86和pH=9.18),市售啤酒。

四、实验步骤

1. NaOH标准溶液的配制和标定

称取0.4～0.5 g(准确至±0.000 1 g)于105～110℃烘干至恒重的基准邻苯二甲酸氢

钾，溶于 50 mL 不含二氧化碳的水中，加入 2 滴酚酞指示剂溶液，以新制备的 NaOH 标准溶液滴定至溶液呈微红色为其终点，同时做空白试验。

2. pH 计的校准

将酸度计预热 30 min。将 pH=6.86（25℃时）的标准缓冲溶液置于塑料烧杯中，放入搅拌子，将 pH 复合电极插入标准缓冲溶液中，开动搅拌器，对酸度计进行定位。再用 pH=9.22 的标准缓冲溶液校核。反复多次，使读数与该温度下的两点标称值相差在±0.02 单位以内。

3. 样品的处理

用倾注法将啤酒来回脱气 50 次（一个反复为一次）后，准确移取 50.00 mL 酒样于 100 mL烧杯中，置于 40℃水浴锅中保温 30 min 并不时振摇，以除去残余的二氧化碳，然后冷却至室温。

4. 总酸的测定

将样品杯置于磁力搅拌器上，插入复合电极，在搅拌下用 NaOH 标准溶液滴定至 pH=9.0 为终点，记录所消耗氢氧化钠标准溶液的体积。同一样品两次平行测定值之差不得超过 0.1 mL/100 mL。

附　注

(1) 电极在测量前必须用已知 pH 的标准缓冲溶液进行定位和斜率校准，为取得正确的结果，用于定位的标准缓冲溶液 pH 愈接近被测值愈好。

(2) 取下保护帽后要注意，在塑料保护栅内的敏感玻璃球泡不要与硬物接触，任何破损和擦毛都会使电极失效。

(3) 测量完毕不用时，应将电极保护帽套上，帽内应有少量浓度为 3 mol·L^{-1} KCl 溶液，以保持玻璃球泡的湿润。如果发现干枯，在使用前应在 3 mol·L^{-1} KCl 溶液或微酸性的溶液中浸泡几小时，以降低电极的不对称电位。

(4) 复合电极的外参比补充液为 3 mol·L^{-1} KCl（附件有小瓶一只，内装氯化钾粉剂若干，用户只需加入去离子水至 20 mL 刻度处并摇匀即可），补充液可以从上端小孔加入。

(5) 电极的引出端（插头）必须保持清洁和干燥，绝对防止输出端短路，否则将导致测量结果失准或失效。

(6) 电极应与高输入阻抗（$\geqslant 10^{12}$ Ω）的 pH 计或毫伏计配套，方能使电极保持良好的特性。

(7) 电极应避免长期浸泡在蒸馏水、蛋白质、酸性氟化物溶液中，并防止与有机硅油脂接触。

(8) 经长期使用后，如发现电极的百分理论斜率略有降低，则可把电极下端浸泡在 4% HF（氢氟酸）溶液中 3～5 s，再用蒸馏水洗净，然后在 0.1 mol·L^{-1} HCl 溶液中浸泡几小时，用去离子水冲洗干净，使之复新。

(9) 被测溶液中含有易污染敏感球泡或堵塞液接界面的物质，会使电极钝化，其现象是百分理论斜率低、响应时间长、读数不稳定。为此，则应根据污染物质的性质，以适当的溶液清洗，使之复新。

(10) 移取酒样时，注意不要吸入气泡，以防止读数不准。

五、实验数据处理

按下式计算被测啤酒试样中总酸的含量，并判断总酸度是否合格。

$$总酸的含量\ X = 2 \cdot c_{NaOH} \cdot V_{NaOH}$$

式中：X 为总酸的含量。即 100 mL 啤酒试样消耗 $c_{NaOH} = 1.000\ mol \cdot L^{-1}$ 标准溶液的毫升数，mL/100 mL；c 为氢氧化钠标准溶液浓度，$mol \cdot L^{-1}$；V_{NaOH} 为消耗 NaOH 标准溶液的体积，mL；2 为换算成 c_{NaOH} 100 mL 酒样的因子，$L \cdot mol^{-1}$。

六、问题与讨论

(1) 本实验为什么不能用指示剂法指示终点，而可以用电位滴定法？

(2) 电位滴定有哪些特点？

(3) 本实验的主要误差来源有哪些？

实验 3　离子选择性电极法测定自来水和牙膏中的氟

一、实验目的

(1) 掌握电位分析法中标准加入法和工作曲线法的定量原理和过程。

(2) 学习试样和电极的预处理方法。

二、实验原理

氟是人体必需的微量元素之一，不同地域的地表水和地下水中均含有一定量的氟。牙膏中适量的氟化物(氟化钠 NaF 或单氟磷酸钠 Na_2PO_3F)可增强牙齿的抗酸性，抑制细菌发酵产生酸，能够坚固骨骼和牙齿，预防龋齿。但氟浓度过高，又会影响牙齿和骨骼的发育，出现氟斑牙、氟骨病等慢性氟中毒症状，甚至会引起恶心、呕吐、心律不齐等急性氟中毒。如果人体每千克体重含氟量达到 32～64 mg，就会导致死亡。含氟牙膏中氟含量较高，所以牙膏中可溶出氟离子的检测非常必要。根据国家标准“GB8372－2008 牙膏”的规定：含氟牙膏总氟量要大于等于牙膏总质量的 0.05%，并小于等于 0.15%(儿童牙膏中应小于等于 0.11%)；可溶氟或游离氟则必须大于等于 0.05%。

氟离子选择性电极是一种以 LaF_3 单晶膜为敏感膜、NaF ＋ NaCl 为内参比溶液、Ag－AgCl 为内参比电极的电化学传感器。以氟离子选择性电极作指示电极，饱和甘汞电极(SCE)为参比电极，同时浸入含氟待测液中组成工作电池：

$$Hg, Hg_2Cl_2 \mid KCl(饱和) \parallel F^- 待测液 \mid LaF_3 \mid NaF, NaCl \mid AgCl, Ag$$

在待测溶液中加入总离子强度调节缓冲液(TISAB)，控制待测溶液的离子强度与酸度恒定时，氟离子选择性电极的电位与溶液中 F^- 浓度的对数呈线性关系。

$$E = K - \frac{RT}{F}\ln c_{F^-}$$

25℃时，则为：

$$E = K - 0.0592\lg c_{F^-}$$

本实验采用标准加入法测定自来水中的氟离子，参照 GB8372－2008 的方法测定牙膏中的可溶出氟。由于离子选择性电极仅能测定游离 F^- 的浓度，某些离子，如 Fe^{3+}、Al^{3+} 和 Si(Ⅳ)及 H^+ 等能与氟离子结合而干扰测定，因此测定应在塑料烧杯中进行，并需要控制酸度和离子强度。

三、实验仪器与试剂

1. 仪器

离子毫伏计，氟离子选择性电极，饱和甘汞电极，磁力搅拌器，离心机，移液管(0.5 mL、5 mL、50 mL)。

2. 试剂

(1) 95 mg・L^{-1} 氟离子标准溶液：将分析纯氟化钠(NaF, $M_r = 41.99$)在 120℃烘干 2 h，冷却至室温。准确称取氟化钠晶体 0.210 0 g，用去离子水溶解后，转移至 1 000 mL 容量瓶中，用去离子水定容，得 95 mg・L^{-1} F标 准溶液。转移至聚乙烯试剂瓶中储存待用。

(2) 1.00×10^{-3} mol・L^{-1} 氟离子标准溶液：称取上述烘干后的氟化钠晶体 0.042 0 g，用去离子水溶解后，转移至 1 000 mL 容量瓶中定容，得 1.00×10^{-3} mol・L^{-1} F^- 离子标准溶液。转移至聚乙烯试剂瓶中储存待用。

(3) TISAB：于 1 000 mL 烧杯中加入 500 mL 水和 57 mL 冰醋酸，58 g 氯化钠，12 g 二水合柠檬酸钠，搅拌至溶解。继续滴加 50% NaOH 溶液，至溶液 pH 为 5.0～5.5，冷却至室温，并稀释至 1 000 mL。

(4) 市售含氟牙膏。

四、实验步骤

1. 自来水中氟离子的测定

(1) 电极的准备

检查甘汞电极内是否有氯化钾晶体，没有时需补加，待溶解平衡后使用。

打开离子毫伏计，将温度旋钮置于当前水温，斜率置于最大，预热 15 min。

将氟离子选择性电极与甘汞电极插入装有超纯水的烧杯中，搅拌，静置。若读数大于 －385 mV，则更换新的超纯水重复上述操作，直至电位读数小于－385 mV。

(2) 空白溶液的配制

移取 5.00 mL TISAB 至 100 mL 容量瓶中，以超纯水定容，得空白溶液。

(3) 试样溶液中电位的测量

打开自来水龙头顺畅放水 10 min，其间，用其将 150 mL 烧杯和 50 mL 移液管洗净，最后用烧杯承接 150 mL 自来水样，移取 50.00 mL 至 100 mL 容量瓶中，加入 5.00 mL TISAB，用超纯水定容。移取 50.00 mL 至 100 mL 塑料烧杯中，插入洗净并吸干外表面的氟离子选择性电极和甘汞电极，搅拌 2 min，静置 1 min，读数。重复搅拌、静置和读数过程，直至相邻两次读数之差不超过±1 mV，最后一次读数记为 E_1。

(4) 标准加入后电位的测量

在测过 E_1 的烧杯中加入 0.50 mL 1.00×10^{-3} mol・L^{-1} 氟离子标准溶液，搅拌 2 min，静置 1 min，同上重复读数，结果记为 E_2。

(5) 稀释 1 倍后电位的测量

在测过 E_2 的烧杯中加入 50 mL 空白溶液，同上读取 E_3。

2. 牙膏中氟的测定

(1) 样品预处理

称取含氟牙膏 50 g(准确至±0.001 g)置于 50 mL 塑料烧杯中，逐渐加入去离子水，搅拌使其溶解，转移至 250 mL 容量瓶中，用去离子定容。在 2 个具有刻度的 10 mL 离心管中各加入试液至 10 mL 刻度，放在离心机对称位置上，以 2 000 rpm 的速度离心 30 min，冷却至室温后。留其上清液备用。

(2) 标准溶液系列的配制

分别吸取 95 mg·L^{-1} 氟离子标准溶液 0.50 mL、1.00 mL、1.50 mL、2.00 mL 和 2.50 mL置于 5 个 25 mL 容量瓶中，各加入 TISAB 2.5 mL，用去离子水定容，得 F^- 标准溶液系列。

(3) 标准曲线的绘制

将标准溶液系列按浓度从低到高的顺序逐一转移至塑料小烧杯中，将氟离子选择性电极和饱和甘汞电极浸于液面下，放入搅拌子，开动磁力搅拌器，调节至合适的速度，搅拌 2 min，静置 1 min，读取各溶液的电位值。再次搅拌 2 min，静置 1 min，读数。若两次读数之差不超过±1 mV，取两次均值为结果并做记录。

(4) 牙膏中游离氟的测定

分别吸取实验步骤(1)中所制上清液 0.50 mL(视样品具体情况而定)置于 2 只 50 mL 容量瓶中，各加 TISAB 5.0 mL，用去离子定容后转入塑料小烧杯中，按与实验步骤(3)相同的方法进行测量，并记录电位值。

五、实验数据处理

(1) 以 E_3 和 E_2 计算氟离子选择性电极的斜率，以 E_2 和 E_1 及标准加入法计算公式算得自来水中氟离子的浓度。

(2) 以标准溶液系列的 $\lg c_{F^-}$ 为横坐标，相应的测量电位值 E 为纵坐标，绘制标准曲线，并得线性回归方程。根据牙膏试液所测得的电位和标准曲线的线性方程，计算样品溶液中 F^- 的浓度，并据此换算出牙膏中可溶出氟的含量(以质量百分含量表示)，并判断其含氟量是否合格。

六、思考题

(1) 本实验测定的是 F^- 的活度还是浓度？为什么？

(2) 为什么在实验中要加入 TISAB？所起的作用是什么？

实验 4　库仑滴定法测定维生素 C

一、实验目的

(1) 学习和掌握库仑滴定法与永停终点法的基本原理。

（2）学会库仑分析仪的使用方法和有关操作技术。

（3）学习和掌握用库仑滴定法测定维生素C含量的实验技术。

二、实验原理

库仑滴定法是建立在恒电流电解基础上的一种电化学分析方法，可用于常量或痕量物质的测定。通过电解时的电极反应，定量产生“滴定剂”与待测定物质发生化学反应。根据法拉第定律，由电解时通过溶液的电量，计算待测物质的含量。在电解过程中，应使电解电极上只进行生成滴定剂的反应，而且电解的电流效率应是100%。滴定时，须选定适当的方法来指示终点，通常可以采用指示剂或电化学方法指示终点。

在弱酸性介质中，I^-极易以100%的电流效率在铂电极上氧化生成I_2，电生的I_2可以定量地与溶液中的维生素C（Vc，又称为抗坏血酸）发生化学反应，将其从烯二醇结构氧化为二酮基，从而定量测定维生素C的含量。反应方程式如下：

$$\underset{\overset{\|}{O}}{C}-\underset{OH}{C}=\underset{OH}{C}-CH-\underset{OH}{\overset{H}{C}}-\overset{OH}{CH_2}+I_2 \rightleftharpoons \underset{O}{\overset{\|}{C}}-\underset{O}{\overset{\|}{C}}-\underset{O}{\overset{\|}{C}}-CH-\underset{OH}{\overset{H}{C}}-\overset{OH}{CH_2}+2HI$$

（两侧结构中第一个C与CH之间以O桥连接）

利用电流滴定法确定终点时，在到达计量点前，库仑池中只有Vc、Vc′和I^-，其中Vc′为Vc的氧化态。Vc′/Vc是不可逆电对，在指示电极上加150 mV的极化电压下，并不发生电极反应，所以指示回路上的电流几乎为零；但当溶液中的Vc反应完全后，稍过量的I_2使溶液中有了可逆电对I_2/I^-。该电对在指示电极上发生反应，指示回路上电流升高，指示终点到达。

本实验利用双极化电极（双铂电极）电流上升法指示终点（永停终点法）。记录电解过程中所消耗的电量，根据法拉第定律，可计算出发生电解反应的物质的量，进而根据Vc与I_2反应的计量关系求得Vc的量（或含量）。

电极反应和滴定反应如下：

$$\text{阴极反应：}2H^+ + 2e = H_2$$

$$\text{阳极反应：}3I^- = I_3^- + 2e$$

$$\text{滴定反应：}Vc + I_3^- = Vc' + I^- + 2HI$$

根据法拉第定律，可计算出Vc的量。计算公式为：

$$m = \frac{MQ}{nF}$$

式中：m为被测试样中Vc的质量，g；M为Vc的摩尔质量，176.1 g·mol^{-1}；n为电极反应的电子转移数，本实验中为2；Q为库仑滴定过程中所消耗的电解电量，C；F为法拉第常数，96 487 C·mol^{-1}。

三、实验仪器与试剂

1. 仪器

KLT－1型通用库仑分析仪，分析天平，研钵，磁力搅拌器，容量瓶（100 mL和500 mL），吸量管（1 mL和5 mL），烧杯（50 mL）。

2. 试剂

抗坏血酸，10% KI - 0.01 mol·L^{-1} HCl 混合溶液，0.01 mol·L^{-1} HCl - 0.1 mol·L^{-1} NaCl 混合溶液，1∶1 HNO_3 溶液，以上试剂均为 AR 级纯度或由 AR 级试剂配制。市售维生素 C 片剂(或果汁饮料)。

四、实验步骤

1. 样品溶液的制备

准确称取一片维生素 C 片，在 50 mL 烧杯中，用新煮沸过的蒸馏水与 0.01 mol·L^{-1} HCl - 0.1 mol·L^{-1} NaCl 溶液溶解，转移至 25 mL 容量瓶中定容。果汁饮料可直接移取适量进行测定。

2. 铂电极的预处理

将铂电极浸入热的 1∶1 HNO_3 溶液中(在通风橱中进行)，取出，用去离子水冲洗净。

3. 电解液的配制

10% KI - 0.01 mol·L^{-1} HCl 混合液为电解液。取电解液约 80 mL 置于库仑池中，另取少量电解液作为铂丝电极内充液注入砂芯隔离的玻璃管内，并使液面高于库仑池内液面。

4. 仪器预热

开启通用库仑分析仪电源前，所有按键处于释放状态，"工作\停止"开关置"停止"，电解电流一般选择为 10 mA 挡。开启电源，预热 10 min。将中二芯红线(电解阳极)接双铂片工作电极，中二芯黑线(电解阴极)接铂丝电极。大二芯黑、红夹子分别夹两个独立的指示铂片电极。

5. 预电解

进行预电解的目的是消除电解液中 I_3^- 的干扰。终点指示方式选择为"电流上升法"，极化电势钟表电势器预先调在 0.4 的位置，按下启动按键，再按下极化电势按键，调节指示电极的极化电势为 150 mV(即 50 A 表头指针至 15)，松开极化电势按键，调节电解电流为 10 mA。

加入一定量的抗坏血酸溶液于库仑池中，开动搅拌器，按下电解按钮，指示灯灭，开始电解。电解至终点时表针开始向右突变，红灯即亮，电解自动停止。仪器读数即为总消耗的电量毫库仑数。弹出启动琴键，显示器数字自动消除。

6. 样品测定

准确移取 0.30 mL 样品溶液注入预电解后的库仑池中，搅拌均匀后，在不断搅拌下按下启动键和电解按钮进行电解滴定，滴定至终点时自动停止。记录显示器上的电解电量 Q，单位为毫库仑(mC)。按上述步骤平行测定三次。

7. 结束和清洗

测定结束后，使库仑分析仪各按键处于起始状态，关闭电源，清洗电极和电解池(库仑池)。

附　注

(1) 电解系统中双铂片为电解阳极，电解阴极内应装有电解液，且液面要高于电解池内的液面。

(2) 维生素C在水溶液中易被溶解氧所氧化，在酸性NaCl溶液中较稳定。所用蒸馏水预先通N_2除氧则效果更好。

五、实验数据处理

将三次平行测定所得的电量Q取平均值后，计算试液中Vc的质量。

当Q的单位为mC时，m的单位为mg。根据样品消耗的电量计算出每片维生素C中维生素C的含量，并与标示值(100 mg/片)比较。

六、问题与讨论

(1) 进行库仑滴定分析的前提条件是什么？

(2) 不进行预电解对测定结果会产生什么影响？

(3) 为什么要用新煮沸过的蒸馏水配制溶液？

(4) 能否在碱性溶液中进行该实验？

实验5 循环伏安法测定铁氰化钾

一、实验目的

(1) 学习固体电极的处理方法。

(2) 学习电化学工作站循环伏安功能的使用方法。

(3) 了解扫描速率和浓度对循环伏安图的影响。

二、实验原理

铁氰化钾离子和亚铁氰化钾离子电对$[Fe(CN)_6]^{3-}/[Fe(CN)_6]^{4-}$的标准电极电位为：

$$[Fe(CN)_6]^{3-}+e \Longrightarrow [Fe(CN)_6]^{4-} \quad E^{\ominus}=0.36\ V(vs.\ SHE)$$

一定扫描速率下，从起始电位(−0.2 V)正向扫描至转折电位(+0.8 V)期间，溶液中$[Fe(CN)_6]^{4-}$被氧化生成$[Fe(CN)_6]^{3-}$，产生氧化电流；当从转折电位(+0.8 V)负向扫描至原起始电位(−0.2 V)期间，在指示电极表面已生成的$[Fe(CN)_6]^{3-}$又被还原成$[Fe(CN)_6]^{4-}$，产生还原电流。为使液相传质过程只受扩散控制，应在溶液处于静止的状态下进行电解。1.00 $mol \cdot L^{-1}$ NaCl水溶液中，$[Fe(CN)_6]^{3-}$的扩散系数为$0.63\times10^{-5}\ cm \cdot s^{-1}$，电子转移速率大，为可逆体系。溶液中的溶解氧具有电活性，干扰测定，应预先通入惰性气体将其除去。

三、实验仪器与试剂

1. 仪器

CHI电化学工作站1台，电解池1个，铂盘电极(工作电极)、铂丝电极(辅助电极)、饱和甘汞电极(参比电极)各1支，移液管，容量瓶等。

2. 试剂

0.100 $mol \cdot L^{-1}$ $K_3[Fe(CN)_6]$溶液，1.00 $mol \cdot L^{-1}$ NaCl溶液，均用A. R.级试剂和超纯水配制。

四、实验步骤

1. 工作电极的预处理

用 Al_2O_3 粉末(粒径 0.05 μm)将铂电极表面抛光,然后用蒸馏水清洗。

2. 支持电解质的循环伏安图

在电解池中加入 30 mL 1.0 mol·L^{-1} NaCl 溶液,插入电极(以新处理过的铂盘电极为工作电极,铂丝电极为辅助电极,饱和甘汞电极为参比电极),设定循环伏安扫描参数:扫描速率为 50 mV·s^{-1},起始电位为−0.2 V,终止电位为+0.8 V。开始循环伏安扫描,记录循环伏安图。

3. 不同浓度 $K_3[Fe(CN)_6]$ 溶液的循环伏安图

分别作加入 0.50 mL、1.00 mL、1.50 mL 和 2.00 mL $K_3[Fe(CN)_6]$ 溶液后(均含支持电解质 NaCl 浓度为 1.00 mol·L^{-1})的循环伏安图,并将主要参数记录在表 1-2 中。

表 1-2　不同浓度 $K_3[Fe(CN)_6]$ 溶液及不同扫描速率下的循环伏安数据记录

NaCl 溶液 /mL	$K_3[Fe(CN)_6]$ 溶液加入量 /mL	$K_3[Fe(CN)_6]$ 浓度 /mol·L^{-1}	扫描速率 V /mV·s^{-1}	氧化峰电压 E_{pa} /V	氧化峰电流 i_{pa} /μA	还原峰电压 E_{pc} /V	还原峰电流 i_{pc} /μA	ΔE /V
30	0	0	50	/	/	/	/	/
30	0.50	0.001 6	50					
30	1.00	0.003 2	50					
30	1.50	0.004 8	50					
30	2.00	0.006 4	50					
30	2.00	0.006 4	10					
30	2.00	0.006 4	100					
30	2.00	0.006 4	150					
30	2.00	0.006 4	200					

4. 不同扫描速率下 $K_3[Fe(CN)_6]$ 溶液的循环伏安图

在加入 2.00 mL $K_3[Fe(CN)_6]$ 的溶液中,分别以 10 mV·s^{-1}、100 mV·s^{-1}、150 mV·s^{-1} 和 200 mV·s^{-1} 的速率,在−0.2～+0.8 V 电位范围内进行扫描,分别记录循环伏安图,并将主要参数记录在表 1-5 中。

五、实验数据处理

根据表 1-3,分别以氧化电流和还原电流的大小对 $K_3[Fe(CN)_6]$ 溶液浓度作图。

表 1-3　还原峰电流和氧化峰电流的大小与铁氰化钾浓度的关系

$K_3[Fe(CN)_6]$ 浓度/mol·L^{-1}	0.001 6	0.003 2	0.004 8	0.006 4
还原峰电流 i_{pc}/μA				
氧化峰电流 i_{pa}/μA				
i_{pc}/i_{pa}				

由表1-4分别以氧化峰电流和还原峰电流的大小对扫描速率的1/2次方($V^{1/2}$)作图。

表1-4 还原电流和氧化电流的大小与扫描速率的关系

$V/mV \cdot s^{-1}$	10	50	100	150	200
$V^{1/2}$					
还原峰电流 $i_{pc}/\mu A$					
氧化峰电流 $i_{pc}/\mu A$					
i_{pc}/i_{pa}					

六、问题与讨论

(1) $K_4[Fe(CN)_6]$和$K_3[Fe(CN)_6]$的循环伏安图是否相同？为什么？

(2) 由实验记录的ΔE值和表1-6和表1-7的i_{pc}/i_{pa}值判断该实验的电极过程是否可逆？

(3) 实验中测得的条件电极电位若与文献值有差异，试说明原因。

实验6 阳极溶出伏安法测定水样中的痕量铜和铬

一、实验目的

(1) 掌握阳极溶出伏安法的基本原理。

(2) 学习电化学工作站阳极溶出伏安功能的使用方法。

(3) 学习用标准加入法进行定量分析。

二、实验原理

在一定的还原电位下将水中的铜离子(Cu^{2+})和镉离子(Cd^{2+})富集在工作电极(自制的玻碳汞膜电极)上，然后将工作电极的电位从负向正快速扫描，当达到电极上铜和镉的氧化电位时，两者将分别先后被氧化而产生氧化电流。在一定的实验条件下，氧化电流峰值的大小与相应组分的浓度成正比。据此对水中的铜和镉进行定量测定。

三、实验仪器与试剂

1. 仪器

CHI 820-B型电化学工作站，25 mL电解池，50 μL微量进样器，10 mL移液管，氮气钢瓶。

三电极系统：玻碳汞膜电极(工作电极)，Ag-AgCl电极或饱和甘汞电极(参比电极)，Pt电极(辅助电极)。

2. 试剂

HAc-NaAc支持电解质溶液(pH＝5.6)：95 mL 2 mol·L^{-1} HAc溶液与905 mL 2 mol·L^{-1} NaAc溶液混合，0.02 mol·L^{-1} $HgSO_4$溶液，1.000 mg·mL^{-1}铜离子(Cu^{2+})

标准溶液，1.000 mg·mL^{-1}镉离子(Cd^{2+})标准溶液。

四、实验步骤

1. 玻碳汞膜电极的制备

在电解池中加入 10 mL 水和 100 μL $HgSO_4$ 溶液，打磨、清洗玻碳电极。将三电极系统插入溶液并与电化学工作站连接。控制电极电位－1.0 V，通 N_2 搅拌下，电镀 5 min(CHI control 菜单—precondition 功能—选 enable precondition—参数设置—potential：－1.0 V；time：300 s)即可。

2. 开机设置

打开电化学工作站软件进行参数设置，选择单扫描模式，起始电位－1.2 V，终止电位 0.1 V，扫描速率 100 mV·s^{-1}。如前打开预处理(precondition)功能，参数设置为 step1：potential：－1.2 V；time：60 s。step2(停止通 N_2 搅拌)：potential：0 V；time：30 s。

3. 溶出分析定性观察

(1) 在电解池中加入 10.00 mL 水和 1.00 mL HAc－NaAc 支持电解质溶液，插入三电极，通 N_2 搅拌，记录空白溶出曲线。

(2) 在上述空白溶液中加入 20.0 μL 1.000 mg·mL^{-1} Cu^{2+} 标准溶液和 20.0 μL 1.000 mg·mL^{-1} Cd^{2+} 标准溶液，记录溶出曲线。测量结束后，将三电极体系于 0.1 V 下清洗 30 s。

(3) 增加 Cu^{2+} 和 Cd^{2+}，改变实验参数如富集时间、扫描速度、富集电位等参数，观察溶出伏安曲线的变化。

4. 定量测定样品中 Cu^{2+} 和 Cd^{2+}

(1) 在电解池中加入 10.00 mL 待测水样和 1.00 mL HAc－NaAc 支持电解质溶液，搅拌后，记录溶出伏安曲线。再重复 2 次。

(2) 在上述电解池中加入 10.0 μL 1.000 mg/mL Cu^{2+} 标准溶液和 Cd^{2+} 标准溶液，再次记录溶出伏安曲线。并重复 2 次。

五、实验数据处理

1. 定性部分

讨论溶出伏安曲线上峰的变化，讨论峰高的大小与实验条件的关系，可根据实验情况重点讨论某一实验条件。

2. 定量部分

(1) 记录实验条件

电解电位：________；预电解时间：________；静止时间：________；溶出电位范围：________；清洗电位：________；清洗时间：________。

(2) 记录以下数据

Cu^{2+} 标准溶液浓度 $c_{Cu^{2+}}$：________；加入体积 $V_{Cu^{2+}}$：________。

Cd^{2+} 标准溶液浓度 $c_{Cd^{2+}}$：________；加入体积 $V_{Cd^{2+}}$：________。

未知水样体积 V_x：________。

(3) 测量水样的溶出伏安曲线上 Cu^{2+} 和 Cd^{2+} 的峰高 h_x 和加入标准溶液后相应的峰高 H_t，并分别取平均值，填入表 1－5。

表 1-5 水样及其标准加入后的峰高

单位:	Cu^{2+}			Cd^{2+}		
h_x						
h_x 平均						
H_x						
H_x 平均						

(4) 计算待测水样中 Cu^{2+} 和 Cd^{2+} 浓度,以 $\mu g \cdot mL^{-1}$ 表示。

六、问题与讨论

(1) 结合本实验说明阳极溶出伏安法的基本原理。

(2) 溶出伏安法为什么有较高的灵敏度?

第二章　分子光谱分析实验

§2.1　紫外-可见分光光度法

分光光度法是基于测量物质对 200～800 nm 波长范围内紫外-可见光吸收程度的一种分析方法。它既可以利用物质本身对不同波长光的吸收特性，也可以借助化学反应改变待测物质对光的吸收特性，因而广泛应用于各种物质的定性和定量分析。分光光度计也是实验室最常见的分析仪器之一。

电磁辐射按其波长分布可划分为如下不同的区域：

γ 射线：5～140 pm。

X 射线：10^{-3}～10 nm。

光学区：10 nm～1 000 μm。其中，远紫外区：10～200 nm；近紫外区：200～380 nm；可见光区：380～780 nm；近红外区：0.78～2.5 μm；中红外区：2.5～25 μm；远红外区：25～1 000 μm。

微波：0.1 mm～1 m。

无线电波：>1 m。

目前，许多紫外-可见分光光度计的测量波长范围已拓展至 190～1 100 nm。

一、紫外-可见吸收光谱的产生及分光光度法中的定量关系

1. 物质对光的选择性吸收

分子的紫外-可见吸收光谱是基于分子内电子跃迁产生的吸收光谱进行分析的方法。当某种物质的分子受到光的照射时，光子的能量传递到分子上。这样，处于稳定状态的基态分子就会跃迁至不稳定的激发态。

由于物质分子的能量是不连续的，即能级是量子化的。只有当入射光的能量 $h\nu$ 与物质分子的激发态与基态能量差 ΔE 相等时才能发生吸收，即

$$\Delta E = E_2 - E_1 = h\nu = \frac{hc}{\lambda}$$

不同物质的分子因其结构不同而具有不同的量子化能级，即不同物质分子的 ΔE 不同，故其所吸收的光的波长 λ 也不同。

2. 朗伯-比耳定律

当一束平行单色光通过含有吸光物质的溶液时，透过光强度 I 与入射光强度 I_0 之比称为透光率或透光度，以 T 表示：

$$T = \frac{I}{I_0}$$

透光率小，表示对光的吸收程度大，透光率的负对数与吸光物质的浓度成正比，将其定义为吸光度 A：

$$A=\lg\frac{1}{T}=\lg\frac{I_0}{I}$$

$$A=\varepsilon bc$$

上式称为朗伯-比耳定律，即吸光度 A 与吸光物质的浓度 c 及吸收层的厚度 b 成正比，这是紫外-可见分光光度法定量分析的基础。浓度 c 以 $mol \cdot L^{-1}$ 为单位，液层厚度 b 以 cm 为单位时，ε 称为摩尔吸光系数，单位为 $L \cdot mol^{-1} \cdot cm^{-1}$。

以波长为横坐标，吸光度为纵坐标作图，可得吸光物质的吸收光谱曲线，它反映了物质对不同波长的光的选择性吸收情况。图 2-1 是不同浓度高锰酸钾溶液的吸收曲线。同一物质在相同介质中、同一波长处，吸光度与浓度成正比，但最大吸收波长 λ_{max} 不随浓度而改变。

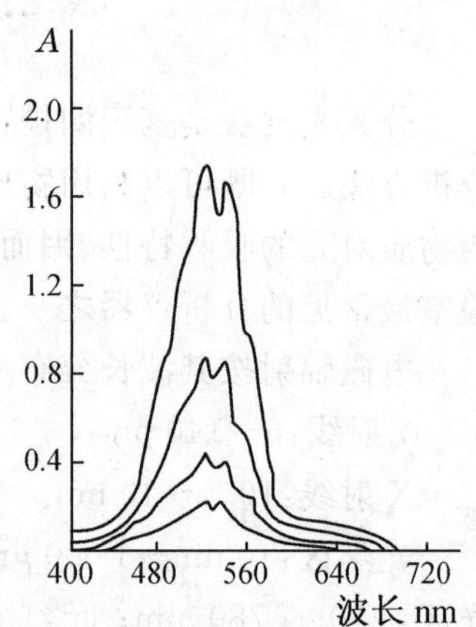

图 2-1 $KMnO_4$ 溶液的吸收光谱

多组分共存时，若各吸光物质之间没有相互作用，某一波长处，体系的总吸光度等于各组分吸光度之和，即吸光度具有加和性：

$$A=A_1+A_2+\cdots+A_n=\varepsilon_1 bc_1+\varepsilon_2 bc_2+\cdots+\varepsilon_n bc_n$$

3. 偏离朗伯-比耳定律的原因

(1) 非单色光引起的偏离(不同波长处物质的 ε 不同)；

(2) 由于溶液本身的化学或物理因素引起的偏离(出现介质不均引起散射等现象)；

(3) 由于溶液中的化学反应引起的偏离(解离、缔合等引起组成改变，c 亦改变)；

(4) 浓度过高(吸光质点间的相互作用)。

二、分子结构与紫外-可见吸收光谱

1. 分子的电子光谱

分子内部的运动及其能级和对应的吸收光谱为：

价电子运动	电子能级	紫外-可见区
分子内原子在平衡位置附近的振动	振动能级	红外区
分子绕其中心的转动	转动能级	远红外区

分子在发生电子能级跃迁的同时，伴随着振动能级和转动能级的跃迁。由于转动谱线之间的间距仅 0.25 nm 左右，即使在气相中，由分子热运动引起的变宽效应(多普勒变宽)和碰撞变宽效应而产生的谱线变宽也会超过此间距，在液相中更是如此。所以，分子的吸收光谱是由成千上万条彼此相距很近的谱线所构成一条连续的吸收带。当分子由气态变为溶液时，其吸收光谱中一般会失去振动精细结构。当分子溶解在溶剂中时，溶剂分子将该溶质分子包围，即溶剂化，从而限制了溶质分子的自由转动，使转动光谱消失。溶剂极性强，使溶质分子的振动受到限制，由振动引起的精细结构也不出现。分子的电子光谱只呈现宽带状。因此，分子的电子光谱又称为带状光谱。图 2-2 是对称四嗪在气态、非极性和极性溶剂中的吸收光谱。

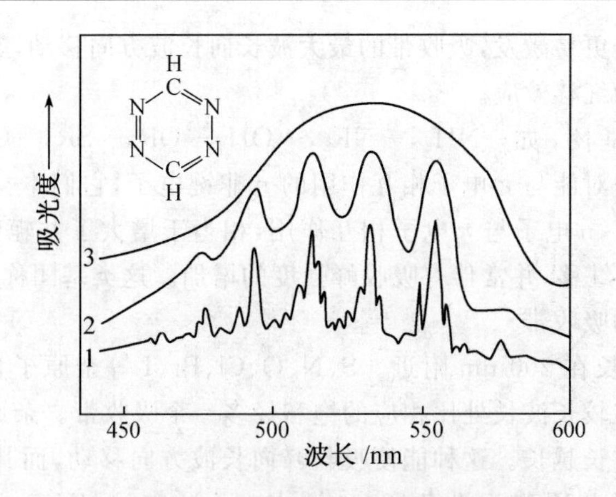

图 2-2　对称四嗪的吸收光谱

曲线 1:蒸气态　曲线 2:环己烷中　曲线 3:水中

2. 有机化合物分子的电子跃迁和吸收带

与有机物分子紫外-可见吸收光谱相关的价电子是:形成单键的 σ 电子,形成双键的 π 电子以及非键的 n 电子(或称 p 电子)。当它们吸收一定能量后,这些价电子将跃迁到较高的能级(激发态),此时电子所占的轨道称为反键轨道。有机物分子内各种电子的能级大小排序为 $\sigma^* > \pi^* > n > \pi > \sigma$(标有 * 者为反键电子)。

(1) $\sigma \rightarrow \sigma^*$ 跃迁的吸收带

所需能量最大,λ_{max}<170 nm,位于远紫外区或真空紫外区。由于小于 160 nm 的紫外光会被空气中的氧所吸收,需要在无氧或真空条件下测定,目前应用不多。饱和有机化合物的电子跃迁在远紫外区,在紫外-可见光谱分析中常用作溶剂。

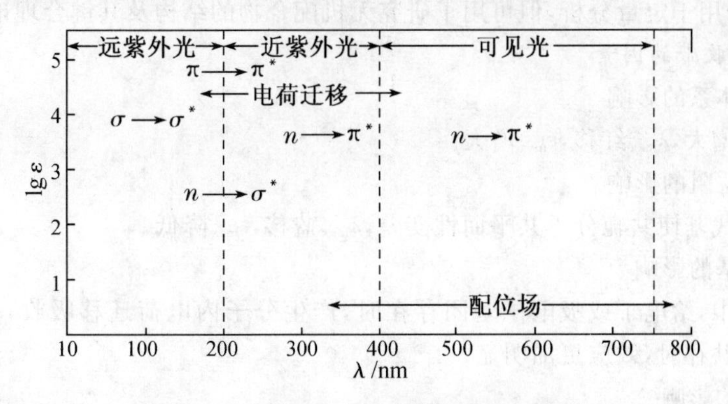

图 2-3　电子跃迁所处的波长范围及强度

(2) $\pi \rightarrow \pi^*$ 和 $n \rightarrow \pi^*$ 跃迁的吸收带

要求有机化合物分子中含有不饱和基团,以提供 π 轨道。能产生紫外-可见吸收的官能团,如一个或几个不饱和键:C=C、C=O、N=N、N=O 等,称为生色团(chromophore)。

在简单不饱和有机化合物分子中,若含有几个双键,但它们被两个以上的 σ 单键隔开,这种有机化合物的吸收带位置不变,而吸收带强度略有增加。如果这些双键只间隔一个单键,即形成共轭体系,则原吸收带消失而产生新的吸收带。根据分子轨道理论,共轭效应使 π 电子进一步离域,在整个共轭体系内流动。这种离域效应使轨道具有更大的成键性,从而降低了能量，使 π 电子更易激发，吸收带的最大波长向长波方向移动，颜色加深，摩尔吸光系数增大，这种效应称为红移效应。

含有杂原子的基团，如$—NH_2$，$—NR_2$，—OH，—OR，—SR，—Cl，$—SO_3H$，—COOH 等，这些基团至少有一对能与 π 电子相互作用的 n 非键电子，它们本身在紫外-可见区无吸收，当与生色团连接时，n 电子与 π 电子相互作用，相当于增大了共轭体系而使 π 轨道间能级差 ΔE 变小，吸收带红移，并常伴有吸收峰强度的增加。这类基团称为助色团。

(3) $n \rightarrow \sigma^*$ 跃迁的吸收带

相应的吸收峰波长在 200 nm 附近。S、N、O、Cl、Br、I 等杂原子含有未成键的 n 电子对，其饱和烃衍生物在较长波长处比相应的饱和烃多一个吸收带。杂原子的电负性越小，电子越易被激活，激发波长越长。这种能使吸收峰向长波方向移动，而其本身在 200 nm 以上不产生吸收的杂原子基团称为助色团(auxochrome)，如$-NH_2$、$-NR_2$、$-OH$、$-OR$、$-SR$、$-Cl$、$-Br$、$-I$ 等。

(4) 电荷迁移吸收带

当外来辐射照射某些有机或无机化合物时，可能发生电子从该化合物具有电子给予体特性的部分(称为给体，donor)转移到该化合物的另一具有电子接受体特性的部分(称为受体，acceptor)而产生的电荷转移吸收带，吸收强度大，$\varepsilon_{max} > 10^4\ L \cdot mol^{-1} \cdot cm^{-1}$。

(5) 配位体场吸收带

过渡金属络合物是有色的，颜色形成的原因是含有 d 电子和 f 电子的过渡金属离子可以产生配位体场吸收。过渡金属离子及其化合物有两种不同形式的跃迁：一为电荷迁移跃迁；另一为配位场跃迁。配位场跃迁包括 d－d 跃迁和 f－f 跃迁，这两种跃迁必须在配位体的配位场作用下才有可能发生。吸收带一般在可见区，ε_{max} 约为 $0.1 \sim 100\ L \cdot mol^{-1} \cdot cm^{-1}$，吸收很弱，较少用于定量分析，但可用于研究无机配合物的结构及其键合理论等方面。

3. 影响吸收带的因素

(1) 共轭体系的影响

共轭体系增大，λ_{max} 红移，ε_{max} 增大。

(2) 空间位阻的影响

较大的取代基使共轭分子共平面性变差，λ_{max} 蓝移，ε_{max} 降低。

(3) 取代基的影响

共轭体系中，给电子或吸电子基团存在时，产生分子内电荷迁移吸收，λ_{max} 红移，ε_{max} 增大。两种基团共存时，效应更加明显。

(4) 溶剂的影响

溶剂极性增大，$\pi \rightarrow \pi^*$ 跃迁吸收带红移，$n \rightarrow \pi^*$ 跃迁吸收带蓝移。

三、紫外-可见分光光度计

紫外-可见分光光度计由光源、单色器、吸收池、检测器及数据记录与处理系统组成。按光学系统，紫外-可见分光光度计可分为单光束与双光束分光光度计两类。由于后者可动部件较多，故障率较高，现在的流行设计多为单光束分光光度计，如图 2－4 所示。

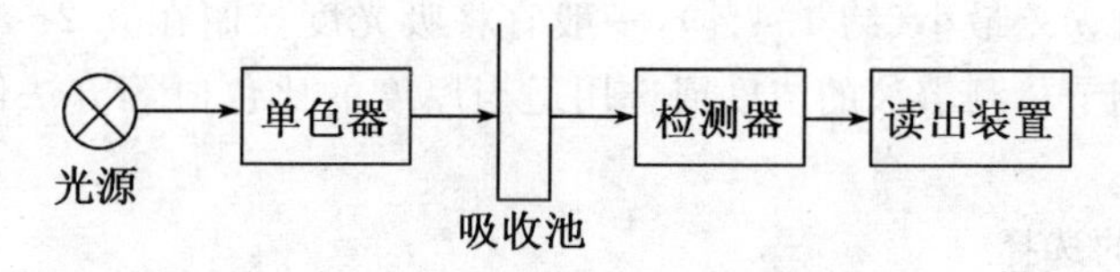

图 2-4　单光束分光光度计流程图

(1) 光源

钨灯或卤钨灯，可使用范围 340～2 500 nm。

氢灯或氘灯，可使用范围 160～360 nm。当大于 360 nm 时，氢的发射谱线叠加于连续光谱之上，不宜使用。

(2) 单色器

通常由入射狭缝、准直镜、色散元件、物镜和出射狭缝构成。将复合光分解成平行单色光聚焦于出口狭缝。出射狭缝用于限制光谱通带宽度。

(3) 吸收池

亦称比色皿，用于盛放待测试样溶液，有石英和玻璃材质两种。石英比色皿适用于紫外-可见区的测量，玻璃比色皿只适用于可见区。

(4) 检测器

测量单色光透过比色皿后的光强度，并将光信号转变成电信号。常用光电池、光电管、光电倍增管、二极管阵列作为检测器。

四、定性分析

物质的紫外吸收光谱主要反映其分子中生色团和助色团的特性，所以，仅由紫外-可见吸收光谱并不能完全决定物质的分子结构，必须与红外吸收光谱、核磁共振波谱、质谱以及其他化学的和物理的方法共同配合，才能得出可靠的结论。但待测物的 λ_{max} 和 ε_{max} 也像其他物理常数，如熔点、旋光度等一样，可提供有价值的定性参考。

五、定量分析

对于本身在紫外-可见区有吸收的分子，可视具体情况直接用以下各种分光光度方法定量测定。对于在紫外-可见区无吸收的分子，可用显色剂与之反应进行衍生（显色反应）后再测定。有时为了提高测量灵敏度，对本身有吸收的待测物也用显色剂进行衍生，以使摩尔吸光系数大幅提高。

1. 测量条件的选择

(1) 测量波长的选择

选择最大吸收波长作为测量波长可以获得较高的灵敏度，并且最大吸收波长附近不同波长的摩尔吸光数相近，可以获得较好的测量重现性，并能较好地抑制非单色光引起的线性范围减小。若干扰物质在最大波长处有吸收，则应根据“干扰最小、吸收最大”的原则来选择测量波长，即选择干扰物质没有吸收而待测组分吸收较大的波长进行测量。

(2) 吸光度范围的选择

吸光度在不同范围所引起的测量误差是不同的。当吸光度 $A-0.434$（或 $T-0.368$）

时，测定浓度的相对误差最小（约 1.4%），一般宜将吸光度控制在 0.2～0.8 范围内。实际工作中，可以通过调节待测溶液的浓度或选用适当厚度的比色皿等方法使吸光度落在该范围内。

（3）狭缝宽度的选择

为避免因狭缝过小而使出射光太弱引起信噪比降低，可以将狭缝适当开大。通过测定吸光度随狭缝宽度的变化曲线，可选择合适的狭缝宽度。狭缝宽度在某范围内，吸光度恒定，继续增至一定宽度时吸光度会减小。选择吸光度不减小时的最大宽度作为最佳狭缝宽度。

2. 显色反应条件的选择

所使用的显色剂应具有选择性好，灵敏度高，所形成的有色化合物的组成恒定，化学性质稳定等特点。常用的显色剂有无机和有机显色剂两种，通常有机显色剂中含有生色团和助色团。生色团如：

$$>C=O、-N=N-、-N=O、=\langle\bigcirc\rangle=、>C=S$$

助色团如：

$$-OH、-NH_2、-SH、Br^-、Cl^-$$

显色反应中应注意选择以下几个重要因素，使测量体系的吸光度达到最大且恒定：① 溶液的 pH；② 显色剂用量；③ 反应时间；④ 反应温度；⑤ 掩蔽剂的选择；⑥ 试剂加入的次序。

3. 常用定量方法

（1）目视比色法

在实际工作中，尤其野外作业时，常用目视比色法，即用眼睛比较溶液颜色的深浅来确定试样中被测组分的含量。目视比色法采用标准系列。将一系列不同量的待测组分标准溶液加入一组相同规格的比色管中，再分别加入等量的显色剂等，定容，制成一套标准色阶。将待测样品溶液在同样条件下显色，然后与标准色阶进行比较，即可确定其含量。目视比色法所需仪器简单，操作方便，适于大量试样的分析，但相对误差较大，可达 5%～20%。

（2）标准曲线法

在相同且固定的条件下（比色皿和入射光波长不变），测量一系列不同浓度 $c_1, c_2, \cdots, c_n$ 标准溶液的吸光度 $A_1, A_2, \cdots, A_n$。以吸光度为纵坐标，标准溶液的浓度为横坐标作图绘制曲线。在相同条件下测得待测试液的吸光度，由标准曲线确定待测试液的浓度，如图 2-5 所示。标准曲线方程宜用最小二乘法确定。

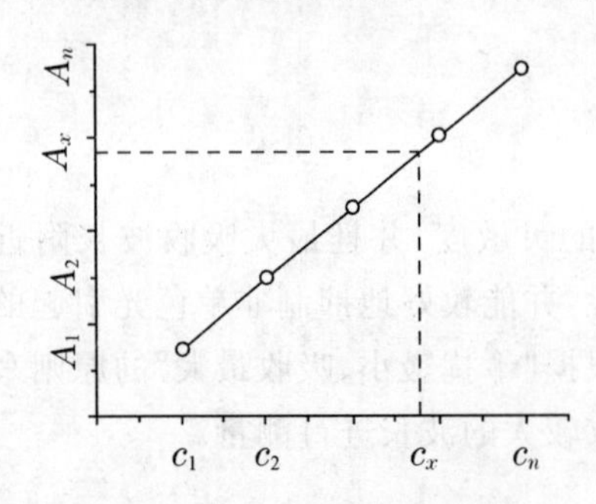

图 2-5 标准曲线法示意图

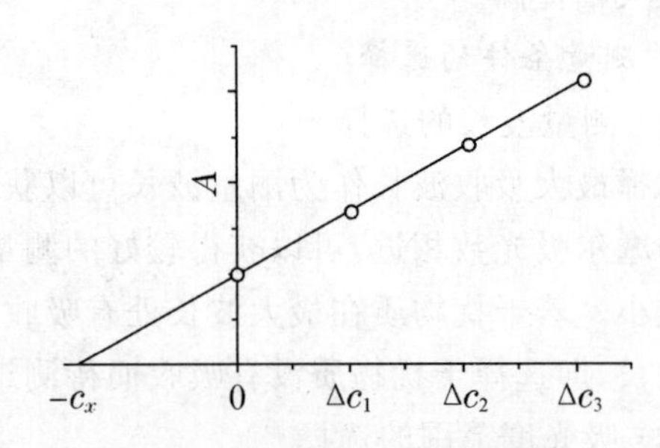

图 2-6 标准加入法示意图

（3）标准加入法

当试样组成较复杂，除待测组分外，难于确知其他共存基体组分时，宜采用标准加入法。分取几份等量的待测试样，第一份中不加入待测组分的标准溶液，其余各份中均分别加入不同量的待测组分标准溶液，定容至同一体积后，在选定的测量条件下测量各份溶液的吸光度A，绘制A对待测组分加入量Δc的关系曲线。若被测试样中不含待测组分，曲线应通过原点；若曲线不过原点，表明含有待测组分，A轴截距所对应的吸光度就是由待测组分所引起。外延曲线与Δc轴相交，交点至原点的距离即为待测组分在测量体系中的浓度。

（4）多元分析法

利用吸光度的加和性，对组分1和组分2共存的体系，测量其在选定的两波长λ_1和λ_2处的吸光度，解联立方程即可求得各组分的浓度。

$$\begin{cases}\varepsilon_1{}^{\lambda_1}bc_1+\varepsilon_2{}^{\lambda_1}bc_2=A^{\lambda_1}\\ \varepsilon_1{}^{\lambda_2}bc_1+\varepsilon_2{}^{\lambda_2}bc_2=A^{\lambda_2}\end{cases}$$

其中的四个摩尔吸光系数ε可通过在λ_1和λ_2处分别测量组分1和2的单组分标准溶液的吸光度后获得。实际操作中，随着组分数的增加，由于组分间交互作用等因素增强，吸光度的加和性变差，对于具有3个以上共存组分的体系，联立方程组求解效果不佳，需借助因子分析法、偏最小二乘法、模拟退火算法、遗传算法及人工神经网络等化学计量学算法才能得到可靠的结果。

（5）光度滴定法

测量滴定过程中溶液吸光度的变化，通过作图法求得滴定终点从而计算待测组分的含量。测量波长一般选择为待测溶液、滴定剂或反应生成物中摩尔吸光系数最大者的λ_{max}。滴定曲线主要有图2-7所示的几种形式。

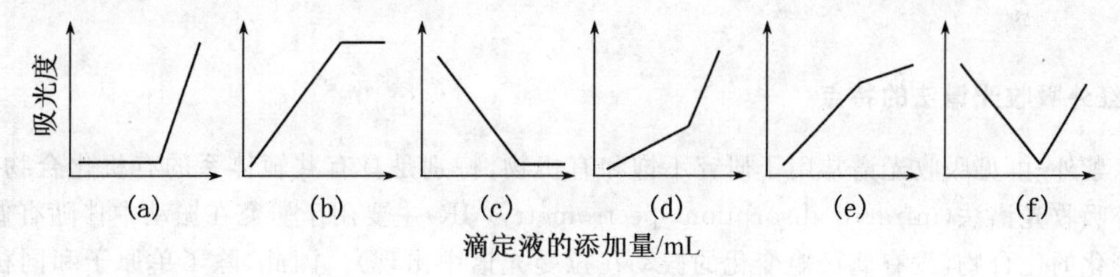

图2-7　分光光度滴定的滴定曲线形状

（6）差示分光光度法

在一般的分光光度法中，吸光度A在0.2～0.8范围内的测量误差较小。超出此范围，测定的相对误差将会变大。尤其是高浓度溶液，采用差示分光光度法进行测定则更为适宜。

用已知浓度为c_s的标准溶液作参比，测量浓度为c_x的待测组分溶液的吸光度为：

$$A=A_x-A_s=\varepsilon bc_x-\varepsilon bc_s=\varepsilon b(c_x-c_s)=\varepsilon b\Delta c$$

这是差示分光光度法的基本关系式，即吸光度与浓度差Δc成正比，可用标准曲线法或标准加入法得到待测组分的Δc，则$c_x=c_s+\Delta c$。

（7）导数分光光度法

求吸光度A对波长λ的一阶或高阶导数并对λ作图，可以获得导数光谱，即

$$\frac{d^nA}{d\lambda^n}=\frac{d^n\varepsilon}{d\lambda^n}bc$$

可见导数光谱值也与浓度 c 成比例。可以用标准曲线法或标准加入法进行定量。

随着求导阶数的增加,共存组分中吸收曲线变化趋势相对平缓的组分对导数光谱的贡献逐渐减小直至可以忽略。如一般组分的吸收曲线为峰型,而浑浊等散射产生的"吸光度"多接近直线。求一阶导数可使浑浊的影响变为常数,求二阶导数即可使其影响基本消失,即二阶导数信号只与待测组分的浓度成正比,如图 2-8 所示。随着导数光谱阶数的增加,同时也会引入计算误差,一般求导阶数在 4 阶以下。

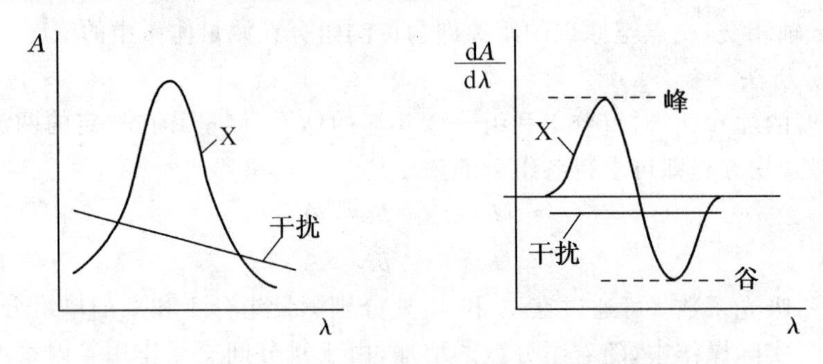

图 2-8 导数光谱法消除干扰过程示意图

(8) 其他分光光度法

分光光度法的定量方法十分灵活,还有等吸收点双波长法、系数倍率法、三波长分光光度法、比值导数分光光度法、多波长线性回归法、H 点标准加入法等。另外,还可以运用分光光度法测定配合物的配比、稳定常数和酸碱的离解常数等。

§2.2 红外吸收光谱法

一、红外吸收光谱法的特点

紫外-可见吸收光谱常用于研究不饱和有机物,特别是具有共轭体系的有机化合物,而红外吸收光谱法(infrared absorption spectrometry, IR)主要用于研究在振动中伴随有偶极矩变化的化合物(没有偶极矩变化的振动在拉曼光谱中出现)。因此,除了单原子和同核分子如 Ne、He、O_2、H_2 等之外,几乎所有的有机化合物在红外光谱区均有吸收。除光学异构体、某些高聚物以及在分子量上只有微小差异的化合物外,凡结构不同的化合物,其红外光谱一定有所差异,因而红外光谱具有很强的特征性。

红外吸收带的波长位置与吸收谱带的强度反映了分子结构上的特点,可用于鉴定未知物的结构或确定其所具有的基团,吸收谱带的强度与分子组成或基团的含量有关,可用于定量分析和纯度鉴定。

红外光谱可直接测定气体、液体和固体样品,并且具有用量少、分析速度快、不破坏样品的特点,是鉴定化合物分子结构最有效的方法之一。

红外辐射波长范围约 0.78～1 000 μm,根据仪器技术和应用的不同,习惯上又将其分为三个区:

近红外区:0.78～2.5 μm(13 300～4 000 cm^{-1});

中红外区:2.5～25 μm(4 000～400 cm^{-1});

远红外区：25～1 000 μm(400～10 cm^{-1})。

应用最广泛的是中红外波段，近年来近红外光谱的分析应用迅速崛起。红外光谱图一般以波长 λ(nm)或波数 σ(cm^{-1})为横坐标，以透光率(T%)或吸光度 A 为纵坐标。波长与波数的换算关系为：

$$\sigma/\mathrm{cm}^{-1}=\frac{10^4}{\lambda/\mu\mathrm{m}}$$

二、红外吸收光谱产生的条件

分子必须同时满足以下两个条件才能产生红外吸收：

(1) 分子振动时，必须伴随有瞬时偶极矩的变化。一个分子有多种振动方式，只有使分子的偶极矩发生变化的振动方式，才会吸收特定频率的红外辐射。

(2) 照射分子的红外辐射的频率与分子的某种振动方式的频率相匹配时，分子吸收能量，从较低的振动能级跃迁到较高的振动能级，而每一个振动能级又具有不同的转动能级，从而呈现连续的带状吸收。

三、分子的振动类型

在分子中，原子的运动方式有三种，一种是按线性平动方式的运动，一种是原子绕着分子质量中心的周期性运动，还有一种就是分子的振动。分子中的原子以平衡点为中心，以非常小的振幅(与原子核之间的距离相比)作周期性的振动。

分子振动模型把两个质量分别为 M_1 和 M_2 的原子看作刚性小球，连接两原子的化学键看作无质量的弹簧，弹簧的长度就是化学键的长度。影响分子简正振动频率的因素是相对原子质量和化学键的力常数。化学键的力常数越大，折合相对原子质量越小，振动频率就越高，吸收峰出现在高波数区；反之则出现在低波数区。

分子的简正振动可分为两大类：伸缩振动和弯曲振动，后者也称变形振动。

伸缩振动指化学键两端的原子沿键轴方向来回周期运动，用 υ 表示。又分为对称伸缩振动和不对称伸缩振动。

弯曲振动指使化学键的键角发生周期性变化的振动，用 δ 表示。又分为弯曲振动的方向垂直于分子平面的面外弯曲振动和弯曲振动位于分子平面上的面内弯曲振动，又细分为剪式振动、平面摇摆、非平面摇摆以及扭曲振动。

以亚甲基为例，其振动方式如图 2-9 所示。

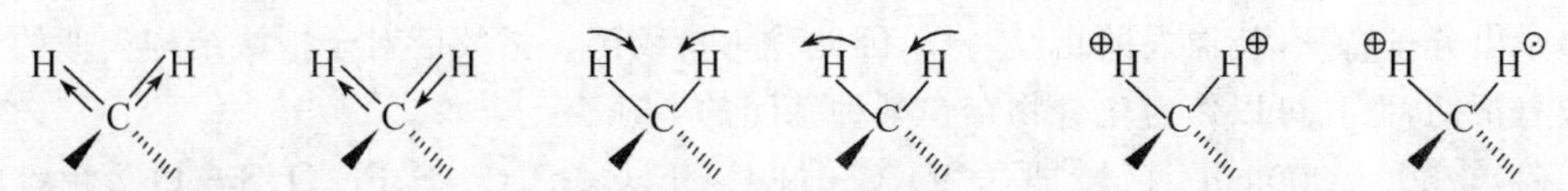

图 2-9　亚甲基的振动模式

⊕，⊙分别表示运动方向垂直纸面向里与向外。

四、吸收谱带的强度

红外吸收谱带的强度取决于分子振动时偶极矩的变化，而偶极矩与分子结构的对称性有关。振动的对称性越高，振动中分子偶极矩变化越小，谱带强度就越弱。一般地，极性较强的基团振动，如 C ═O 和 C—X 等，吸收强度较大；极性较弱的基团振动，如 C ═C、C—C、N ═N 等，吸收较弱。红外光谱的吸收强度一般定性地分为以下五个等级：

(1) 很强(*vs*)：$\varepsilon>100$；

(2) 强(*s*)：$20<\varepsilon<100$；

(3) 中(*m*)：$10<\varepsilon<20$；

(4) 弱(*w*)：$1<\varepsilon<10$；

(5) 很弱(*vw*)：$\varepsilon<1$。

五、基团频率和特征吸收峰

物质的红外光谱是其分子结构的反映，谱图中的吸收峰与分子中各基团的振动相对应。多原子分子的红外光谱与其结构的关系，是通过比较大量已知化合物的红外光谱，从中总结出各种基团的吸收规律。组成分子的各种基团，如 O—H、N—H、C—H、C ═C、C ═OH 和 C≡C 等，都有各自特定的红外吸收区域和吸收峰，分子中的其他部分对其吸收位置影响较小。通常把这种能代表基团存在、并有较高强度的吸收谱带称为特征吸收峰，其所在频率称为基团频率。

1. 基团频率区

中红外光谱区可以分成 4 000～1 300 cm^{-1} 和 1 300～400 cm^{-1} 两个区域。最具有分析价值的基团频率出现在 4 000～1 300 cm^{-1}，所以这一区域也称为基团频率区、官能团区或特征区。区内的峰是由伸缩振动产生的吸收带，比较稀疏，容易辨认，常用于鉴定官能团。基团频率区又可细分为三个区域：

(1) 4 000～2 500 cm^{-1} 为 X－H 伸缩振动区，X 可以是 O、N、C 或 S 等原子；

(2) 2 500～1 900 cm^{-1} 为叁键和累积双键伸缩振动区；

(3) 1 900～1 200 cm^{-1} 为双键伸缩振动区。

由于分子内部基团或外部介质的影响，特征频率会在一个较窄的范围内产生位移，由于这种位移与分子结构的细节相关联，因此不但不会影响吸收峰的特征性，而且可以为分子结构的确定提供一些基团连接方式等有用信息。

2. 指纹区

在 1 300～400 cm^{-1} 区域内，除重原子单键的伸缩振动外，还有变形振动产生的谱带。这种振动与整个分子的结构有关。当分子结构稍有不同时，该区的吸收带就有细微的差异，并显示出分子特征，就像人的指纹一样，因此称为指纹区。指纹区对于指认结构类似的化合物很有帮助，而且可以作为化合物存在某种基团的旁证。

(1) 1 300～900 cm^{-1} 区域是 C—O、C—N、C—F、C—P、C—S、P—O、Si—O 等单键的伸缩振动和 C ═S、S ═O、P ═O 等双键的伸缩振动吸收频率区以及一些变形振动吸收频率区。

(2) 900～400 cm^{-1} 为一些重原子伸缩振动和一些变形振动的吸收频率区。利用这一区域苯环的═C—H 面外变形振动吸收峰和 1 650～2 000 cm^{-1} 区域苯环的═C—H 变形振动的倍频或组合频吸收峰，可以确定苯环的取代类型，某些吸收峰也可以用来确认化合物的顺反构型。

六、常见官能团的特征吸收频率

表 2-1　常见官能团的特征吸收频率

化合物类型	振动形式	σ/cm^{-1}
烷烃	C—H 伸缩振动	2 975～2 800
	CH_2 变形振动	～1 465
	CH_3 变形振动	1 385～1 370
	CH_2 变形振动(4 个以上)	～720
烯烃	═CH 伸缩振动	3 100～3 010
	C═C 伸缩振动(孤立)	1 690～1 630
	C═C 伸缩振动(共轭)	1 640～1 610
	C—H 面内变形振动	1 430～1 290
	C—H 变形振动(—CH═CH_2)	～990 和～910
	C—H 变形振动(反式)	～970
	C—H 变形振动(>C═CH_2)	～890
	C—H 变形振动(顺式)	～700
	C—H 变形振动(三取代)	～815
炔烃	≡C—H 伸缩振动	～3 300
	C≡C 伸缩振动	～2 150
	≡C—H 变形振动	650～600
芳烃	═C—H 伸缩振动	3 020～3 000
	C═C 骨架伸缩振动	～1 600 和～1 500
	C—H 变形振动和 δ 环(单取代)	770～730 和 715～685
	C—H 变形振动(邻位二取代)	770～735
	C—H 变形振动和 δ 环(间位二取代)	～880，～780 和～690
	C—H 变形振动(对位二取代)	850～800
醇	O—H 伸缩振动	～3 650 或 3 400～3 300(氢键)
	C—O 伸缩振动	1 260～1 000
醚	C—O—C 伸缩振动(脂肪)	1 300～1 000
	C—O—C 伸缩振动(芳香)	～1 250 和～1 120
醛	O═C—H 伸缩振动	～2 820 和～2 720
	C═O 伸缩振动	～1 725
酮	C═O 伸缩振动	～1 715
	C—C 伸缩振动	1 300～1 100

（续表）

化合物类型	振动形式	σ/cm^{-1}
酸	O—H 伸缩振动	3 400～2 400
	C═O 伸缩振动	1 760 或 1 710(氢键)
	C—O 伸缩振动	1 320～1 210
	O—H 变形振动	1 440～1 400
	O—H 面外变形振动	950～900
酯	C═O 伸缩振动	1 750～1 735
	C—O—C 伸缩振动(乙酸酯)	1 260～1 230
	C—O—C 伸缩振动	1 210～1 160
酰卤	C═O 伸缩振动	1 810～1 775
	C—Cl 伸缩振动	730～550
酸酐	C═O 伸缩振动	1 830～1 800 和 1 775～1 740
	C—O 伸缩振动	1 300～900
胺	N—H 伸缩振动	3 500～3 300
	N—H 变形振动	1 640～1 500
	C—N 伸缩振动(烷基碳)	1 200～1 025
	C—N 伸缩振动(芳基碳)	1 360～1 250
	N—H 变形振动	～800
酰胺	N—H 伸缩振动	3 500～3 180
	C═O 伸缩振动	1 680～1 630
	N—H 变形振动(伯酰胺)	1 640～1 550
	N—H 变形振动(仲酰胺)	1 570～1 515
	N—H 面外变形振动	～700
卤代烃	C—F 伸缩振动	1 400～1 000
	C—Cl 伸缩振动	785～540
	C—Br 伸缩振动	650～510
	C—I 伸缩振动	600～485
腈基化合物	C≡N 伸缩振动	～2 250
硝基化合物	—NO_2(脂肪族)	1 600～1 530 和 1 390～1 300
	—NO_2(芳香族)	1 550～1 490 和 1 355～1 315

七、影响红外吸收光谱的因素

基团频率主要由基团中原子的质量和原子间的化学键力常数决定。然而，同样的基团在不同的分子和不同的介质环境中，基团频率可能会出现在一个较大的范围。了解影响基团频率的因素，对解析红外光谱和推断分子结构均十分有用。影响基团频率位移的因素可分为内部因素和外部因素。

1. 内部因素

(1) 电子效应

包括诱导效应、共轭效应和中介效应，它们都是由于化学键的电子分布不均匀而引起的。

诱导效应(I效应)——由于取代基具有不同的电负性，通过静电诱导作用，引起分子中电子分布的变化，从而改变了化学键的力常数，使基团的特征频率发生位移。例如当C═O邻位有电负性大的原子或官能团时，会使电子云偏向氧原子而转向双键中间，增加了3C═O双键的力常数，吸收频率向高波数位移。

共轭效应(C效应)——由分子中双键π-π共轭所引起的基因频率位移。共轭效应使共轭体系中的电子云密度趋于平均化，结果使原来的双键略有伸长(电子云密度降低)，力常数减小，吸收频率向低波数位移。

中介效应(M效应)——当含有孤对电子的原子，如O、S、N等，与具有多重键的原子相连时，具有类似共轭的作用，称为中介效应。由于含有孤对电子的原子的共轭作用，使C═O上的电子云偏向氧原子，C═O双键的电子云密度平均化，造成C═O键的力常数下降，使吸收频率向低波数位移。

(2) 空间位阻效应

指分子存在某种或某些基团，因空间位阻作用影响到分子中正常的共轭效应，从而导致吸收谱带位移。多向高波数移动。

(3) 环张力效应

环张力即键角张力，环越小，张力效应越大。随着环张力的增大，环外双键振动吸收向高波数位移，环内双键振动吸收向低波数移动。

(4) 场效应

当分子的立体结构决定了某些基团靠得很近时，原子或官能团的静电场通过空间相互作用而使相应的振动谱带发生位移。

2. 氢键的影响

氢键的形成使电子云密度平均化，从而使伸缩振动频率降低。游离羧酸的C═O键频率出现在1 760 cm^{-1}左右，而在固体或液体中，由于羧酸形成二聚体，C═O键频率出现在1 700 cm^{-1}。分子内氢键不受浓度影响，分子间氢键受浓度影响较大。

3. 振动耦合

当两个振动频率相同或相近的基团相邻且有一公共原子时，由于一个键的振动通过公共原子使另一个键的长度发生改变，产生一个“微扰”，从而形成了强烈的振动相互作用。其结果是使振动频率一个向高频移动，另一个向低频移动，谱带发生分裂。振动耦合常出现在一些二羰基化合物中，如羧酸酐。

4. Fermi 共振

当一个振动的倍频与另一振动的基频接近时，由于发生相互作用而产生很强的吸收峰或发生裂分，这种现象称为 Fermi 共振。

八、红外光谱仪

目前主要有两类红外光谱仪：色散型红外光谱仪和傅立叶(Fourier)变换红外光谱仪。

1. 色散型红外光谱仪

色散型红外光谱仪的组成部件与紫外-可见分光光度计相似，但每个部件的结构、所用的材料及性能与紫外-可见分光光度计不同，排列顺序也不同。红外光谱仪的样品是放在光源和单色器之间；而紫外-可见分光光度计是放在单色器之后。

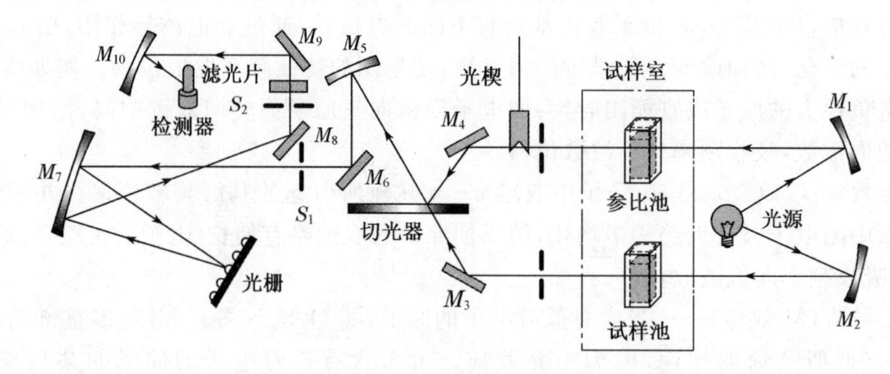

图 2-10 色散型双光束红外光谱仪光路图

2. 傅立叶变换红外光谱仪(FT-IR)

Fourier 变换红外光谱仪没有色散元件，主要由光源(硅碳棒或高压汞灯)、Michelson 干涉仪、检测器、计算机和记录仪组成。核心部件是 Michelson 干涉仪，它将来自光源的信号以干涉图的形式送往计算机进行 Fourier 变换的数学处理，最后将干涉图还原成光谱图。

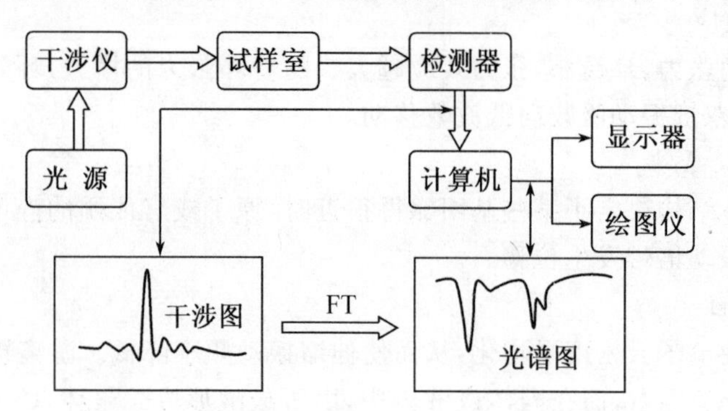

图 2-11 傅立叶变换红外光谱仪工作原理图

FT-IR 具有以下特点：

(1) 扫描速度快

在整个扫描时间内同时测定所有频率的信息，一般只要 1 s 左右。可用于测定不稳定物质的红外光谱。而色散型红外光谱仪，在任一瞬间只能观测一个很窄的频率范围，一次完整的扫描通常需要 8 s、15 s 或 30 s 等。

(2) 具有很高的分辨率

分辨率通常达到 0.1～0.005 cm^{-1}，而一般的棱镜型红外光谱仪分辨率在 1 000 cm^{-1} 处为 3 cm^{-1} 左右，光栅型的也只能达到 0.2 cm^{-1}。

(3) 灵敏度高

因不使用狭缝和单色器，反射镜面大，能量损失小，到达检测器的能量大，可检测 10^{-8} g 量级的样品。

此外还具有光谱范围宽(10 000～10 cm^{-1})、测量精度高、重复性好(可达 0.1%)、杂散光干扰小、样品不会受到因为红外聚焦而产生的热效应的影响等优点，特别适于研究化学反应机理以及与气相色谱仪联用进行复杂有机物的剖析。

九、试样的处理和制备

要获得一张高质量的红外光谱图，除了仪器本身的因素外，还必须有合适的样品制备方法。

1. 红外光谱法对试样的要求

试样可以是固体、液体或气体，一般应要求：

(1) 试样应该是单一组分的纯物质，纯度应＞98%，以便与纯物质的标准光谱进行对照。多组分试样应在测定前尽量预先用分馏、萃取、重结晶或色谱法进行分离提纯，否则各组分光谱相互重叠，难于判读。

(2) 试样中不应含有游离水。水本身有红外吸收，对样品光谱有严重干扰，若使用吸收池测量含水的样品还会严重侵蚀吸收池的盐窗。

(3) 试样的浓度和测试厚度应适当，以使光谱图中大多数吸收峰的透射比处于 10%～80%的范围。

2. 制样的方法

(1) 气体样品

气态样品可在玻璃气槽内进行测定，它的两端粘有红外透光的 NaCl 或 KBr 窗片。先将气槽抽真空，再将试样注入。

(2) 液体和溶液试样

① 液体池法　沸点较低，挥发性较大的试样，可注入封闭液体池中，液层厚度一般为0.01～1 mm。

② 液膜法　沸点较高的试样，直接滴在两片盐片之间，形成液膜。对于一些吸收很强的液体，当用调整厚度的方法仍然得不到满意的谱图时，可用适当的溶剂配成稀溶液进行测定。一些固体也可以用溶液的形式进行测定。常用的红外光谱溶剂应在所测光谱区内基本没有吸收，不侵蚀盐窗，对试样没有强烈的溶剂化效应等。

(3) 固体试样

① 压片法　在红外灯照射的干燥条件下，将 1～2 mg 试样与 200 mg 纯 KBr 研细研匀(粒径小于 2 μm)，置于模具中，用(5～10)×10^7 Pa 压力在油压机上压成透明薄片用于测定。

② 石蜡糊法　将干燥处理后的试样研细，与液体石蜡或全氟代烃混合，调成糊状，夹在

盐片中形成液膜进行测定。

③ 薄膜法　主要用于高分子化合物的测定。可将它们直接加热熔融或压制成膜。也可将试样溶解在低沸点的易挥发溶剂中，涂在盐片上，待溶剂挥发后成膜进行测定。

当样品量特别少或样品面积特别小时，采用光束聚光器，并配有微量液体池、微量固体池或微量气体池，采用全反射系统或用带有卤化碱透镜的反射系统进行测量。

十、红外光谱法的应用

1. 定性分析

(1) 已知物的鉴定

将试样谱图与标准物的谱图进行对照，或与文献上的谱图进行对照，若各吸收峰的位置和形状完全相同，峰的相对强度一致，可以认为试样与该标准物为同一物质。若两张谱图不一致，则说明两者为不同的化合物，或试样含有杂质。若用计算机进行谱图检索，则采用相似度来判别。使用文献上的谱图应注意试样的物态、结晶状态、溶剂、测定条件以及所用仪器类型均应与标准谱图相同。

(2) 未知物结构的判定

确定未知物的结构是红外光谱法定性分析最重要的用途之一。若未知物不是新化合物，可以通过以下两种方式利用标准谱图进行查对：

① 查阅标准谱图的谱带索引，寻找与试样光谱吸收带相同的标准谱图；

② 进行光谱解析，推断试样的可能结构，然后再由化学分类索引查找标准谱图对照核实。

谱图解析一般先从基团频率区的最强谱带开始，推测未知物可能含有的基团，判断不可能含有的基团。再从指纹区的谱带进一步验证，找出可能含有基团的相关峰，用一组相关峰确认一个基团的存在。对于简单化合物，确认几个基团之后，便可初步确定分子结构，然后查对标准谱图核实。

常用的标准谱图(库)有：萨特勒(Sadtler)标准红外光谱图、Aldrich 红外谱图库和 Sigma Fourier 红外光谱图库。

2. 定量分析

通过对特征吸收谱带强度的测量求得组分的含量。理论依据是朗伯-比耳定律。

由于红外光谱的谱带较多，选择余地大，所以能方便地对单一组分和多组分进行定量分析。此外，该法不受样品状态的限制，能定量测定气体、液体和固体样品。因此，红外光谱定量分析应用广泛。但由于红外光谱的测量灵敏度较低，不适用于微量组分的测定。

实验 7　可见分光光度计的使用与检定

一、实验目的

(1) 了解分光光度计的基本构造与应用。

(2) 掌握可见分光光度计的使用方法与检定方法。

二、实验原理

可见分光光度计是一种结构简洁、使用方便的单光束分光光度计，基于样品对单色光的选择吸收特性可用于对样品进行定性和定量分析。分光光度计属于实验室计量仪器的一种，按国家标准必须定期检定，进行量值溯源。只有熟练地操作仪器，定期检定，才能确保仪器波长和吸光度的精确度，从而才能保证测定的准确性，同时还能及时发现仪器存在的问题。分光光度法，相对误差可控制在2%～5%，好的检测设备可达到1%～2%。所以规范使用，规范校准仪器，对提高检测数据质量尤为重要。

三、实验仪器与试剂

1. 仪器

722型可见分光光度计(配1 cm比色皿)。

2. 试剂

(1) 0.000 4 mol/L $KMnO_4$(Mr158.03)标准溶液：准确称取0.063 2 g固体$KMnO_4$用水溶解定容至1 000 mL。

(2) 碱性重铬酸钾标准溶液：将在110℃干燥3小时以上的重铬酸钾(分析纯)配制成0.030 3 g/L浓度的标准溶液。配制所用溶剂是0.05 mol/L的氢氧化钾溶液。

四、实验步骤

1. 稳定性检验

在0%和100%处分别检验仪器的稳定性。开机后调节读数为0%，预热15 min后再调节到0%处。在3 min内T的波动在0%±0.3%T为合格。

在0%T稳定性合格后再检验100%T稳定性。方法与0%T稳定性检验法相同。

2. 比色皿(吸收池)的校准(吸收池配套性的检查)

用铅笔在洗净的吸收池毛面外壁编号并标注放置方向，在吸收池中都装入测定用空白参比溶液(或蒸馏水)，以其中一个为参比，在测定波长下，测定其他吸收池的吸光度。配套使用的同一套吸收池在440 nm和770 nm透光率只差不大于0.5%(或吸光度之差的绝对值小于0.002)即为配对吸收池。相差太大，可以选出吸光度最小的吸收池为参比，测定其他吸收池的吸光度，求出校正值。测定样品时，等待测溶液装入校准过的吸收池中，将测得的吸光度值减去该吸收池的校正值即为测定真实值。

3. 波长的校准

(1)根据物质的颜色与吸收光颜色的互补关系，将比色皿架取下，插入一块白色硬纸片，打开光源灯，将波长调节器在700 nm向420 nm方向慢慢转动，观察从出口狭缝射出的光线颜色是否与波长调节器所示的波长符合，如符合，则说明分光系统基本正常。

表2-2　物质的颜色与吸收光颜色的关系

物质颜色	黄绿	黄	橙	红	紫红	紫	蓝	绿蓝	蓝绿
吸收光颜色波长/nm	紫 400～450	蓝 450～480	绿蓝 480～490	蓝绿 490～500	绿 500～560	蓝绿 560～580	黄 580～610	橙 610～650	红 650～760

(2) 用高锰酸钾标准溶液校准波长

高锰酸钾溶液最大吸收波长 525 nm 为标准，在被检仪器上测绘高锰酸钾的吸收曲线。具体方法如下：

取 1 cm 比色皿，以 0.04 mmol/L 的高锰酸钾溶液为样品，用纯水作参比溶液，在 460、480、500、510、515、520、525、530、535、540、550、570 处分别测定吸光度(每次改变波长时，都要用空白重新校准)，绘出高锰酸钾溶液吸收曲线。如果测得的最大吸收波长在 525±1 nm 以内，说明仪器波长正常。

4. 吸光度的校准

吸光度的准确性是反映仪器性能的重要指标。一般常用碱性重铬酸钾标准溶液进行吸光度校正，并检查仪器性能是否稳定。

取 0.030 3 g/L 浓度的碱性重铬酸钾标准溶液放入 1 cm 的吸收池中，在 25℃时，以 0.05 mol/L 氢氧化钾溶液为参比液，测定其在不同波长下的吸光度或透光率。

测定的数值与表 2-3 的数据比较以确定吸光度的误差。

表 2-3 波长-吸光度对比

波长/nm	400	420	440	460	480	500
吸光度	0.396	0.124	0.056	0.018	0.004	0.000

5. 重现性检定

固定测定波长为 420 nm，每隔 5 min 测定同一重铬酸钾溶液的吸光度，重复测定 7 次，记录读数，并计算 7 次测定值的相对标准偏差(RSD)。

五、实验数据处理

1. 稳定性实验

分别记录 3 min 内 $T=0\%$ 和 100%时的 T，并判断所用仪器的稳定性如何。

2. 比色皿(吸收池)的校准

以其中一个比色皿为参比，测定另外 3 个比色皿的吸光度，判断比色皿配套情况。

3. 波长的校准

绘制高锰酸钾溶液的吸收曲线，根据吸收曲线得到高锰酸钾的最大吸收波长，并与 525 nm 进行比较，判断该仪器波长是否正常。

4. 吸光度的校准

根据测定 0.030 3 g/L 浓度的碱性重铬酸钾标准溶液在特定波长下的吸光度与标准值进行对比，判断该仪器测定吸光度的准确性。

5. 重现性检定

根据测定的数据，计算 7 次测定值的相对标准偏差(RSD)，评价所使用仪器的重现性。

6. 仪器性能总体评价

根据上述实验数据，对所使用的仪器的性能进行判断，性能是否正常。

六、思考题

利用分光光度法测定某样品中待测物质的含量，如果测定结果的精密度良好，但是测定值偏高，分析可能的原因。

实验 8　邻菲罗啉分光光度法测定铁的含量

一、实验目的

(1) 通过分光光度法测定铁的条件实验，学会选择和确定分光光度分析的适宜条件。

(2) 了解光栅分光光度计的构造和使用方法。

(3) 掌握邻菲罗啉分光光度法测定铁的原理和方法。

二、实验原理

邻菲罗啉(o-phenanthroline)又称 1,10-二氮菲或邻二氮菲，是铁的一种优良的显色剂，在 pH 2～9 的溶液中，Fe^{2+} 能与其生成 1∶3 的橙红色配合物，$\lg\beta_3=21.3$，最大吸收波长 510 nm 处的摩尔吸光系数为 $1.1\times10^4\ L\cdot mol^{-1}\cdot cm^{-1}$。在一定浓度范围内，$Fe^{2+}$ 的浓度与配合物吸光度的关系遵循朗伯-比耳定律。有关反应如下：

$$2Fe^{3+}+2NH_2OH\cdot HCl = 2Fe^{2+}+N_2\uparrow+2H_2O+4H^{+}+2Cl^{-}$$

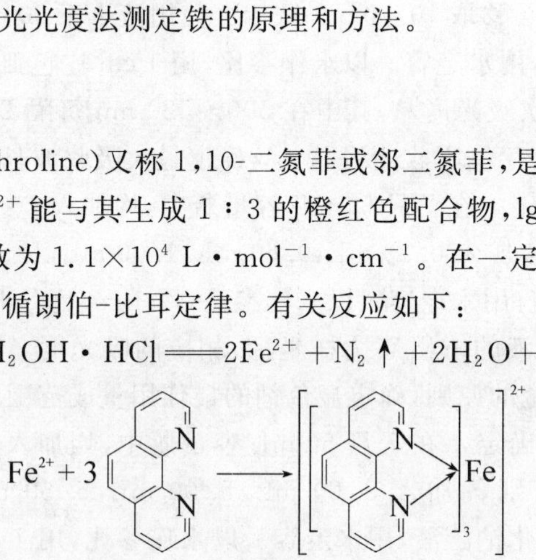

$Fe^{2+}+3$ (N N) $\longrightarrow$ $[$(N N → Fe)$]_3^{2+}$

该显色反应选择性很高，形成的配合物较稳定，在还原剂的存在下，颜色可保持数月不变。由于 Fe^{3+} 也可与邻菲罗啉生成 1∶3 的淡蓝色配合物，$\lg\beta_3=14.1$，所以，在显色反应前，需将 Fe^{3+} 全部还原成 Fe^{2+}。

三、实验仪器与试剂

1. 仪器

分光光度计(如 721 型、722 型、普析通用 T6 型、Agilent 8453 型等)，酸度计(如 pHS-3C 型等)，100 mL 容量瓶 2 只，50 mL 容量瓶 9 只，10 mL 移液管 2 支，5 mL 移液管 1 支，50 mL 酸式和碱式滴定管各 1 支。

2. 试剂

(1) 铁标准溶液($100.0\ \mu g\cdot mL^{-1}$)：称取 0.863 4 g $NH_4Fe(SO_4)_2\cdot 12H_2O$ 于 250 mL 烧杯中，加入 100 mL 2 $mol\cdot L^{-1}$ 盐酸溶液，溶解后定量转移至 1 000 mL 容量瓶中，以水定容。

(2) 邻菲罗啉溶液(0.1%)：称取适量邻菲罗啉，先用少量乙醇溶解，再用水稀释至所需要的浓度。避光保存。若溶液颜色变暗时即不能使用。

(3) 乙酸钠溶液($1.0\ mol\cdot L^{-1}$)：称取 82 g 乙酸钠溶解于 1 000 mL 水中。

(4) 氢氧化钠溶液($0.20\ mol\cdot L^{-1}$)：称取 8.0 g 氢氧化钠溶解于 1 000 mL 水中，放置在聚乙烯试剂瓶中保存。

(5) 盐酸溶液($2\ mol\cdot L^{-1}$)，盐酸羟胺溶液(10%，两周内有效)，未知浓度的铁溶液。

所用试剂均为分析纯，水为去离子水或超纯水。

四、实验步骤

1. 条件试验

(1) 铁标准使用液的配制　移取10.00 mL铁标准溶液于100 mL容量瓶中，加入10 mL盐酸羟胺溶液，混匀，放置2 min，加入5 mL醋酸钠溶液，用水定容，得10.0 $\mu g \cdot mL^{-1}$铁标准使用液Ⅰ。移取10.00 mL铁标准溶液于另一100 mL容量瓶中，加入5 mL盐酸溶液和10 mL盐酸羟胺溶液，混匀，放置2 min后，用酸式滴定管加入3.0 mL邻菲罗啉溶液，用水定容，得10.0 $\mu g \cdot mL^{-1}$铁标准使用液Ⅱ。

(2) 吸收曲线的绘制　移取10.00 mL铁标准使用液Ⅰ于50 mL容量瓶中，用酸式滴定管加入3.0 mL邻菲罗啉，用水定容。以水作参比，用1 cm比色皿，在440～600 nm波长范围内，每隔10 nm测量一次吸光度A，其中在500～520 nm每隔2 nm测量一次。以波长λ为横坐标，以A为纵坐标，绘制吸收曲线$A \sim \lambda$，确定最大吸收波长λ_{max}(参考值510 nm)。

(3) 显色剂用量的确定　在7只50 mL容量瓶中，均加入10.00 mL铁标准使用液Ⅰ，然后，用酸式滴定管分别各加入0.30 mL，0.60 mL，1.00 mL，1.50 mL，2.00 mL，3.00 mL和4.00 mL邻菲罗啉溶液，用水定容。以水作参比，用1 cm比色皿，在λ_{max}处测量各溶液的吸光度A。以邻菲罗啉溶液的体积V为横坐标，相应的吸光度A为纵坐标，绘制$A \sim V$曲线，根据吸光度最大且稳定的原则，确定显色剂的最佳用量或范围。

(4) 适宜pH范围的确定　在7只50 mL容量瓶中，均加入10.00 mL铁标准使用液Ⅱ，然后用碱式滴定管分别各加入3.00 mL，5.00 mL，5.50 mL，6.00 mL，6.20 mL，7.00 mL和9.00 mL氢氧化钠溶液，用水定容。以水作参比，用1 cm比色皿，在λ_{max}处测量各溶液的吸光度A。用酸度计(或精密pH试纸)测量各溶液的pH。以A为纵坐标，pH为横坐标，绘制$A \sim pH$曲线，确定适宜的pH范围。

(5) 配合物稳定性试验　对(2)中的试液，分别在配制完成后2 min，5 min，10 min，20 min，30 min，60 min和90 min，在λ_{max}处各测量一次溶液的吸光度。以时间t为横坐标，吸光度A为纵坐标，绘制$A \sim t$曲线，观察显色反应达到完全时所需要的时间及配合物的稳定性。

2. 铁含量的测定

(1) 校准曲线的绘制　移取10.00 mL铁标准溶液于50 mL容量瓶中，加入10 mL盐酸羟胺溶液，混匀，放置2 min，用水定容。该溶液含铁20.0 $\mu g \cdot mL^{-1}$。另取5只50 mL容量瓶，分别加入该溶液1.00 mL，2.00 mL，3.00 mL，4.00 mL和5.00 mL，再各加入3.0 mL邻菲罗啉溶液和5 mL乙酸钠溶液，用水定容。以水作参比，用1 cm比色皿，在λ_{max}处测量1～5号溶液的吸光度。以铁的浓度c为横坐标，相应的吸光度为纵坐标，绘制$A \sim c$曲线。

(2) 未知水样中铁的测定　移取5.00 mL未知水样于100 mL容量瓶中，加入10滴盐酸溶液，用水定容。移取稀释后的水样10.00 mL于50 mL容量瓶中，加入5滴盐酸溶液和1 mL盐酸羟胺溶液，混匀，放置2 min后，加入3.0 mL邻菲罗啉溶液和5 mL乙酸钠溶液，用水定容。同步骤2.(1)测量吸光度A。需做一份平行测定，并求其平均值。

五、实验数据处理

(1) 根据实验步骤2.(1)的结果，求出校准曲线的线性方程或二次曲线方程。

(2) 根据实验步骤2.(2)的结果和校准曲线方程，计算未知水样中铁的含量。

六、思考题

(1) 用邻菲罗啉测定铁含量时,为何要加入盐酸羟胺?写出有关反应方程式。

(2) 如何证明本实验中可以用水作参比而不一定要使用试剂空白?试讨论参比溶液的选择问题。

(3) 根据有关实验数据,计算 Fe(Ⅱ)-邻菲罗啉配合物在 λ_{max}处的表观摩尔吸光系数。

(4) 本实验中哪些试剂必须准确加入?哪些试剂加入量的准确度可以稍放宽?试讨论分光光度分析中试剂浓度、仪器读数、分析结果等的有效数字问题。

实验 9　水中磷酸盐和总磷的测定

一、实验目的

(1) 学习试样的分解和光催化氧化消解方法。

(2) 掌握水中磷酸盐和总磷测定的基本原理和方法。

(3) 掌握紫外-可见分光光度计的结构、工作原理和使用方法。

(4) 学习连续流动分析技术。

二、实验原理

水中磷和氮的含量是水质富营养化的重要指标。在电厂、钢厂、石化等企业的工业循环冷却水系统中,常用磷酸盐系水处理剂进行缓蚀和阻垢。工业用水中含有的磷酸盐主要有:正磷酸盐(如磷酸三钠、磷酸氢二钠和磷酸二氢钠)、聚磷酸盐(如三聚磷酸钠、六偏磷酸钠等)和有机膦酸盐(如氨基三亚甲基膦酸 ATMP、羟基亚乙基二膦酸 HEDP、乙二胺四亚甲基膦酸 EDTMP 和 2-膦酸丁烷-1,2,4-三羧酸 PBTCA 等)。环境水中的含磷物质组成则更加多样复杂。正磷酸盐和聚磷酸盐之和称为总无机磷酸盐,或简称总无机磷。而总无机磷和有机膦酸盐之和称为总磷酸盐,或简称总磷。测定水中正磷酸盐、总无机磷及总磷的含量是水质监测的重要指标。

酸性条件下,正磷酸盐与钼酸铵反应生成黄色的磷钼杂多酸,再用抗坏血酸还原成磷钼蓝,于 710 nm 处测量吸光度可以进行定量测定。反应方程式为:

$$12(NH_4)_2MoO_4 + H_2PO_4^- + 24H^+ \xrightarrow{KSbOC_4H_4O_6} [H_2PMo_{12}O_{40}]^- + 24NH_4^+ + 12H_2O$$

$$[H_2PMo_{12}O_{40}]^- \xrightarrow{C_6H_8O_6} H_3PO_4 \cdot 10MoO_3 \cdot Mo_2O_5$$

总无机磷的测定采用酸化煮解法,使聚磷酸盐水解成正磷酸盐,再用上述磷钼蓝法测定。

总磷的测定采用强氧化剂在酸性条件下破坏有机膦,使其转化为正磷酸盐,并使聚磷酸盐也水解为正磷酸盐,然后用磷钼蓝法测定。

总磷减去总无机磷可得有机膦的含量。

由于将各种含磷化合物转化为正磷酸盐有一定的难度,操作耗时费力,重现性往往不佳。新兴的光催化氧化法利用强氧化性自由基可以高效地氧化分解含磷化合物,很好地解决了这一难题。

三、实验仪器与试剂

1. 仪器

紫外-可见分光光度计(配1 cm比色皿),连续流动总磷分析仪。

2. 试剂

(1) 磷酸二氢钾,硫酸溶液(1∶1),硫酸溶液(1∶3),硫酸溶液(0.5 mol·L^{-1})。

(2) 抗坏血酸溶液(20 g·L^{-1}):称取10 g抗坏血酸、0.2 g EDTA溶于200 mL水中,加入8 mL甲酸,用水稀释至500 mL,混匀,储存于棕色试剂瓶中(有效期一个月)。

(3) 钼酸铵溶液(26 g·L^{-1}):称取13 g钼酸铵,0.5 g酒石酸锑钾($KSbOC_4H_4O_6\cdot 1/2H_2O$)溶于200 mL水中,加入230 mL 1∶1硫酸溶液,混匀,冷却后用水稀释至500 mL,储存于棕色试剂瓶中(有效期二个月)。

(4) 磷标准储备液(500 μg·mL^{-1} PO_4^{3-}):称取0.716 5 g预先在100～105℃干燥至恒重的磷酸二氢钾溶于500 mL水中,定量转移至1 000 mL容量瓶中,用水定容。

(5) 磷标准溶液(20.0 μg·mL^{-1} PO_4^{3-}):移取20.00 mL磷标准储备液于500 mL容量瓶中,用水定容。

(6) 氢氧化钠溶液(3 mol·L^{-1}):称取30 g氢氧化钠,溶解于250 mL水中,储存于聚乙烯试剂瓶中。

(7) 酚酞指示剂:1%乙醇溶液。

(8) 过硫酸钾溶液(40 g·L^{-1}):称取20 g过硫酸钾,溶解于500 mL水中,储存于棕色试剂瓶中(有效期一个月)。

四、实验步骤

1. 工作曲线的绘制

分别移取20.0 μg·mL^{-1} PO_4^{3-}磷标准溶液0 mL(空白)、2.00 mL、4.00 mL、6.00 mL和8.00 mL置于5个50 mL容量瓶中,依次分别加入约25 mL水、2 mL钼酸铵溶液和3 mL抗坏血酸溶液,用水定容,在室温下放置10 min。用1 cm比色皿,以空白为参比,在710 nm处测量吸光度。以吸光度为纵坐标,相应试液中的PO_4^{3-}(μg)为横坐标绘制工作曲线。

2. 未知水样中正磷酸盐的测定

移取未知水样上清液25.00 mL于50 mL容量瓶中,加入2 mL钼酸铵溶液、3 mL抗坏血酸溶液,用水定容,在室温下放置10 min。用1 cm比色皿,以实验步骤1中的空白为参比,在710 nm处测量吸光度。以此吸光度和工作曲线确定水样中PO_4^{3-}的质量m_1(μg)。

3. 未知水样中总无机磷的测定

移取未知水样上清液10.00 mL于50 mL容量瓶中,加入2 mL 1∶3硫酸溶液,加水至约25 mL,摇匀,置于沸水浴中15 min,取出后流水冷却至室温。加入1滴酚酞指示剂,滴加3 mol·L^{-1}NaOH至溶液呈微红色后,再滴加0.5 mol·L^{-1}硫酸溶液至红色刚好褪去。继续加入2 mL钼酸铵溶液和3 mL抗坏血酸溶液,用水定容,在室温下放置10 min。用1 cm比色皿,以不加试样的试剂空白溶液作参比,在710 nm处测量吸光度。以此吸光度和工作

曲线确定水样中 PO_4^{3-} 的质量 m_2(μg)。

4. 未知水样中总磷的测定

移取未知水样上清液 5.00 mL 于 100 mL 锥形瓶中，加入 1 mL 0.5 mol·L^{-1} 硫酸溶液和 5 mL 过硫酸钾溶液，加水至约 25 mL，置于电炉上缓慢煮沸 15 min 至溶液几近蒸干。取出后流水冷却至室温，定量转移至 50 mL 容量瓶中。加入 2 mL 钼酸铵溶液和 3 mL 抗坏血酸溶液，用水定容，在室温下放置 10 min。用 1 cm 比色皿，以不加试样的试剂空白溶液为参比，在 710 nm 处测量吸光度。以此吸光度和工作曲线确定水样中 PO_4^{3-} 的质量 m_3(μg)。

采用连续流动总磷分析仪时，溶液配制同上。将用于绘制工作曲线的标准溶液系列按顺序置于自动进样盘的 1～5 号位，其余试液置于其他盘位，按第七章连续流动总磷分析仪操作步骤执行，按界面提示分别测定正磷酸盐、总无机磷和总磷。

五、实验数据处理

1. 正磷酸盐

以 mg·L^{-1} 表示的试样中正磷酸盐(以 PO_4^{3-} 计)含量(ρ_1)为：

$$\rho_1=\frac{m_1}{V_1}$$

式中：m_1 为从工作曲线上查得的 PO_4^{3-} 量，μg；V_1 为移取未知试样溶液的体积，mL。

两次平行测定结果之差应不大于±0.30 mg·L^{-1}，取算术平均值为测定结果。

2. 总无机磷和聚磷酸盐

(1) 以 mg·L^{-1} 表示的试样中总无机磷(以 PO_4^{3-} 计)含量(ρ_2)为：

$$\rho_2=\frac{m_2}{V_2}$$

式中：m_2 为从工作曲线上查得的 PO_4^{3-} 量，μg；V_2 为移取未知试样溶液的体积，mL。

(2) 以 mg·L^{-1} 表示的试样中聚磷酸盐含量(ρ_3)为：

$$\rho_3=\rho_2-\rho_1$$

两次平行测定结果之差不应大于±0.50 mg/L，取算术平均值为测定结果。

3. 总磷和有机膦

(1) 以 mg·L^{-1} 表示的试样中总磷(以 PO_4^{3-} 计)含量(ρ_4)为：

$$\rho_4=\frac{m_3}{V_3}$$

式中：m_3 为从工作曲线上查得的 PO_4^{3-} 量，μg；V_3 为移取未知试样溶液的体积，mL。

(2) 以 mg·L^{-1} 表示有机膦(以 PO_4^{3-} 计)含量(ρ_5)为：

$$\rho_5=\rho_4-\rho_2$$

两次平行测定结果之差不应大于±0.50 mg·L^{-1}，取算术平均值为测定结果。

六、问题与讨论

(1) 磷酸盐在水中的存在形态可分为哪几类？

(2) 分述正磷酸盐、总无机磷、总磷和有机膦的测定条件。

(3) 若有机膦降解不完全，则对哪类磷的测定结果会造成影响？

实验10　双波长紫外分光光度法测定复方磺胺甲噁唑片剂的有效成分

一、实验目的

(1) 掌握双波长分光光度法的基本原理。

(2) 学习用分光光度法同时测定混合物中多组分的含量。

二、实验原理

当吸收光谱重叠的 a、b 两组分共存时，若要消除 a 组分的干扰测定 b 组分，可在 a 组分的吸收光谱上选择两个吸光度相等的波长 λ_2 和 λ_1，其中 λ_2 为测定波长，λ_1 为参比波长，测量并计算混合物在两波长处吸光度的差值，该差值与待测物的浓度成正比，而与干扰物的浓度无关。原理如下：

$$A_{\lambda_1(混)}=A_{\lambda_1}^a+A_{\lambda_1}^b$$

$$A_{\lambda_2(混)}=A_{\lambda_2}^a+A_{\lambda_2}^b$$

$$\Delta A=A_{\lambda_2(混)}-A_{\lambda_1(混)}=(A_{\lambda_2}^a+A_{\lambda_2}^b)-(A_{\lambda_1}^a+A_{\lambda_1}^b)$$

干扰物 a 在所选波长 λ_1 和 λ_2 处吸光度相等，即 $A_{\lambda_2}^a=A_{\lambda_1}^a$，所以

$$\Delta A=A_{\lambda_2}^b-A_{\lambda_1}^b=(\varepsilon_2^b-\varepsilon_1^b)Lc_b$$

复方磺胺甲噁唑片为白色片剂，是常用抗菌药，含有磺胺甲噁唑(SMZ)和甲氧苄啶(TMP)，两者在紫外区均有较强的吸收。根据药典，每片复方磺胺甲噁唑片中磺胺甲噁唑的含量为 0.360～0.440 g，甲氧苄啶 72.0～88.0 mg。

在 0.4%氢氧化钠溶液中，SMZ 在 257 nm 处有最大吸收，TMP 在该波长处的吸收较小，并且在 304 nm 附近有一等吸收点，如图 2-12 所示。SMZ 在这两波长处的吸光度差异较大，所以选定 257 nm 为 SMZ 的测量波长 λ_2，在 304 nm 附近选择一参比波长 λ_1，测得样品在 λ_2 和 λ_1 处的吸光度差值 ΔA，ΔA 与 SMZ 的浓度成正比，与 TMP 的浓度无关。

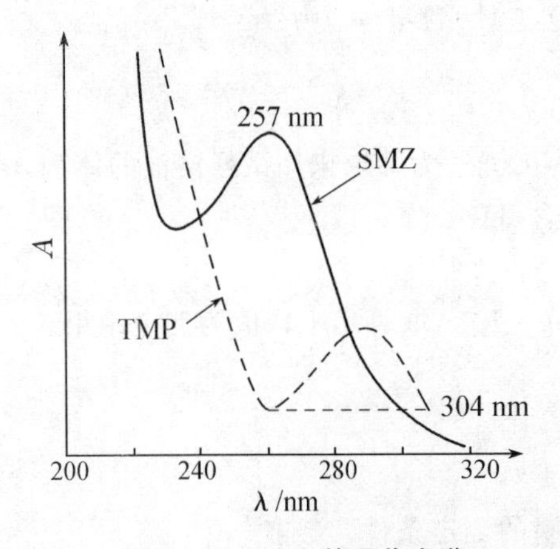

图 2-12　SMZ 的吸收光谱

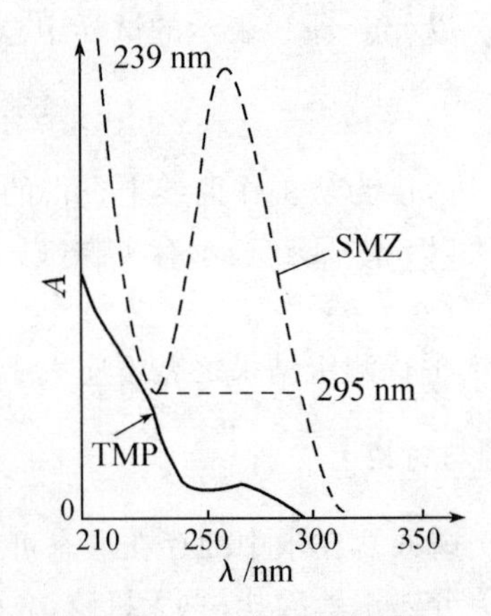

图 2-13　TMP 的吸收光谱

在盐酸-氯化钾溶液中，TMP 在 239 nm 处吸光度较大，SMZ 在该波长处吸收较小并且在 295 nm 附近有一等吸收点，如图 2-13 所示。TMP 在这两波长处的吸光度差异较大，所以选定 239 nm 为 TMP 的测量波长 λ_2，在 295 nm 附近选择一参比波长 λ_1，测得样品在 λ_2 和 λ_1 处的吸光度差值 ΔA，ΔA 与 TMP 的浓度成正比，与 SMZ 的浓度无关。

三、实验仪器与试剂

1. 仪器

紫外-可见分光光度计，分析天平，恒温干燥箱(0～300℃)，称量瓶，石英比色皿，研钵，不锈钢药匙，称量纸，容量瓶，滤纸，漏斗，漏斗架，移液管。

2. 试剂

(1) 乙醇：分析纯；0.4％氢氧化钠溶液；磺胺甲噁唑和甲氧苄啶标准对照品，复方磺胺甲噁唑片。

(2) 0.1 mol・L^{-1}盐酸溶液：量取浓盐酸 9 mL，用水稀释至 1 000 mL。

(3) 盐酸-氯化钾溶液：量取 0.1 mol・L^{-1}盐酸溶液 75 mL，加入氯化钾 6.9 g，加水溶解完全并稀释至 1 000 mL。

(4) 0.500 mg・mL^{-1}磺胺甲噁唑和 0.100 mg・mL^{-1}甲氧苄啶标准对照品贮备溶液：称取于 105℃干燥至恒重的磺胺甲噁唑标准对照品 0.1 g 和甲氧苄啶标准对照品 0.1 g(均准确至 0.000 1 g)分别置于 200 mL 和 1 000 mL 容量瓶中，用乙醇溶解并定容。

四、实验步骤

1. 取样量的确定

$$w_{取样量}=\frac{0.125}{0.40}\,\overline{w}_{平均片量}$$

2. 取样和制样

取复方磺胺甲噁唑片剂 10 片，准确称量，求得平均片量。放入研钵中研细至无大颗粒存在，按上式计算 $w_{取样量}$。称取研细的粉末于 250 mL 烧杯中(准确至 0.000 1 g，并与计算值出入不超过±10％，相当于试样中约含磺胺甲噁唑 125 mg，甲氧苄啶 25 mg)，加入 95％乙醇 100 mL，振摇 15 min 使样品溶解，定量转移至 250 mL 容量瓶中，用乙醇定容，过滤，弃去初滤液约 10 mL，将续滤液收集于另一 250 mL 容量瓶中，得样品贮备液。

3. 磺胺甲噁唑含量的测定

(1) 样品溶液　移取样品贮备液 2.00 mL 于 100 mL 容量瓶中，用 0.4％氢氧化钠溶液定容，得样品溶液Ⅰ。

(2) 标准工作液　移取磺胺甲噁唑和甲氧苄啶对照品贮备液各 2.00 mL，分别置于两个 100 mL 容量瓶中，均用 0.4％氢氧化钠溶液定容，得标准工作液Ⅰ和标准工作液Ⅱ。

(3) 双波长测定　取标准工作液Ⅱ，以 0.4％氢氧化钠溶液(或水)作空白，测量 $\lambda_2=257$ nm 处的吸光度 A_{λ_2}，在 304 nm 附近每隔 0.5 nm 测量吸光度 A_{λ_1}，寻找 $A_{\lambda_1}=A_{\lambda_2}$ 即 $\Delta A=A_{\lambda_2}-A_{\lambda_1}=0$ 时的等吸收点波长 λ_1(参比波长)。在 λ_2 和 λ_1 处分别测量样品溶液Ⅰ和标准工作液Ⅰ的吸光度，计算各自在 λ_2 和 λ_1 两波长处的吸光度差值 $\Delta A_{样Ⅰ}$ 和 $\Delta A_{Ⅰ}$。

4. 甲氧苄啶含量的测定

(1) 样品溶液　移取样品贮备液 5.00 mL 于 100 mL 容量瓶中，用盐酸-氯化钾溶液定容，得样品溶液Ⅱ。

(2) 标准工作液　移取磺胺甲噁唑和甲氧苄啶对照品贮备液各 5.00 mL，分别置于两个 100 mL 容量瓶中，均用盐酸-氯化钾溶液定容，得标准工作液Ⅲ和标准工作液Ⅳ。

(3) 双波长测定　取标准工作液Ⅲ，以盐酸-氯化钾溶液（或水）作空白，测量 $\lambda_2=239$ nm 处的吸光度 A_{λ_2}，在 295 nm 附近每隔 0.2 nm 测量吸光度 A_{λ_1}，寻找 $A_{\lambda_1}=A_{\lambda_2}$ 即 $\Delta A=A_{\lambda_2}-A_{\lambda_1}=0$ 时的等吸收点波长 λ_1（参比波长）。在 λ_2 和 λ_1 处分别测量样品溶液Ⅱ和标准工作液Ⅳ的吸光度，计算各自在 λ_2 和 λ_1 两波长处的吸光度差值 $\Delta A_{样Ⅱ}$ 和 $\Delta A_{Ⅳ}$。

附　注

测定甲氧苄啶时，由于所采用的测量波长与参比波长分别位于 239.0 nm 和 295 nm 附近，甲氧苄啶的吸收曲线在该两波长处均为陡坡，为了保证良好的准确度和精密度，要求所用仪器狭缝不得大于 1 nm。若使用自动扫描仪器，波长的重现性不得大于 0.2 nm；若使用手动仪器，波长调节时应向同一方向旋转，并注意用标准对照液核对等吸收点的波长。

五、实验数据处理

表 2-4　磺胺甲噁唑和甲氧苄啶双波长测量结果数据记录

试液	$A_{\lambda_{257}}$	A ____ nm	ΔA
工作液Ⅰ			
样品溶液Ⅰ			
试液	$A_{\lambda_{239}}$	A ____ nm	ΔA
工作液Ⅳ			
样品溶液Ⅱ			

每片药剂中磺胺甲噁唑和甲氧苄啶的含量(g/片)均按下式计算：

$$被测组分含量=\frac{\frac{\Delta A_{样}}{\Delta A_i}\times c_i\times k\times 250}{\frac{w_{取样量}}{w_{平均片量}}\times 1\,000}$$

式中：$\Delta A_{样}$ 为样品溶液在 λ_2 和 λ_1 两波长处的吸光度之差；ΔA_i 为工作液在 λ_2 和 λ_1 两波长处的吸光度之差；c_i 为工作液的浓度(mg/mL)；k 为样品贮备液的稀释倍数；$w_{取样量}$ 为复方磺胺甲噁唑片粉末质量，g。

六、问题与讨论

(1) 双波长分光光度法是如何消除干扰的？如何选择适当的测量波长和参比波长？

(2) 对于片剂，如何根据标示量估算取样量？

实验11　荧光分光光度法测定维生素 B_2 的含量

一、目的要求

(1) 掌握荧光分光光度法的原理。

(2) 了解荧光分光光度计的构造，掌握其使用方法。

(3) 学习测绘维生素 B_2 的激发光谱和发射光谱以及用荧光分光光度法测定维生素 B_2 的含量。

二、实验原理

维生素 B_2（又称核黄素，vitamin B_2）的结构如下：

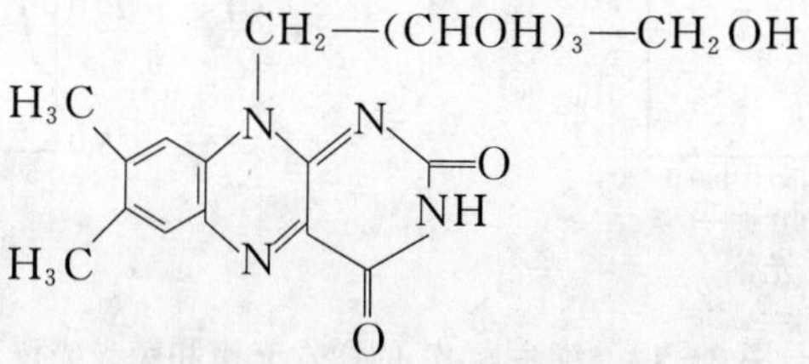

$CH_2—(CHOH)_3—CH_2OH$

H_3C　N　N　O　NH　H_3C　N　O

由于其母核上 N_1 和 N_5 间具有共轭双键，增加了整个分子的共轭程度，是一种具有强烈荧光特性的化合物。维生素 B_2 在水溶液中较稳定，但在强光下易分解，分解速度随温度的升高和 pH 的增高而加速。维生素 B_2 在强酸或强碱溶液中分解，荧光消失，其水溶液在 pH 为 6～7 时荧光最强。最大激发波长为 $\lambda_{ex}=465$ nm，最大发射波长为 $\lambda_{em}=520$ nm。低浓度时，$\lambda_{ex}=465$ nm 时在 520 nm 处测得的荧光强度与维生素 B_2 的浓度成正比。即：

$$I_F=Kc$$

采用校准曲线法或标准加入法可测定维生素 B_2 片剂中维生素 B_2 的含量。

三、实验仪器与试剂

1. 仪器

荧光分光光度计，石英荧光池。

2. 试剂

(1) 维生素 B_2 标准溶液 10.0 $\mu g \cdot mL^{-1}$：称取 10.0 mg 核黄素于小烧杯中，加入少量 1%醋酸水溶液溶解后，转移至 1 000 mL 容量瓶中，用 1%醋酸水溶液定容。溶液应贮存于棕色试剂瓶中，置于冰箱中冷藏保存。

(2) 维生素 B_2 片剂。

四、实验步骤

1. 维生素 B_2 的荧光激发光谱和发射光谱

移取 2.00 mL 维生素 B_2 标准溶液于 25 mL 容量瓶中，用 1%醋酸水溶液稀释至刻度，摇匀。选择适当的仪器测量条件(如灵敏度、狭缝宽度、扫描速度及纵坐标和横坐标间隔及范围等)，将溶液倒入石英荧光池中，放在仪器的池架上，关好样品室盖。首先任意确定激发波长(如 400 nm)，在 480～580 nm 区间范围内扫描荧光光谱，从获得的溶液的荧光光谱中，确定最大发射波长 λ_{em} = 520 nm；再固定 λ_{em} = 520 nm，在 400～500 nm 区间范围内扫描荧光激发光谱，从获得的荧光激发光谱中，确定最大激发波长 λ_{ex} = 465 nm。如图 2 - 14 所示。

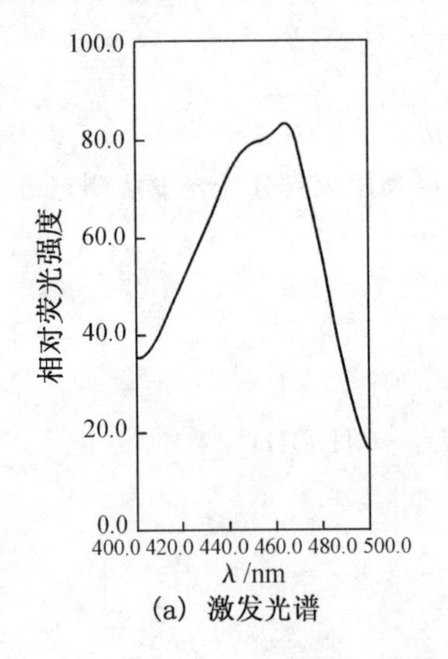

(a) 激发光谱

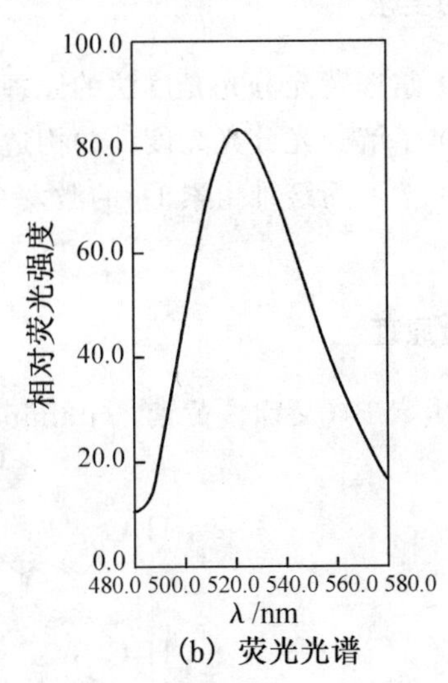

(b) 荧光光谱

图 2 - 14 维生素 B_2 的激发光谱和荧光光谱

2. 标准曲线

在 5 个 25 mL 容量瓶中，用 2 mL 吸量管分别加入 10.0 μg. mL^{-1} 维生素 B_2 标准溶液 0.40 mL，0.80 mL，1.20 mL，1.60 mL 和 2.00 mL，用 1%醋酸水溶液稀释至刻度，摇匀。将激发波长固定在 465 nm，发射波长为 520 nm，测量系列标准溶液的荧光强度。

3. 维生素 B_2 片剂中维生素 B_2 含量的测定

取 2 片维生素 B_2 片剂于小烧杯中，加入少量 1%醋酸水溶液，用平头玻璃棒轻轻压碎，搅拌使其溶解。转移至 1 000 mL 容量瓶中，用 1%醋酸水溶液中稀释至刻度，摇匀，静止片刻。吸取上述溶液 1.00 mL(平行 2～3 份)于 25 mL 容量瓶中，用 1%醋酸水溶液定容。在与系列标准溶液相同的测量条件下测量各试液的荧光强度。

五、实验数据处理

(1) 从测绘的维生素 B_2 的激发光谱和荧光光谱上，确定它的最大激发波长 λ_{ex} 和最大发射波长 λ_{em}。

(2) 用方格坐标纸或 Excel 及 Origin 等作图软件上绘制维生素 B_2 的校准曲线，并从校准曲线上确定样品溶液中维生素 B_2 的浓度，最后计算出维生素 B_2 片剂中维生素 B_2 的含量(mg/片)，并将测定值与药品说明书上的标示量作比较。

六、问题与讨论

(1) 结合荧光产生的机理，说明为什么荧光物质的最大发射波长总是大于最大激发波长？

(2) 为什么测量荧光必须和激发光的方向成直角？

(3) 根据维生素 B_2 的结构特点，进一步说明能发生荧光的物质应具有什么样的分子结构？

实验 12　分光光度法测定酸碱指示剂的 pK_a

一、实验目的

(1) 复习溶液 pH 对弱酸碱各型体分布的影响。

(2) 理解吸光度的加和性。

(3) 掌握分光光度法测定酸碱指示剂解离常数的原理及方法。

二、实验原理

甲基橙是一种典型的偶氮染料，在水溶液中存在下列解离平衡：

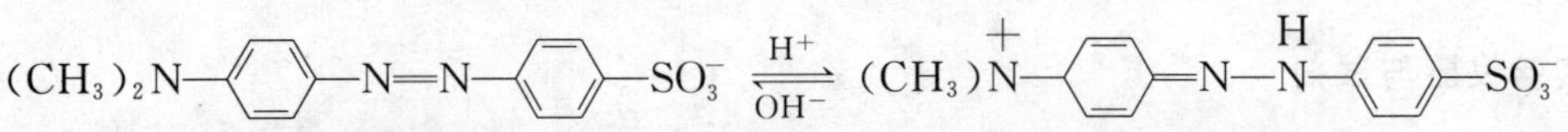

$$(CH_3)_2N-C_6H_4-N=N-C_6H_4-SO_3^- \underset{OH^-}{\overset{H^+}{\rightleftharpoons}} (CH_3)_2\overset{+}{N}=C_6H_4=N-\overset{H}{N}-C_6H_4-SO_3^-$$

（碱型，偶氮式）黄色　　　　（酸型，醌式）红色

以 HIn 代表甲基橙的酸式结构，In^- 代表甲基橙的碱式结构，它们在溶液中的解离平衡：

$$HIn \rightleftharpoons H^+ + In^-$$

若甲基橙总浓度为 c，则 $c=[HIn]+[In^-]$，根据酸碱型体的分布系数，有：

$$[In^-]=\frac{cK_a}{K_a+[H^+]} \tag{1}$$

$$[HIn]=\frac{c[H^+]}{K_a+[H^+]} \tag{2}$$

甲基橙的酸式型体 HIn 和碱式型体 In^- 具有不同颜色，即具有不同的吸收光谱。根据吸光度的加和性，在一定的 pH 下，在某一波长下甲基橙溶液的吸光度值为这两种型体产生的吸光度的加和，即：

$$A=A_{HIn}+A_{In^-}=\varepsilon_{HIn}b[HIn]+\varepsilon_{In^-}b[In^-] \tag{3}$$

式中：b 为光程，cm；ε_{HIn} 为酸式型体摩尔吸光系数；ε_{In^-} 为碱式型体的摩尔吸光系数；A 为甲基橙溶液的吸光值。

将(1)(2)带入(3)式并整理可得

$$A=\varepsilon_{HIn}bc\frac{[H^+]}{K_a+[H^+]}+\varepsilon_{In^-}bc\frac{K_a}{K_a+[H^+]} \tag{4}$$

当溶液 $pH \ll pK_a$ 时，甲基橙几乎全部以酸型 HIn 存在，即$[HIn]=c$。此条件下测定该溶液的吸收光谱，即为酸式型体 HIn 的吸收光谱。b 为 1 cm 时，在某一波长下，根据朗伯-比尔定律可以得到：$\varepsilon_{HIn}=A_{HIn}/c$。

当溶液 $pH \gg pK_a$ 时，甲基橙几乎全部以碱型 In^- 存在，$[In^-]=c$。此条件下测定该溶液的吸收光谱，即为碱式型体 In^- 的吸收光谱。b 为 1 cm 时，在某一波长下，根据朗伯比尔一定律可以得到：$\varepsilon_{In^-}=A_{In^-}/c$。

$b=1$ cm 时，将 ε_{HIn}、ε_{In^-} 代入(4)并整理可得，

$$K_a=\frac{A_{HIn}-A}{A-A_{In^-}}[H^+]$$

即
$$pK_a=pH-\lg\frac{A_{HIn}-A}{A-A_{In^-}} \tag{5}$$

或
$$pH=pK_a+\lg\frac{A_{HIn}-A}{A-A_{In^-}} \tag{6}$$

其中:A_{HIn}为 pH≪pK_a 时,某特定波长下,甲基橙溶液的吸光度;

A_{In^-} 为 pH≫pK_a 时,某特定波长下甲基橙溶液的吸光度;

A 为某一特定 pH 时,某特定波长下甲基橙溶液的吸光度。

注意:此式适用于 $b=1$ cm,所有 pH 条件下甲基橙溶液的分析浓度相同,测定吸光度的波长相同。

可以根据(5)式利用代数法计算指示剂的 pK_a。也可以根据(6)式,以 pH 对 $\lg\frac{A_{HIn}-A}{A-A_{In^-}}$ 做图,进行线性拟合,所得直线在 y 轴的截距即为该指示剂的 pK_a。

三、实验仪器与试剂

1. 仪器

722 型分光光度计,酸度计,电子分析天平,磁力搅拌器,1 mL 吸量管 1 个,25 mL 容量瓶 5 个。

2. 试剂

(1) 甲基橙溶液:用天平准确称取 0.088 5 g 甲基橙固体于烧杯中,溶解定量转移到 500 mL 的容量瓶中,得到甲基橙储备液。

(2) 盐酸溶液(0.1 mol/L):8.4 mL 浓盐酸稀释至 1 L。

(3) NaOH 溶液(0.1 mol/L):称取 4.0 g NaOH 溶解于少量蒸馏水,稀释至 1 L。

(4) 缓冲溶液的配制

醋酸溶液(0.1 mol/L):量取 5.7 mL 冰醋酸稀释至 1 L(pH2.8 左右)

pH=3.0 左右的缓冲溶液的配制:用少量氢氧化钠溶液调节 0.1 mol/L 的醋酸溶液,在 pH 计上调至 pH3.0 左右,并记录准确的 pH 值。

pH=3.4 左右的缓冲溶液的配制:用少量氢氧化钠溶液调节 0.1 mol/L 的醋酸溶液,在 pH 计上调至 pH3.4 左右,并记录准确的 pH 值。

pH=3.8 左右的缓冲溶液的配制:用少量氢氧化钠溶液调节 0.1 mol/L 的醋酸溶液,在 pH 计上调至 pH3.8 左右,并记录准确的 pH 值。

(5) pH=4.00、pH=6.86 的标准缓冲溶液用于校正 pH 计。

四、实验步骤

1. 吸收曲线(A-λ 曲线)的绘制

移取 1.00 mL 甲基橙母液,用 0.1 mol/L 盐酸溶液定容至 25.00 mL 容量瓶中。以 0.1 mol/L 的盐酸溶液为参比,用 1 cm 比色皿,在 400～600 nm 范围内,每隔 10 nm 读取一次吸光度 A。

移取 1.00 mL 甲基橙标准母液,移取 0.1 mol/L 氢氧化钠溶液 2.50 mL,用水定容至

25.00 mL。以 0.01m ol/L 的氢氧化钠溶液为参比，用 1 cm 比色皿，在 400～600 nm 范围内，每隔 10 nm 读取一次吸光度 A。

以波长 λ 为横坐标，A 为纵坐标，绘制吸收曲线。通过 Origin 或 excel 作图软件绘制，将上述酸性、碱性甲基橙溶液对应的 A 绘制成 $A-\lambda$ 曲线。根据两条曲线，选择在合适的波长处进行不同 pH 值甲基橙溶液的吸光度的测定。

2. 不同酸度甲基橙溶液吸光度的测定

取 3 个 25.00 mL 容量瓶，分别移取 1.00 mL 甲基橙标准母液，依次用 pH＝3.0、pH＝3.4 及 pH＝3.8 的 0.10 mol/L 醋酸-醋酸钠缓冲溶液定容，得到不同酸度的甲基橙溶液。

以蒸馏水为参比，用 1 cm 比色皿，分别测定波长为 510 nm 和 500 nm 的各溶液的吸光度。

五、实验数据处理

1. 吸收曲线的绘制

根据实验步骤 1 记录的数据，分别绘制甲基橙两种型体的 HIn 和 In^- 的吸收曲线，确定酸式型体的最大吸收波长和碱式型体的最大吸收波长及等吸收点，可以得到在任意波长处的 A_{HIn} 和 A_{In^-}。

2. 甲基橙 pK_a 的测定

选择测定波长 λ，根据实验步骤 2，测定各溶液 λ 处的吸光度，并完成表 2－5。

表 2－5　不同 pH 甲基橙溶液的吸光度

pH	A	$\lg\frac{A_{HIn}-A}{A-A_{In^-}}$	$pK_a\left(pH-\lg\frac{A_{HIn}-A}{A-A_{In^-}}\right)$
3.0			
3.4			
4.0			

(1) 根据表中数据计算代数法所求 pK_a 的平均值。

(2) 以 $\lg\frac{A_{HIn}-A}{A-A_{In^-}}$($\lambda$＝510 nm)对 pH 做图，进行线性拟合，所得直线在 pH 轴上的截距即为该指示剂的 pK_a。

(3) 与代数值计算的 pK_a 平均值进行比较，判断两者是否有显著性差异。

六、问题与讨论

(1) 何为吸光度的加和性？吸光度的加和性的适用条件是什么？

(2) 将作图法测定的甲基橙的 pK_a(测)与 pK_a(理论值)比较，并进行误差分析。

实验 13　紫外吸收光谱法测定萘的含量

一、实验目的

(1) 掌握测定萘试样时，测定波长(最大吸收波长)的选择方法。

(2) 学习紫外分光光度计的使用方法,了解基本结构,并应用紫外吸收光谱定量分析法测定萘的含量。

二、实验原理

利用紫外分光光度法测定试样中单组分含量时,通常先测定物质的吸收光谱,然后选择最大吸收峰的波长进行测定。在选定的波长下,吸光度与物质的浓度的关系符合朗伯-比尔定律。

萘已成为一种典型的环境污染物,是国内外许多工业污染场地中的主要污染物。以往的卫生球就是用萘制成的,但由于萘的毒性,现在卫生球已经禁止使用萘作为成分。

三、实验仪器与试剂

1. 仪器

紫外-可见分光光度计,石英比色皿,移液管,10 mL 容量瓶。

2. 试剂

4.0 μg/mL 萘-乙醇标准溶液,含萘的未知液(教师自配)。

四、实验步骤

1. 配制萘-乙醇标准溶液系列

洗净 5 只 10 mL 容量瓶,用无水乙醇润洗,分别移取 1.00 mL、2.00 mL、3.00 mL、4.00 mL、5.00 mL 4.0 μg/mL 萘-乙醇标准溶液于 5 只容量瓶中,然后用 95%乙醇定容,摇匀待用。

2. 标准曲线

以 95%乙醇溶液为参比溶液,用 1 cm 石英比色皿,浓度从低到高,依次测绘萘-乙醇溶液的紫外吸收光谱。记录各浓度溶液的最大吸收波长和此处的吸光度 A(最大吸收波长 210～230 nm),绘制 A 与浓度 c 的关系曲线。

3. 同步骤 2 测定未知液的吸光度。

五、实验数据处理

(1) 以萘的标准溶液系列的吸光度为纵坐标,质量浓度为横坐标,绘制分析用的 $A-c$ 标准工作曲线(用方格坐标纸或 Excel、Origin 等作图软件)。

(2) 根据未知液的吸光度,通过线性回归方程或内插法求得未知样品中萘的含量。

六、问题与讨论

(1) 简述利用紫外吸收光谱进行定量分析的基本步骤。

(2) 光度分析中参比溶液的作用是什么?

(3) 为什么紫外吸收光谱可用于物质的纯度检验? 它是如何进行物质的纯度检验?

实验 14　苯甲酸红外光谱的绘制

一、实验目的

(1) 掌握溴化钾压片法测绘固体样品的红外光谱技术。

(2) 了解红外光谱仪的构造,学会红外光谱仪的使用。

(3) 了解红外光谱法在有机化合物结构定性分析中的应用。

二、实验原理

红外吸收光谱分析法(infrared absorption spectrometry, IR)是利用分子对红外辐射的吸收,分子的振动能级和转动能级发生跃迁,得到与分子结构相应的红外光谱图,从而利用红外光谱图来鉴别分子结构的方法。苯甲酸分子中具有苯环、羧基、一取代等基团特征,用固体压片法测得红外吸收光谱后,可以清晰地得到各特征吸收峰的归属。

三、实验仪器与试剂

1. 仪器

FT-IR 型红外光谱仪,压片机,玛瑙研钵,不锈钢铲,镊子,红外灯。

2. 试剂

溴化钾(AR),无水乙醇(AR),苯甲酸(AR)。

四、实验步骤

1. 制片

在红外灯下,将溴化钾晶体在玛瑙研钵中研细(至粒径约 2 μm),取适量放入模具中,在压片机上压片,得均匀透明的溴化钾参比薄片。剩余的溴化钾与固体苯甲酸样品混合(样品约占混合物的 2%左右),在玛瑙研钵中混匀,继续研磨至粒径约为 2 μm,与溴化钾相同压片,得试样薄片。

2. 粗测

将试样薄片装在试样架上,插入光路中,以纯溴化钾薄片作参比,先粗测试样薄片的透射比是否超过 40%。若未达到 40%,则需要重新压片。

3. 红外光谱图的测绘

将固定薄片的样品池插入光路中,在 625～4 000 cm^{-1} 波数范围内,扫描测绘其红外光谱图。

五、实验数据处理

(1) 确认苯甲酸各主要吸收峰,并确认其归属。

(2) 通过谱库,比较标准苯甲酸与样品苯甲酸的谱图,列表比较和讨论它们主要吸收峰的位置。

六、问题与讨论

(1) 用压片法制样时，为什么要求将固体试样研磨至粒径 2 μm 左右？研磨时，不在红外灯下操作，谱图上会出现什么情况？

(2) 某些高聚物很难研磨成细小的颗粒，采用什么样的制样方法比较可行？

(3) 芳香烃的红外特征吸收在谱图的什么位置？

(4) 羟基化合物谱图的主要特征峰是什么？

第三章　原子光谱分析实验

§3.1　原子发射光谱分析法

原子发射光谱法(Atomic emission spectrometry,AES)是通过记录和测量激发态原子发出的特征辐射的波长和强度对其进行定性、半定量和定量分析的方法。

原子发射光谱分析包括三个主要步骤:① 提供能量使被测试样蒸发、解离,产生气态原子,并进而使气态原子激发产生特征辐射;② 将激发态原子发出的各种波长的特征辐射经过分光后形成按波长顺序排列的谱线;③ 用感光板或检测器记录各谱线的波长和强度。

原子发射光谱分析法灵敏度高,选择性好,分析速度快,试样用量小,能同时进行多元素的定性和定量分析,是元素分析最常用的手段之一。

但原子发射光谱只能用来确定物质的元素组成与含量,不能给出物质分子的有关信息。此外,常见的非金属元素如氧、氮、卤素等的特征谱线在远紫外区,常规光谱仪器尚无法检测。

一、原子光谱的产生

1. 原子结构与量子数

原子由原子核与绕核运动的电子组成。每一个电子的运动状态可用主量子数 n、角量子数 l、磁量子数 m 和自旋量子数 m_s 这四个量子数来描述。

① 主量子数 $n=1, 2, 3, 4, 5, \cdots$(壳层,主要能量)

K,L,M,N,O,…

② 角量子数 $l=0,1,2,3,\cdots,n-1$(支壳层,轨道,轨道角动量)

s,p,d,f,…

③ 磁量子数 $m=0,\pm1,\pm2,\cdots,\pm l$(轨道伸展方向,轨道角动量沿磁场方向的分量)

④ 自旋磁量子数 $m_s=\pm\frac{1}{2}$(自旋角动量沿磁场方向的分量)

2. 原子的能级与光谱项

由于核外电子之间存在着相互作用,其中包括电子轨道之间的相互作用、电子自旋运动之间的相互作用以及轨道运动与自旋运动之间的相互作用等,因此原子的核外电子排布并不能准确地表征原子的能量状态,原子的能量状态需要用以主量子数 n,总角量子数 L,总自旋量子数 S 和内量子数 J 这四个量子数为参数的光谱项来表征,光谱项的实质是原子能级的记录符号,记为:

$$n^{2S+1}L_J$$

其中 n 为主量子数,$n=1,2,3,4,5,\cdots$。

L为总角量子数，是价电子角量子数l的矢量和，当有两个价电子时，$L=l_1+l_2, l_1+l_2-1, \cdots, |l_1-l_2|$。有三个价电子时将$L$与$l_3$求矢量和，有多个电子时依此类推。当$L=0,1,2,3,\cdots$时，光谱项的中心符号分别记为：$S,P,D,F,\cdots$。

S为总自旋量子数，是价电子自旋量子数m_s的矢量和，$S=0,\pm1,\pm2,\cdots$或$S=\pm\frac{1}{2}, \pm\frac{3}{2},\cdots$。

J为内量子数，是总角量子数L与总自旋量子数S的矢量和，$J=L+S, L+S-1, L+S-2,\cdots,|L-S|$。

当$L\geqslant S$时，共有$2S+1$个J值；当$L<S$时，共有$2L+1$个J值。不同的J值所表示的光谱项的能量稍有不同，称为光谱支项。$2S+1$称为光谱项中光谱支项的多重性。

每一个光谱支项包含$2J+1$个可能的量子态。在没有外加磁场时，J相同的各种量子态的能量是相同的(简并的)；当有外加磁场时，由于原子磁矩与外加磁场的相互作用，简并能级分裂为$2J+1$个子能级，一条光谱线在外加磁场作用下分裂为$2J+1$条谱线，这种现象称为塞曼效应。$g=2J+1$称为统计权重，它决定了多重谱线中各谱线的强度比。

3. 能级跃迁与光谱选律

原子的所有能级两两之间的跃迁并不都是可以发生的，实际观测到的谱线所对应的两能级之间的光谱项参数服从以下规则：

① 跃迁时主量子数n的改变不受限制；

② $\Delta L=\pm1$，即跃迁只在S与P之间、P与S或D之间、D与P或F之间发生，等等；

③ $\Delta S=0$，即单重态只能跃迁到单重态，三重态只能跃迁到三重态，等等；

④ $\Delta J=0,\pm1$。但当$J=0$时，$\triangle J=0$的跃迁是禁阻的。

综上所述可知，由于不同元素的原子能级结构不同，因此能级之间的跃迁所产生的谱线具有不同的波长特征。根据光谱中各谱线的波长特征可以确定元素的种类，这是原子发射光谱定性分析的依据。

4. 谱线的强度

试样中被测元素的原子获得激发光源所提供的能量而跃迁至高能级u，当其自发跃迁至较低能级l时，将同时发出相应的辐射，辐射的频率ν和波长λ与两能级的能量差ΔE相关，即

$$\Delta E_{ul}=h\nu_{ul}=\frac{hc}{\lambda_{ul}}$$

式中：h为普朗克常数；c为光速。

上式反映了单个光子所具有的能量，而强度则代表原子群体辐射的总能量。若激发态的原子总数为N_u，每个原子单位时间内发生A_{ul}次跃迁(跃迁概率)，则谱线的强度为：

$$I_{ul}=N_uA_{ul}h\nu_{ul}$$

在原子发射光谱分析过程中，当试样的蒸发和激发过程达到平衡时，激发态原子总数为：

$$N_u=\alpha\beta c$$

式中：α为蒸发系数；β为激发系数；c为待测组分的浓度或含量。一定实验条件下，当A_{ul}、α和β均为常数时，谱线强度与组分浓度或含量成正比，记为：

$$I=ac$$

其中 a 为常数。激发态原子发出的辐射通过温度较低的外层原子蒸气时，被处于基态的同种原子所吸收，这种现象称为自吸效应。考虑到自吸效应的影响，谱线的实际强度可修正为：

$$I=ac^b$$

其中 $b\leqslant 1$，称为自吸系数。随 c 增加而减小，当 c 很小而无自吸时，$b=1$。该式称为罗马金-赛伯(Lomakin-Schiebe)公式，是原子发射光谱定量分析的基本关系式。

二、原子发射光谱仪

原子发射光谱仪由激发光源、分光系统、记录和检测系统三个部分组成。

1. *激发光源*

激发光源通过不同的方式提供能量，使试样中的被测元素原子化，并进一步跃迁至激发态。常用的激发光源有电弧、电火花、电感耦合高频等离子体(Inductive coupled high frequency plasma，ICP)光源等。

(1) 直流电弧

平均电流大，电极头温度高，试样蒸发效果好，弧焰中心区的温度可达 5 000～7 000 K，分析的绝对灵敏度高。常用于矿物、难熔无机材料等物质中痕量组分的测定。但直流电弧的弧焰易在电极表面反复无常地游动，重现性较差，自吸现象也较严重，更适合做定性分析。

(2) 低压交流电弧

平均电流较小，电极头温度较低，对试样的蒸发效果不如直流电弧好，灵敏度稍低。但电流具有脉冲性，瞬时电流密度比直流电弧大，稳定性好。每次引弧时在电极表面的位置一般不同，相当于一次新的取样，具有良好的代表性，故分析结果的精密度比直流电弧好。适用于定性和半定量分析。

(3) 高压火花

放电时间短，瞬时电流密度高，激发温度可达 10 000 K 以上，能激发出电位很高的原子线和更多的离子线。火花作用于电极上的面积小，时间短，电极头温度低，单位时间内进入放电区的试样量少，灵敏度较低，不适用于粉末和难熔试样的分析，非常适用于分析低熔点金属与合金的丝状、箔状样品。火花放电能够通过调节电压和电极间隙精密地加以控制，因而分析结果的稳定性较好，适合做定性、半定量和定量分析。

(4) ICP

ICP 装置由高频发生器和感应线圈、炬管和供气系统、试样引入系统三部分组成。

高频发生器产生高频磁场供给等离子体能量。应用最广泛的是利用石英晶体压电效应产生高频振荡的他激式高频发生器，频率和功率输出稳定性高。频率多为 27 MHz～50 MHz，最大输出功率通常是 2 kW～4 kW。

感应线圈一般是以圆铜管或方管绕成的 2～5 匝水冷线圈。

等离子炬管由三层同心石英管组成。外管通冷却气 Ar 使等离子体离开外层石英管内壁，避免烧毁石英管。采用切向进气，利用离心作用在炬管中心产生低气压通道，以利于进样。中层石英管出口做成喇叭形，通入 Ar 维持等离子体，有时也可以不通 Ar。内层石英管内径约 1～2 mm，载气携带试样气溶胶由内管喷注进等离子体内。试样气溶胶由气动雾化器或超声雾化器产生。用 Ar 做工作气的优点是:Ar 为单原子惰性气体,不与试样组分形成难解离的稳定化合物,也不会像分子那样因解离而消耗能量,有良好的激发性能,本身的光谱简单。

当有高频电流通过线圈时,产生轴向磁场,这时用高频点火装置产生火花,形成的载流子(离子与电子)在电磁场作用下,与原子碰撞并使之电离,形成更多的载流子,当载流子多到足以使气体有足够的导电率时,在垂直于磁场方向的截面上就会感生出流经闭合圆形路径的涡流,强大的电流产生高热又将气体加热,瞬间使气体形成最高温度可达 10 000 K 的稳定的等离子炬。感应线圈将能量耦合给等离子体,并维持等离子炬。当载气携带试样气溶胶通过等离子体时,被后者加热至 6 000～7 000 K,并被原子化和激发产生发射光谱。

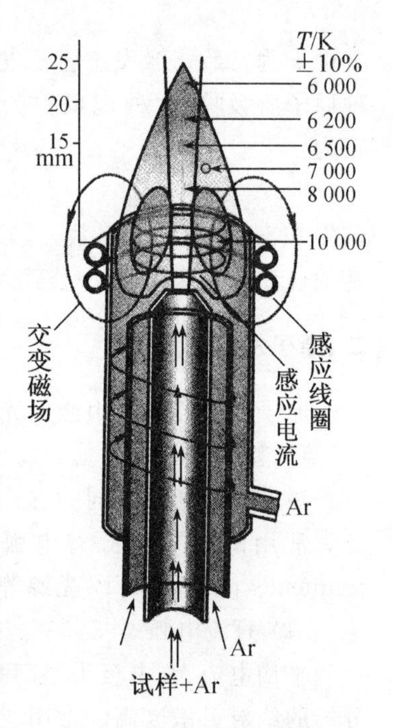

图 3-1 ICP 焰炬装置

ICP 焰明显地分为三个区域:焰心区、内焰区和尾焰区。

焰心区呈白色,不透明,是高频电流形成的涡流区,等离子体主要通过这一区域与高频感应线圈耦合而获得能量。该区温度高达 10 000 K,电子密度很高,由于黑体辐射、离子复合等产生很强的连续背景辐射。试样气溶胶通过这一区域时被预热、挥发溶剂和蒸发溶质,因此,这一区域又称为预热区。

内焰区位于焰心区上方,一般在感应圈以上 10～20 mm,略带淡蓝色,呈半透明状态。温度为 6 000～8 000 K,是待测物原子化、激发、电离与辐射的主要区域。光谱分析就在该区域内进行,因此,该区域又称为测光区。

尾焰区在内焰区上方,无色透明,温度较低,在 6 000 K 以下,只能激发低能级的谱线。

由于 ICP 内部受热的高温气体向垂直于等离子体的外表面膨胀,对气溶胶的注入产生斥力,使气溶胶形成泪滴状沿等离子体外表面逸出,不能进入等离子体内。当交流电通过导体时,由于感应作用引起导体截面上的电流分布不均匀,越接近导体表面,电流密度越大,此种现象称为趋肤效应。电流频率越高,趋肤效应越显著。在 ICP 中,由于高频电流的趋肤效应形成环状结构,涡流主要集中在等离子体的表层,形成一个环形加热区,其中心是一个温度较低的中心通道,使气溶胶能顺利地进入等离子体内。经过中心通道进入的气溶胶被加热而解离和原子化,产生的原子和离子限制在中心通道内而不扩散到 ICP 的周围,避免形成能产生自吸的冷原子蒸气,因而工作曲线具有很宽的动态范围,可达 4～6 个数量级,既可测定试样中的痕量组分,又可以测定主成分,这么宽的线性范围是其他仪器分析方法很难做到的。

ICP 通过感应圈以耦合方式从高频发生器获得能量,不需用电极,避免了电极玷污与电极烧损所导致的测光区的变动。经过中心通道的气溶胶借助对流、传导和辐射,间接地受到加热,试样成分的变化对 ICP 的影响很小,具有良好的稳定性。ICP 的电子密度很高,电离干扰一般可以不予考虑。ICP 可测定的元素达 70 多种。

ICP 的不足是雾化效率低,对气体和一些非金属等测定的灵敏度还不令人满意,固体进样的问题尚待解决。此外,设备和维持费用较高。

2. 分光系统

原子发射光谱仪的分光系统目前采用棱镜和光栅分光系统两种。

(1) 棱镜分光系统

棱镜分光系统的光学特性可用色散率、分辨率和集光本领三个指标来表征。

(2) 光栅分光系统

光栅分光系统的光学特性可用色散率、分辨率和闪耀特性三个指标来表征。

3. 检测记录系统

原子发射光谱的检测目前常采用摄谱法和光电检测法。前者用感光板,后者以光电倍增管或电荷耦合器件(CCD)作为接收与记录光谱的主要器件。

三、分析方法

1. 定性分析

根据原子光谱中的元素特征谱线可以确定试样中是否存在被检元素。通常将元素特征光谱中强度较大的谱线称为元素的灵敏线,只要在试样光谱中检出了某元素的灵敏线。就可以确证试样中存在该元素。反之,若在试样中未检出某元素的灵敏线,则说明试样中不存在被检元素,或该元素的含量在检出限以下。

(1) 标样光谱比较法

将待检元素的纯物质与试样并列摄谱于同一感光板上,在映谱仪上检查试样光谱与纯物质光谱,若试样光谱中出现与纯物质具有相同特征的谱线,表明试样中存在待检元素。这种方法对少数指定元素的定性鉴定非常方便。

(2) 铁谱比较法

将试样与纯铁并列摄谱于同一感光板上,然后将试样光谱与铁光谱的标准谱图对照,以铁谱线为波长标尺,逐一检查待检元素的灵敏线,若试样光谱中的元素谱线与标准谱图中标明的某一元素谱线出现的波长位置相同,表明试样中存在该元素。铁谱比较法对同时进行多个元素的定性鉴定十分方便。

应该注意的是,由于分辨率所限,谱线的相互重叠干扰往往是可能发生的,不论采用哪种定性方法,一般的原则是至少要有两条灵敏线出现,才可以确认该元素的存在。

2. 半定量分析

摄谱法可以迅速地给出试样中待测元素的大致含量,常用的方法有谱线黑度比较法和显线法。

(1) 黑度比较法

将试样与已知不同含量的标准样品在一定条件下摄谱于同一光谱感光板上,然后在映谱仪上用目视法直接比较被测试样与标准样品光谱中分析线的黑度,若黑度相等,则表明被测试样中待测元素的含量近似等于该标准样品中待测元素的含量。该法的准确度取决于待测试样与标准样品组成的相似程度以及标准样品中待测元素含量间隔的大小。

(2) 显线法

元素含量低时,仅出现少数灵敏线,随着元素含量增加,一些次灵敏线与较弱的谱线相继出现,于是可以编成一张谱线出现与含量的关系表,以后就可以根据某一谱线是否出现来估测试样中该元素的大致含量。该法简便快速,但准确度受试样组成与分析条件的影响较大。

3. 定量分析

发射光谱分析受实验条件波动的影响很大，为尽可能补偿和抵消由此而引起的误差，通常采用内标法进行定量分析。即利用试样中的另一元素，或人为在试样中引入某一元素(内标元素)，这样，不论实验条件如何波动，被测元素与内标元素的分析条件始终保持一致，实验条件的波动对两者的影响程度也基本相当，用这两者谱线强度的比值作为定量分析的指标，显然结果比较稳定可靠。

根据内标法的原理，内标元素与内标线的选择原则如下：

① 外加内标元素时，加入量需已知，且该元素在原试样中不存在或含量低至可以忽略；

② 内标元素与待测元素具有相似的蒸发、电离和激发特性；

③ 待测元素的分析线与内标元素的内标线波长尽可能接近。

设待测元素和内标元素的含量分别为 c 和 c_0，待测元素分析线和内标元素内标线的强度分别为 I 和 I_0，b 和 b_0 分别为分析线和内标线的自吸收系数，根据发射光谱定量分析的基本关系式，对分析线和内标线分别有：

$$I=ac^b$$

$$I_0=a_0c_0^{b_0}$$

用 R 表示分析线和内标线的强度比为：

$$R=\frac{I}{I_0}=\frac{a}{a_0c_0^{b_0}}\cdot c^b=a'c^b$$

内标元素含量 c_0 和实验条件一定时，a' 为常数，则

$$\lg R=b\lg c+\lg a'$$

该式为内标法光谱定量分析的基本关系式。

(1) 校正曲线法

在选定的分析条件下，用两个以上含有不同浓度待测元素的标样作激发光源，以分析线与内标线强度比的对数 $\lg R$ 对待测元素浓度的对数 $\lg c$ 建立校正曲线。在同样的分析条件下，测量未知样的 $\lg R$，由校正曲线求得未知试样中被待元素的含量 c。

如用摄谱法记录光谱，则分析线与内标线的黑度都应落在感光板乳剂特性曲线的正常曝光部分，经过暗室处理，用映谱仪读取谱线黑度，得两者黑度之差 ΔS，根据

$$\Delta S\propto\lg c$$

建立校正曲线，进行定量分析。

校正曲线法是发射光谱定量分析的基本方法，应用广泛，特别适用于成批样品的分析。

(2) 标准加入法

在标准样品与未知样品基体匹配有困难时，采用标准加入法进行定量分析，可以得到比校正曲线法更好的分析结果。在几份未知试样中，分别加入不同已知量的被测元素，在同一条件下激发光谱，测量不同加入量时的分析线和内标线强度比。在被测元素浓度低时，自吸收系数 b 为 1，谱线强度比 R 直接正比于浓度 c，将校正曲线 $R \sim c$ 延长交于横坐标，交点至坐标原点的距离所对应的含量，即为未知试样中被测元素的含量。标准加入法可用来检查基体纯度、估计系统误差、提高测定灵敏度等。

值得注意的是，除 ICP 外，定量分析并不是原子发射光谱分析的强项，很多情况下不必

勉为其难,可以根据具体条件灵活采用原子吸收光谱分析法或其他方法进行定量分析。

§3.2　原子吸收光谱分析法

原子吸收光谱法(Atomic Absorption Spectrometry,AAS)是基于被测元素的基态原子对其原子共振辐射的吸收强度来测定试样中被测元素含量的方法。

原子吸收光谱作为一种实用的分析方法是从 1955 年开始的。这一年澳大利亚的 A. Walsh发表了他的著名论文"原子吸收光谱在化学分析中的应用"奠定了原子吸收光谱法的基础。20 世纪 50 年代末和 60 年代初,Hilger,Varian Techtron 及 Perkin-Elmer 公司先后推出了原子吸收光谱商品仪器。

原子吸收光谱法的优点如下:

① 检出限低,灵敏度高。火焰原子吸收法的检出限可达 $\mu g \cdot L^{-1}$级,石墨炉原子吸收法的检出限更可低至 $10^{-10} \sim 10^{-14}$ g;

② 测量精度好。火焰原子吸收法测定中等和高含量元素的相对标准偏差可小于 1%,测量精度已接近于经典化学方法。石墨炉原子吸收法的测量精度一般约为 3%~5%;

③ 分析速度快。一个液体试样的测量时间一般不超过 10 s;

④ 应用范围广。可测定的元素达 70 多个,不仅可以测定金属元素,也可以用间接原子吸收法测定非金属元素和有机化合物。

一、原子吸收光谱的产生

试样在高温(火焰或电加热等)作用下产生气态原子蒸气(其中主要是基态原子),当有辐射通过原子蒸气时,原子就会从辐射场中吸收能量,产生共振吸收,由基态跃迁至激发态。由于原子的能级是量子化的,因此,原子对辐射的吸收是有选择性的。由于各元素的原子结构和外层电子的排布不同,从基态跃迁至第一激发态时所吸收的能量 ΔE 不同,因而各元素的共振吸收线具有不同的波长。

$$\Delta E = h\nu = \frac{hc}{\lambda}$$

式中:h 为普朗克常数;ν 为辐射的频率;c 为光速;λ 为辐射的波长。原子吸收谱线主要位于紫外区和可见区。

二、原子吸收定量分析原理

1. 原子吸收谱线展宽的因素

原子吸收谱线呈线状,但并不是严格几何意义上的线,也占据着一定的波长范围,只是宽度很窄,约 10^{-2} nm。温度、压力、磁场等因素可导致谱线展宽,展宽的幅度一般为 $10^{-4} \sim 10^{-3}$ nm。

温度展宽又称多普勒(Doppler)展宽,是由原子热运动引起的。相对原子量越小、温度越高,展越宽现象越严重,一般约为 10^{-3} nm。

压力展宽又称碰撞展宽,是由原子间的相互碰撞引起的。激发态的平均寿命越长,对应的谱线宽度就越窄,而碰撞缩短激发态的平均寿命。激发态原子与同种元素的基态原子碰撞引起的展宽称为共振展宽，又称霍兹玛克(Holtzmark)展宽；激发态原子与其他元素的原子碰撞引起的展宽称洛伦兹(Lorentz)展宽。一般约为 10^{-3} nm。

自然展宽由测不准关系所决定，

$$\Delta E \cdot \Delta\tau \leqslant \frac{h}{2\pi}$$

式中：$\Delta\tau$ 为激发态的平均寿命，约 10^{-8} s；ΔE 为激发态的能级宽度，对应的谱线波长宽围约 10^{-4} nm。

此外，一些其他因素也可导致谱线变宽，例如场致变宽、自吸效应等。

2. 积分吸收与峰值吸收

一定条件下，基态原子数 N_0 正比于吸收曲线包括的面积。若要准确测量该面积积分吸收值，需要有 10^{-5} nm 的分光能力，目前尚无手段能够达到。通常以测量峰值吸收代替积分吸收。在通常的原子吸收分析条件测试下，若吸收线的轮廓主要取决于多普勒变宽，则峰值吸收系数 K_0 与基态原子数 N_0 成正比：

$$K_0 = \frac{2\sqrt{\pi \ln 2}}{\Delta\nu_D}\frac{e^2}{mc}N_0 f$$

采用发射线半宽度显著小于吸收线半宽度的锐线光源(如空心阴极灯)，则可以通过测量峰值吸收进行定量分析。

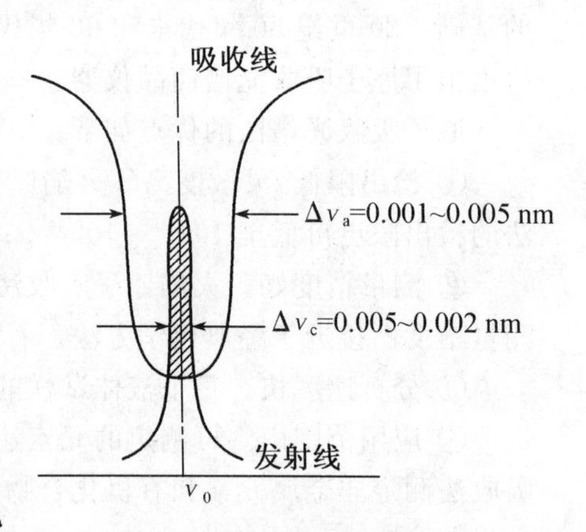

图 3-2 峰值吸收测量示意图

3. 原子吸收分析的定量关系式

在通常的原子吸收测定条件下，由于温度不高(一般低于 3 500℃)，原子蒸气中的激发态原子相对于基态原子少到可以忽略不计，因此基态度原子数 N_0 近似等于总原子数 N。

当使用待测元素的特征辐射为光源(锐线)时，$\Delta\lambda$ 很小，可近似认为吸收系数 k' 为常数，即在中央波长附近的 $\Delta\lambda$ 范围内不随波长而改变，原子蒸气对特征辐射的吸收与 N_0 和吸收光程 L 成正比

$$A = k' N_0 L$$

由于一定实验条件下，被测元素的含量或浓度 c 与原子蒸气相中的原子总数 N 之间保持一定的比例关系，即

$$N_0 \approx N = \alpha c$$

所以

$$A = k'\alpha c L = kLc$$

仪器条件确定时，

$$A = Kc$$

三、原子吸收分光光度计

原子吸收分光光度计由光源、原子化系统、分光系统和检测系统等组成。

1. 光源

原子吸收分析所采用的光源一般为空心阴极灯，阴极的功能是发射被测元素的特征共振辐射。

空心阴极灯通电后，在电场作用下，电子由阴极飞向阳极，途中与内充的惰性气体原子碰撞使之电离为正离子，并放出二次电子。正离子在电场的作用下撞向阴极表面，若动能足以克服晶格能就可以将原子从晶格中溅射出来。除溅射作用之外，阴极受热也要导致阴极表面元素的热蒸发。溅射与蒸发出来的原子进入空腔内，再与电子、原子、离子等发生碰撞而受到激发，当其自发地返回基态时发射出相应元素的特征共振辐射。

空心阴极灯常采用脉冲供电方式改善放电特性，平均电流小，热效应低，发射强度大，同时便于用交流放大电路使有用的原子吸收信号与原子化器的直流发射信号区分开，这种供电方式称为光源调制。灯电流过小，放电不稳定；灯电流过大，溅射作用增加，原子蒸气密度增大，多普勒效应明显，谱线变宽，甚至引起自吸，导致有效辐射强度降低，灯寿命缩短。

对于砷、锑等元素的分析，常用无极放电灯做光源，发光强度比空心阴极灯大几个数量级，没有自吸，谱线更纯。

2. 原子化系统

原子化系统的功能是将待测元素转化为基态原子。常用的原子化方法有火焰原子化法和非火焰原子化法（石墨炉电热原子化法），还有氢化物法和冷原子蒸气法等低温原子化方法。

(1) 火焰原子化法

火焰原子化法是由火焰提供能量实现原子化的方法。原子化器由雾化器、雾化室和燃烧室构成（图3-3）。试样溶液经过气动自吸喷雾，大的液滴从废液口排出，细小的雾滴与燃气和助燃气充分混合均匀后，在燃烧器缝口形成稳定燃烧的火焰。试样组分在火焰中经过干燥、熔化、蒸发和解离，得到大量待测元素的基态原子和极少量激发态原子、离子和分子。

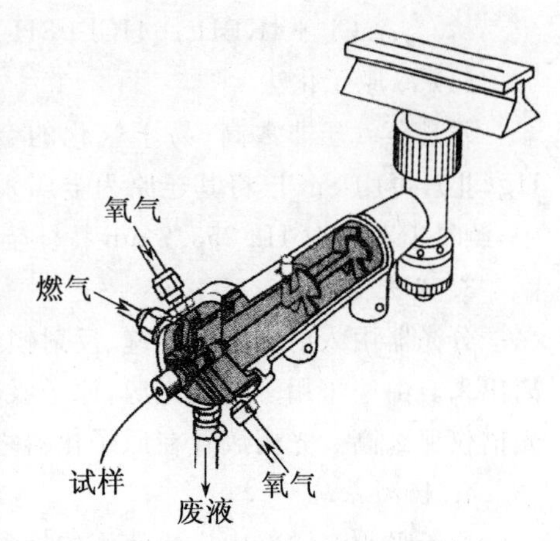

图 3-3　火焰原子化器结构图

采用不同的燃气和助燃气可以获得不同的火焰温度和氧化-还原气氛。温度应以恰能产生最多的基态原子为宜。温度偏低，则原子化效率不高；温度过高，则激发甚至电离效应加剧，原子化效率也降低。火焰根据燃助比从高到低，可分为富燃焰、化学计量焰和贫燃焰。最常用的乙炔-空气火焰可以获得约 2 300℃的最高温度，可以测定 30 多种金属元素。乙炔-氧化亚氮火焰可以获得 2 955℃的最高温度并且可具有还原性，适宜测定易形成氧化物及难原子化的金属元素，如 Al、Ba 和稀土元素等。

(2) 石墨炉原子化法

石墨炉原子化器主要由电源、炉体和石墨管组成，另有水冷外套和惰性气体保护系统（图3-4）。固体或液体试样从石墨管中部的小孔加入，电源提供低电压（10～25 V）和大电流（400～600 A）使石墨管产生高温，最高可达 3 000 K 以上，从而使试样原子化。

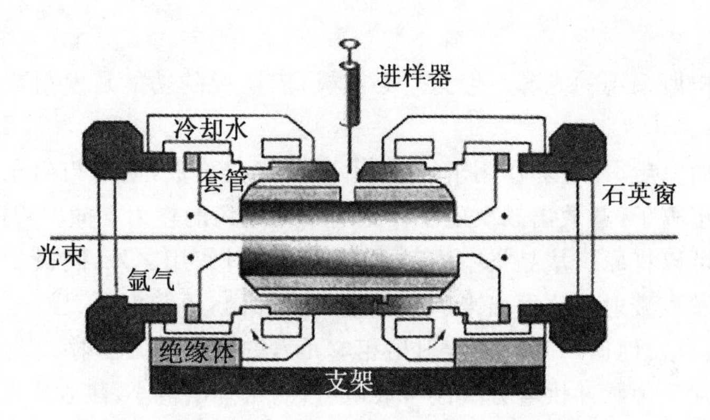

图 3-4 石墨炉原子化器结构图

石墨炉工作时一般经过干燥、灰化、原子化和净化四个温度阶段。与火焰原子化法相比，原子在石墨炉中的扩散程度较小，停留时间较长，因而原子化效率和灵敏度较火焰原子化法显著提高。但背景干扰严重，需采用塞曼效应背景扣除装置。重现性也不如火焰原子化法。

(3) 氢化物原子化法

氢化物原子化法是一种低温原子化法。利用一些元素在强还原剂作用下生成易挥发的共价键分子型氢化物，从而有效地从样品基体中分离出来，在不高的温度下(低于 900℃)即可转化为基态原子蒸气从而进行原子吸收光谱测定。灵敏度约比火焰法高 3 个数量级。适宜的测试对象有 As、Sb、Bi、Ge、Sn、Pb 和 Te 等。例如：

$$AsCl_3 + 4KBH_4 + HCl + 8H_2O = AsH_3 \uparrow + 4KCl + 4HBO_2 + 13H_2 \uparrow$$

(4) 冷原子化法

汞是蒸气压非常高、易于气化的金属。一般先用强氧化剂将试样中的汞全部氧化为 Hg(Ⅱ)，再用 $SnCl_2$ 将其还原为金属汞，然后将汞蒸气导入带有石英窗的气体流动测量管中，测量汞蒸气对 Hg 253.7 nm 特征辐射的吸收。

3. 分光系统

分光器由入射和出射狭缝、反射镜和色散元件组成，其作用是将所需要的共振吸收线分离出来。由于采用了锐线光源，原子吸收分光光度计原则上对分光的要求并没有原子发射光谱仪那么高。光栅放置在原子化器之后，以阻止所有不必要的辐射进入检测器。

4. 检测系统

原子吸收光谱仪中广泛使用的检测器是光电倍增管，新近一些仪器也采用 CCD 作为检测器。

四、干扰效应及其消除方法

1. 物理干扰

物理干扰是指因试液黏度、表面张力、相对密度等物理性质的变化，改变了试液喷入火焰的速度、雾化效率等，直接影响了单位时间内进入火焰的试液量和蒸发效率，从而改变原子吸引强度的效应。物理干扰是非选择性干扰，对试样各元素的影响基本相似。

配制与被测试样组成相似的标准样品，是消除物理干扰最常用的方法。在试样组成未知时，可采用标准加入法或稀释法来减小或消除物理干扰对定量分析的影响。

2. 化学干扰

化学干扰是由于液相或气相中被测元素的原子与干扰物质组分之间形成热力学更稳定的化合物，从而影响被测元素化合物的原子化效率。化学干扰与特定的反应相关，属于选择性干扰。

消除化学干扰的方法有：① 预先化学分离；② 使用合适类型的火焰；③ 加入释放剂和保护剂；④ 使用基体改进剂等。

3. 电离干扰

电离干扰是指在高温下原子的部分电离，使基态原子的浓度下降，造成原子吸收信号降低。温度升高，电离干扰加剧；被测元素浓度增大，电离干扰减弱。

加入更易电离的碱金属元素，如加入高浓度 KCl，可以有效地抑制电离干扰。

4. 光谱干扰

光谱干扰包括谱线重叠、光谱通带内有非吸收线、原子化器的直流发射、分子吸收和光散射等。当采用锐线光源和交流调制技术时，前 3 种因素一般可以不予考虑，分子吸收和光散射是形成光谱干扰的主要因素。

分子吸收干扰是指在原子化过程中生成的气体分子、氧化物及盐类分子对辐射吸收而引起的干扰。光散射是指在原子化过程中产生的固体微粒对光产生散射，使被散射的光偏离光路而不为检测器所检测，导致吸光度值偏高。石墨炉原子吸收法中，光谱干扰产生的背景吸收比火焰原子吸收法严重得多，若不考虑背景的校正，有时甚至无法进行测定。背景校正方法有以下四种：

① 邻近非共振线校正背景。非共振线与分析线波长相近，可以模拟分析线的背景吸收。

② 连续光源校正背景。先用锐线光源测定分析线的原子吸收和背景吸收的总吸光度，再用氘灯测定同一波长处的背景吸收。

③ 塞曼效应校正背景。利用强磁场使谱线分裂为平行于磁场方向和垂直于磁场方向且强度相等的两组谱线，一组谱线的中央波长与原谱线相同，另一组的波长则有轻微偏离。通过偏振片使两组谱线分别通过原子蒸气，则波长不变的组分产生原子吸收和背景吸收，波长轻微偏离的组分不产生原子吸收而仅产生与前者几乎完全相当的背景吸收。

④ 自吸效应校正背景。低电流脉冲供电时，空心阴极灯发射锐线光谱，产生原子吸收和背景吸收；高电流脉冲供电时，空心阴极灯发射线变宽，产生自吸，极端情况下出现自蚀，这时仅测得背景吸收。

五、原子吸收光谱分析的实验技术

1. 测量条件的选择

原子吸收光谱分析的测量条件或灵敏度的影响因素主要有：① 分析线；② 狭缝宽度；③ 空心阴极灯的工作电流；④ 单位时间的进样量；⑤ 原子化条件。

2. 定量分析方法

① 校正曲线法。适用于大量样品的分析，试样的基体组成须较简单，干扰效应轻微。

② 标准加入法。适用于少量对分析要求较高的样品的分析。可以较好地克服基本效应的影响。

实验15　火焰光度法测定水中K^+、Na^+的含量

一、实验目的

(1) 通过对K^+、Na^+最佳测量条件的选择，了解与火焰性质有关的一些条件参数对K^+、Na^+测定灵敏度的影响。

(2) 了解火焰光度计的基本结构和原理。

(3) 掌握火焰光度分析的基本操作。

二、实验原理

火焰发射光谱分析法利用火焰(本实验用100#汽油)提供的热能激发样品中的原子，使原子发射出元素的特征光谱，依照谱线的强度来进行定量分析。由于火焰的温度不高，激发能较低，一般只适用于碱金属元素的定量分析。火焰光度计本身无法测出元素的绝对浓度，需用预先配好的标准溶液做参比。

三、实验仪器与试剂

1. 仪器

6410型火焰光度计，汽油汽化器，空气压缩泵。

2. 试剂

按表3-1配制系列标准溶液各100 mL，单位$mol \cdot L^{-1}$。

表3-1　系列标准溶液的配制

样　号	0	1	2	3	4	5	样　品
K^+	0	1.00×10^{-1}	1.00×10^{-2}	1.00×10^{-3}	1.00×10^{-4}	1.00×10^{-5}	取2.00 mL原液稀释至100 mL
Na^+	0	1.00×10^{-1}	1.00×10^{-2}	1.00×10^{-3}	1.00×10^{-4}	1.00×10^{-5}	

四、实验步骤

1. 开机准备

(1) 接通空压机电源和主机电源，使空气压力稳定在0.1 MPa左右。

(2) 顺时针将进样旋钮关到底。逆时针转燃气针形阀约5圈，约30 s后，按下“点火”键20 s，观察火焰状态，调节助燃气旋钮，使火焰高度为3～6 cm，呈纯净蓝色。

(3) 将废液管插入500 mL烧杯接废液。将进样管插入50 mL盛有去离子水的烧杯中，逆时针缓缓打开进样钮，吸入空白液清洗至火焰再呈稳定的蓝色。

(4) 按下“ZERO”键，使仪器屏显为“0”，若不为零，则反复按几次，直至为零。

2. 样品测定

在“$mmol \cdot L^{-1}$”工作方式下，以试剂为空白调0，将1号样发射强度调为100，然后分别测出2～5号标样的相对发射强度，再对试样进行测定，各打印3次。每次更换测定试样时，应先用去离子水吸洗至火焰呈蓝色。

3. 关机步骤

(1) 用空白液清洗 3～5 min。

(2) 关掉空压机电源。

(3) 关闭进样阀。

(4) 关闭主机电源。

(5) 待火焰熄灭后,关闭燃气阀(顺时针旋到底)。

(6) 倾倒废液,并将进样管放入去离子水中。

五、实验数据处理

以标准溶液的浓度为横坐标,以发射强度为纵坐标,用方格坐标纸,或用 Excel、Origin 等作图软件绘制工作曲线,并得到曲线方程。由样品读数及曲线方程得出样品中 K^+、Na^+ 的浓度。

六、问题与讨论

(1) 火焰光度法的主要测定对象是什么?

(2) 简述火焰光度计的基本构造。

实验 16　合金钢中铬、锰的定性分析

一、实验目的

(1) 掌握发射光谱定性分析的原理。

(2) 学习利用谱线比较法进行光谱定性的方法。

(3) 熟悉 WKT-6 型看谱分析仪的定性扫描实验操作方法。

二、实验原理

看谱分析法使用电源来提供能量,使金属元素产生发射光谱,借助看谱镜观察样品产生的光谱线,根据被测元素的特征线状光谱的波长和强度进行定性和半定量分析。

三、实验仪器与试剂

1. 仪器

WKT-6 型看谱分析仪,WPF-22 型电弧发生器电源,WPF-1 型电弧发生器。

光源工作状态:交流电源;固定电极:铜圆盘;分析间隙:约 3 mm。

2. 试剂

合金钢。

四、实验步骤

1. 准备阶段

(1) 制样.将待测合金试样用砂纸除锈打光。

(2) 仪器检查:通电前逐一检查仪器线路连接状况,使各连线连接正确、稳固。

(3) 电极准备:用砂纸打光两个圆盘台面和铜质圆盘电极。

(4) 看谱分析操作方法:

① 待测试样放左试台(主试台),标准样放前试台(副试台),调整试样与电极间的距离至 3 mm 左右。

② 打开 WPF-22 型电弧发生器电源开关,指示灯亮,放电盘之间应燃弧。(注意:当电弧发生器的电源开关拨向“开”后,无论电极间是否燃弧,都不能用手触碰试台和试样,以防触电。切记!!!)

③ 燃弧稳定后,调整主、副试台:第一步调整左侧的主试台,先切断电源,松开仪器主体背部的手柄,将比较棱镜全部拉出,调整鼓轮刻度至 35 格左右,使镜筒对准弧焰位置,并调整目镜使场内亮度清晰。第二步调整前侧的副试台,将比较棱镜推进一半,视场内的光谱便分成上下两部分,上为主试台上待测试样的光谱,下为副试台上标准样品的光谱。

2. 看谱阶段

(1) 先通过谱片的反复比较,识别出标准图谱上的 Cr5、Cr6、Cr7、Mn1、Mn3、Mn4 等灵敏分析线及其环境。再查对分析线的波长所对应的鼓轮刻度数值,并调整好鼓轮刻度。

(2) 将分析试样放主试台,标准样品放前试台,调整试样与电极间的距离至 3 mm 左右,同时将比较棱镜推进一半。

(3) 将 WPF-1 型电弧发生器背面的光源选择开关拨到“电弧”位置,通过目镜观察谱线,进行分析。

3. 关机与注意事项

(1) 每次燃弧 3~5 min 后应关掉发生器 3~5 min,以免损坏仪器。

(2) 分析中更换样品时,应先切断电源(电弧发生器的开关),然后用夹子换取,以防烫伤。每换一次样品,须将铜圆盘电极转到一个新位置。

(3) 分析工作全部结束后,应关好电源,拔下插头,清理干净电极、试台。冷却后将仪器用防尘罩盖好。

五、实验数据处理

表 3-2 光谱定性分析数据记录与结论

样 号	待测元素[①]	拟检分析线[②]	相邻标准铁谱线[③]	对应鼓轮刻度	分析结果[④]	结论[⑤]

注:① 指 Cr 或 Mn;② 填写元素谱线号(如 Cr5)和波长;③ 填写标准铁谱线号;④ 用√或×表示有或无此分析线;⑤ 填写有什么元素。

六、问题与讨论

(1) 原子发射光谱定性分析的理论依据是什么?

(2) 光谱定性分析采用何种光源较好?

实验17 河底沉积物中重金属元素的原子发射光谱半定量分析

一、实验目的

(1) 了解摄谱仪的结构和摄谱操作的方法。

(2) 学习利用元素标准光谱图和谱线呈现法进行定性和半定量分析。

二、实验原理

物质在电能或热能的作用下产生激发态的原子或离子,当它们自发地跃迁回低能态时将发出相应的特征光谱。$\Delta E=h\nu$,不同的原子结构对应着不同的能级差,因而对应着不同波长的谱线。所以可以根据不同波长的谱线来确定试样中是否含有某种元素,即定性分析。

由于各元素均有强度不同的多条谱线,各谱线的强度也随着元素含量的不同而变化,当某元素在试样中的含量逐渐下降时,该元素的谱线数目也相应减少。因而可以根据某条谱线是否出现对试样中某元素的含量进行估算,即半定量分析。

为了便于识别谱线的波长位置,通常采用铁光谱作为波长标尺。即将铁光谱与试样光谱并列摄于同一谱片(感光板)上,经暗室处理后,将谱片置于映谱仪上将影像放大,使所拍摄的铁谱与元素标准光谱图上的铁谱完全重合,然后检查元素标准光谱图上所标注的其他元素谱线在所拍摄的试样光谱影像中是否呈现。

三、仪器和试剂

1. 仪器

исп-22型石英摄谱仪,8 W映谱仪,光谱感光板,小型台式车床,光谱纯碳电极以及纯铁棒,电极架,感光板架,元素标准发射光谱图。

2. 试剂

显影液,停显液,定影液(配制方法见附录)。

四、实验步骤

1. 制电极

准备两根纯铁棒(Φ 6 mm),长约10 cm。

将光谱纯碳电极棒(Φ 6 mm)截成长约4 cm的小段,一端用小型台式车床车成锥形(作上电极),将另一端先车成平面,再车出直径和深度均为3 mm的圆孔(作下电极)。

2. 制样

将采集到的河底沉积物试样烘干、粉碎、研细、烤干后均匀地置于培养皿中,将碳电极的开孔端向下，在试样的不同位置旋转捻过，使试样进入圆孔并压紧。按样品编号顺序插入电极架中。

3. 装感光板

进入暗室，熄灯。在完全黑暗的环境中拆开感光板包装盒和包装袋，将感光板装入暗盒。注意使感光板的乳剂面朝下(用手指摸板角，与玻璃表面手感不同的为乳剂面)。切记将剩余的感光板包装恢复好后才能离开。将暗盒装在摄谱仪上。摄谱前抽开遮光挡板。

4. 摄谱

(1) 摄谱条件：狭缝高度 1 mm，缝宽 7 μm，中间光栏 5 mm，极距 3 mm。铁棒燃弧电流 6 A，曝光时间 15 s；沉积物燃弧电流 10 A，曝光时间 30 s。

(2) 摄谱顺序：纯铁棒，垢样。每摄完一个试样向下板移 1 mm。两组之间板移 3 mm。

5. 暗室处理

合上暗盒挡板，把暗盒从摄谱仪上卸下，进入暗室。将显影液、停显液和定影液分别倒入相应的瓷盘中，插入温度计检查其温度。若偏离 20℃较多(超出±3℃)，可用热水浴或冰浴调节。

在完全黑暗的环境中打开暗盒，取出感光板，将乳剂面向上放入显影液中，并不断轻轻摇动，显影 5 min。取出感光板浸于停显液中停显 1 min。然后将感光板浸入定影液中定影 10 min(20℃)，打开红灯观察，若感光板不透明，继续定影 5 min。定影完毕，流水冲洗 15～20 min。将洗好的感光板编号后置于感光板架上自然晾干。将暗盒放回原处。

五、实验数据处理

打开映谱仪的电源和反射镜盖，将已晾干的谱片置于映谱仪上放大 20 倍与元素发射光谱图对照，确定存在的元素及其大致含量。

关闭电源及反射镜盖，将感光板放回原处。

六、问题与讨论

(1) 确定一个元素存在的必要条件是什么？

(2) 用谱线呈现法进行元素半定量分析应注意什么？

实验 18 合金材料的电感耦合等离子体原子发射光谱(ICP-AES)全分析

一、实验目的

(1) 学习 ICP-AES 分析法的原理及其适宜测定对象的特点和范围。

(2) 了解 ICP-AES 分析法测量灵敏度的主要影响因素。

(3) 学习 ICP-AES 光谱仪的一般操作方法。

(4) 学习用 ICP-AES 法定性和定量测定实际样品中的多种元素。

二、实验原理

在ICP-AES分析中，试液被雾化后形成气溶胶，由载气（氩气）携带进入等离子体焰炬，在焰炬的高温下，溶质的气溶胶经历多种物理化学过程而被迅速原子化，形成原子蒸气，并进而被激发，发射出元素特征光谱，经分光后进入检测器而被记录下来，从而对待测元素进行定性和定量分析。

等离子体的中心温度高达约10 000 K，可使试样完全蒸发、原子化和激发。等离子炬具有环状通道、惰性气氛、电离和自吸现象小等特点，因而具有选择性好、灵敏度高（检出限可达$10^{-9}\sim10^{-11}$ g·L^{-1}）、准确度和精密度高（相对标准偏差一般为0.5%～2%）、线性范围宽（通常可达4～6个数量级）等优点，是分析试样中金属元素的最佳方法之一。可用于分析70多种元素，并可对痕量和常量元素进行直接测定。

三、实验仪器与试剂

1. 仪器

电感耦合等离子发射光谱仪（SPS8000型），分析天平，烧杯，容量瓶，量筒，玻棒。

2. 试剂

(1) 1∶5硝酸溶液，1∶1盐酸溶液，浓盐酸（AR）。

(2) 五种元素标准储备液：称取优级纯无水Na_2SiO_3 4.346 g、无水$CaCl_2$ 2.769 g、NaH_2PO_4 3.874 g（在干燥器内干燥24 h以上）溶于适量水中，分别定量转移至三个1 000 mL容量瓶中，用去离子水稀释至刻度，摇匀备用。其中Si、Ca和P的浓度均为1.00×10^3 mg·L^{-1}。

称取1.000 g金属镁，加水约20 mL，缓慢加入1∶1盐酸溶液40 mL，待Mg完全溶解后加热煮沸，冷却，转移至1 000 mL容量瓶中，用水定容，其中Mg的浓度为1.00×10^3 mg·L^{-1}。称取纯铁丝1.000 g，用同样方法配制含Fe 1.00×10^3 mg·L^{-1}的标准储备液。

(3) Si标准溶液：吸取Si标准储备液100 mL至1 000 mL容量瓶中，用水定容，得含Si 100 mg·L^{-1}的溶液。依次吸取该溶液1.00 mL、2.00 mL、4.00 mL、8.00 mL和10.00 mL分别至5个100 mL容量瓶中，用水定容，得含Si 1.00 mg·L^{-1}、2.00 mg·L^{-1}、4.00 mg·L^{-1}、8.00 mg·L^{-1}和10.0 mg·L^{-1}的标准溶液。

(4) Ca、P、Mg、Fe混合标准溶液：吸取Ca、P、Mg、Fe标准储备液各100 mL至同一只1 000 mL容量瓶中，用水定容，得含四种元素均为100 mg·L^{-1}的溶液。依次吸取该溶液1.00 mL、2.00 mL、4.00 mL、8.00 mL和10.00 mL分别至5个100 mL容量瓶中，用水定容，得含Ca、P、Mg和Fe均为1.00 mg·L^{-1}、2.00 mg·L^{-1}、4.00 mg·L^{-1}、8.00 mg·L^{-1}和10.0 mg·L^{-1}的混合标准溶液。

四、实验步骤

1. 合金试样的溶解

准确称取合金试样（切屑样）0.5 g，置于100 mL烧杯中，盖上表面皿，沿烧杯壁缓缓加入30 mL硝酸和3 mL盐酸，放置片刻，待剧烈反应减缓后，加热溶解。当冒大气泡时，表明试样已溶解充分，冷却后，转移至100 mL容量瓶中，用水定容。若试样溶液有碳化物沉淀，须澄清后测定上清液。

2. 开机和调试

(1) 打开电源、计算机、稳压电源，室温控制在23℃左右。

(2) 打开氩气钢瓶，调节减压阀至0.3 MPa。

(3) 通气，此时雾化室气(CHMB)为0.8 L/min，辅助气(AUX)为0.8 L/min，等离子气(PLA)为14～16 L/min，载气(CARR GAS)压力表压力为0.2 MPa，管路中的空气排净后将气路关闭。

(4) 仪器各项指标符合点火条件后，打开水循环，按点火键点火，点火成功后功率为1.2 kW，电压为2 800～3 000 V，电流为0.8 A。

(5) 进入软件操作界面，待等离子体稳定后，进行波长初始化。

(6) “条件判定”选择最适合分析的谱线。选择需要进行判定的元素(Ca、Mg、Fe、Si、P)，采集相应的空白、低浓度标液、高浓度标液、样品进行判定，选择最合适的谱线。

3. 试样的定性全分析

(1) 打开“元素周期表”，选择“全元素”。

(2) 在“定性分析”界面下，采集样品，进行全元素分析。

(3) 在“定性结果”中显示定性分析结果。

4. 指定元素的定量分析

(1) 进入“定量条件表”界面，在元素周期表中选择Ca、Mg、Fe、Si、P，修改相关测量条件并输入标准样品的浓度。

(2) 在“定量测定-手动测量”界面下，依次采集空白、标液、样品。

(3) 在“定量测定结果”中显示定量分析结果。

5. 关机

(1) 测试结束后，将进样管放入清水中(或5%硝酸洗液中)清洗1 min以上方可熄火。

(2) 按熄火键熄火。

(3) 待光源温度下降后，方可关闭主机电源。

(4) 关闭气瓶，关闭稳压电源。

(5) 数据处理完后，关闭计算机，空调，电源开关，并盖上仪器防尘罩。

附 注

(1) 氩气钢瓶要严格按照钢瓶使用方法操作；为了节约工作氩气，准备工作完成后再点燃等离子体。

(2) 应先熄灭等离子体光源再关冷却氩气，否则将烧毁石英炬管。

(3) 仪器较长时间不使用，应将废液排净，并在废液管中注满清水，以防废液管长时间浸泡在酸中，加速老化，造成废液泄露。

(4) 仪器较长时间不开机，应开机半小时以上再点火。

五、实验数据处理

根据实验结果判定各元素是否存在，并确定指定元素的含量。

六、问题与讨论

(1) 为什么ICP光源能够提高光谱分析的灵敏度和准确度?

(2) 简述等离子体焰炬的形成过程。

实验19　火焰原子吸收法测定环境水样中的痕量钙和镁

一、实验目的

(1) 掌握原子吸收光谱法的基本原理。

(2) 了解原子吸收分光光度计的主要结构及工作原理。

(3) 学习原子吸收光谱法操作条件选择和化学干扰消除的方法。

(4) 学习环境水样中痕量钙镁测定的方法。

二、实验原理

环境水样,如地表水、地下水以及污水等试样中常常含有较多对钙和镁的测定有干扰的物质,采用络合滴定法、电位分析法等往往难以得到理想的分析结果。现行的各类标准方法多建议采用原子吸收分光光度法进行测定。

采集具有代表性的水样,用滤膜滤除不溶物后,直接引入原子吸收分光光度计的空气-乙炔火焰中,经喷雾、浓缩、干燥、熔融、气化、解离等原子化过程,产生被测元素的气态原子蒸气。气态原子在3 000℃以下的火焰中几乎完全以基态存在,激发态所占的比重少至可忽略不计,即基态原子数与原子总数近似相等。据此可利用基态原子对空心阴极灯发出的特征辐射(共振线)的吸收进行定量分析。

在使用锐线光源的条件下,基态原子蒸气对共振线的吸收符合朗伯-比耳定律:

$$A=\lg(I_0/I)=KLN_0$$

式中:K为比例系数;L为吸收光程;N_0为基态原子总数。在固定的实验条件下,待测元素的原子总数与该元素在液体试样中的浓度c呈正比。因此,上式可以表示为:

$$A=K'c$$

这就是原子吸收定量分析的依据。

对组成简单的试样,用校准曲线法进行定量分析较方便。

水样中常见的阴离子磷酸根(PO_4^{3-})易与钙、镁离子在原子化过程中形成不易解离的磷酸盐,降低了钙、镁的原子化效率,从而对测定产生较大的负干扰。加入较大量的氯化锶$SrCl_2$后,由于Sr^{2+}与PO_4^{3-}形成了热稳定性更高的$Sr_3(PO_4)_2$,可有效地抑制PO_4^{3-}对钙、镁测定的干扰。

三、实验仪器与试剂

1. 仪器

(1) 火焰原子吸收分光光度计:TAS－990型或WFX－110型。

(2) 其他仪器.容量瓶(100 mL)10只,移液管(10 mL)2根;刻度吸管(10 mL)3根(钙、镁、试样分别专用)；自动加液瓶(500 mL)1 只；烧杯(1 L)2 只；0.45 μm 滤膜及过滤器。

2. 试剂

(1) 钙标准溶液(100 μg・mL^{-1})：称取 105～110℃干燥至恒重的高纯碳酸钙($CaCO_3$)2.497 2 g 置于 300 mL 烧杯中，加水 20 mL，沿杯壁滴加 1∶1 盐酸溶液至完全溶解后，再过量10 mL，盖上表面皿，煮沸除去二氧化碳，冷却后定量转移至 1 000 mL 容量瓶中，用去离子水定容。得含钙 1 000 μg・mL^{-1}的标准溶液，再稀释成 100 μg・mL^{-1}的标准使用液。

(2) 镁标准溶液(100 μg・mL^{-1})：称取 1.000 0 g 金属镁，加水 20 mL，缓慢加入 40 mL 1∶1 盐酸溶液，待镁完全溶解后加热煮沸，冷却，定量转移至 1 000 mL 容量瓶中，用去离子水定容。得含镁 1 000 μg・mL^{-1}的标准溶液，再稀释成 10.0 μg・mL^{-1}的标准使用液。

(3) 氯化锶溶液(5%)：称取氯化锶($SrCl_2$・$6H_2O$)15 g 于 400 mL 烧杯中，加水至 300 mL溶解，过滤至试剂瓶中备用。

(4) 盐酸(1∶1)

所用试剂未指明级别者均为优级纯，水为由蒸馏水制备的去离子水或超纯水。

四、实验步骤

1. 混合标准使用液的配制

取 8 只容量瓶，编号分别为 0,1,2,3,4,5,6,7，按表 3-3 配制溶液。

表 3-3 混合标准溶液

试样	编号	钙标准使用液/mL	镁标准使用液/mL	5%氯化锶溶液/mL	吸光度 A	
					Ca	Mg
参比	0	0	0	10	/	/
标准系列	1	0.50	0.50	10		
	2	1.00	1.00	10		
	3	2.00	2.00	10		
	4	4.00	4.00	10		
	5	6.00	6.00	10		
	6	8.00	8.00	10		
	7	10.00	10.00	10		

2. 测量条件的选择

初始测量条件为 Ca 灯电流 2 mA，Mg 灯电流 2 mA，燃烧器高度 6 mm，乙炔流量 1.5 L・min^{-1}，空气压力 0.3 MPa(固定)，以 0 号溶液(试剂空白)为参比，用 4 号溶液进行以下条件试验。

(1) 灯电流的选择

其他测量条件不变，按表 3-4 调节灯电流的大小，测量不同灯电流时的吸光度，以“较大且稳定”为原则，确定最佳灯电流的大小。

表 3-4　灯电流的选择

Ca 灯电流/mA	1.0	1.5	2.0	2.5	3.0
A					
Mg 灯电流/mA	1.0	1.5	2.0	2.5	3.0
A					

(2) 乙炔流量的选择

在最佳灯电流下，其他测量条件不变，按表 3-5 调节乙炔流量，测量不同乙炔流量时的吸光度，确定最佳燃助比(空气流量固定时可用乙炔流量表示)。

表 3-5　乙炔流量的选择

乙炔流量/$L \cdot min^{-1}$		0.5	1.0	1.5	2.0	2.5
A	Ca					
	Mg					

(3) 火焰高度的选择

在最佳灯电流和乙炔流量下，按表 3-6 调节燃烧器的高度，使检测光路通过火焰的不同高度，测量不同火焰高度下的吸光度，确定最佳火焰高度。

表 3-6　火焰高度的选择

火焰高度/mm		4	5	6	7	8
A	Ca					
	Mg					

3. 校准曲线及灵敏度和检出限

以 0 号试剂空白作参比，测量表 3-3 中各溶液的吸光度(其中对 1 号样钙和镁的测定各重复 10 次以上，以确定灵敏度和检出限)。以浓度 c 对吸光度 A 作图，或用最小二乘法确定标准曲线方程：$A=Kc+A_0$。

4. 试样的采集、处理和测定

(1) 采集两份具有代表性的环境水样于 1 L 玻璃试剂瓶中。

(2) 将两份水样用 0.45 μm 滤膜及过滤器过滤，以去除少量悬浮物和沉降物。滤液分别承接于 2 只 1 L 烧杯中。

(3) 用移液管准确吸移两份水样滤液各 10.00 mL 分别放入两只 100 mL 容量瓶中，各加入 10 mL 5%氯化锶溶液，以水定容。

(4) 在最佳测量条件下分别测量两份水样试液的吸光度，记录在表 3-7 中。

表 3-7 环境水样的测定结果

样号	元素	吸光度 A	试液中的含量/$\mu g \cdot mL^{-1}$	水样中的含量/$\mu g \cdot mL^{-1}$
1	Ca			
	Mg			
2	Ca			
	Mg			

五、实验数据处理

根据被测试液的吸光度，由作图法从工作曲线上确定被测试液中待测元素的浓度；或由被测试液的吸光度通过校准曲线方程进行计算。被测试液中待测元素的浓度乘以稀释倍数即为原环境水样中钙或镁的浓度。

六、问题与讨论

(1) 原子吸收分光光度法的主要特点和测定对象是什么？

(2) 火焰原子吸收分光光度法测量灵敏度的主要影响因素有哪些？一般要做哪些条件实验？

(3) 本实验方法对钙和镁的测量灵敏度和检出限各是多少？

(4) 钙和镁的测定中为何要加入较大量的氯化锶溶液？

实验 20 水中痕量砷、汞的原子荧光光谱分析

一、实验目的

(1) 了解氢化物发生法作为分离和原子化手段的原理和应用。

(2) 掌握原子荧光光度计的操作方法。

(3) 学习用氢化物发生原子荧光光谱法测定痕量元素。

二、实验原理

原子荧光是原子蒸气受到具有特征波长的光源辐射后，其中一些基态原子被激发跃迁到较高能态，然后去活化回到某一较低能态(通常是基态)而发射出特征光谱的现象。各种元素都有其特定的原子荧光光谱，根据原子荧光强度的高低可以定量测定试样中待测元素的含量。原子荧光强度 I_f 与试样中待测组分的浓度和激发光源的辐射强度 I_0 之间的关系为：

$$I_f = \Phi I$$

式中：Φ 为原子荧光量子效率；I 为被吸收的光强。根据朗伯-比耳定律，光源辐射强度 I_0 与被吸收光强 I 之间的关系为：

$$I = I_0(1 - e^{-KLN_0})$$

则

$$I_f = \Phi I_0 (1 - e^{-KLN_0})$$

式中：I_0 为光源辐射强度；K 为峰值吸收系数；L 为吸收光程；N_0 为光源照射部分单位长度内的基态原子数。将式(17－3)按泰勒级数展开，忽略高次项，则原子荧光强度表达式可简化为：

$$I_f = \Phi I_0 KLN_0$$

上式表明，当实验条件固定时，原子荧光强度与能吸收特征辐射线的原子的密度成正比。当原子化效率固定时，I_f 与试样中待测组分的浓度 c 成正比。即

$$I_f = \alpha c$$

α 为常数。这种线性关系只在低浓度时成立。

汞、砷、锑、铋、锗、锡、铅、硒、碲等元素的含量是环境保护、卫生防疫、城市给排水、地质普查等部门的重要检测项目。原子吸收分光光度法的灵敏度和检出限常无法满足分析要求。原子荧光法分析中，引入了氢化物发生法，除汞外，上述元素离子与适当的还原剂(如硼氢化钾)发生反应形成气态氢化物，汞生成气态单质汞。借助载气流将这些气态物质与基体分离并导入原子光谱分析系统进行定量测定。

过量氢气和气态氢化物(或单质汞蒸气)与载气(氩气)混合，进入原子化器，氢气和氩气在点火装置作用下形成氩氢火焰，使待测元素原子化。

待测元素的激发光源一般为高强度空心阴极灯或无极放电灯，其发射的特征谱线通过聚焦，激发氩氢火焰中的被测元素原子，得到的荧光信号被日盲光电倍增管接收，然后经放大，解调，再由数据处理系统得到分析结果。

本实验中，应用原子荧光光度计对饮用水水样中的痕量砷和汞进行定量测定，两元素的测定原理如下：

(1) 砷的测定：在盐酸介质中，用硫脲-抗坏血酸混合溶液将 As(Ⅴ)还原为 As(Ⅲ)，硼氢化钾将 As(Ⅲ)转化为 AsH_3。以氩气作载气将 AsH_3 导入石英炉原子化器中进行原子化。以高强度砷空心阴极灯作激发光源，使砷原子发出荧光。

(2) 汞的测定：在一定酸度下，用强氧化剂 $KMnO_4$ 溶液消解试样，使所含汞全部转化为 Hg^{2+}，用盐酸羟胺还原过剩的氧化剂，用硼氢化钾将 Hg^{2+} 还原为 Hg^0，用氩气作载气将其携带入原子化器，以高强度汞空心阴极灯作激发光源，使汞蒸气产生共振荧光。

三、实验仪器与试剂

1. 仪器

(1) AFS－830 型双道原子荧光光度计，高强度砷空心阴极灯，高强度汞空心阴极灯。

(2) 其他仪器：容量瓶(50 mL)14 只，移液管(10 mL)2 根，移液管(20 mL)1 根，刻度吸管(5 mL)2 根(砷、汞分别专用)，量筒(25 mL)1 只。

2. 试剂

(1) As_2O_3：固体，分析纯；HgO：固体，分析纯；KOH：固体，优级纯；$K_2Cr_2O_7$：固体，分析纯。

(2) 盐酸(ρ=1.19 g·mL^{-1})，硫酸(ρ=1.84 g·mL^{-1})，硝酸(ρ=1.41 g·mL^{-1})，均为优级纯。

(3) 氩气(99.99%)。

(4) 5%硫脲-5%抗坏血酸溶液:分别称取 5 g 硫脲和 5 g 抗坏血酸溶解于 100 mL 水中。

(5) KBH_4 溶液(20 g·L^{-1}):称取 5 g KOH 溶于 200 mL 水,加入 20 g KBH_4 并使之溶解,用水稀释至 1 000 mL,用时现配。

(6) 5% $KMnO_4$ 溶液:5 g $KMnO_4$ 溶于 100 mL 水中。

(7) 10%盐酸羟胺溶液:10 g 盐酸羟胺溶于 100 mL 水中。

(8) As 标准溶液:

① As 标准储备液　称取 0.132 0 g As_2O_3 溶解于 25 mL 20 g·L^{-1}的 KOH 溶液中,用 20%(*V/V*)硫酸稀释至 100 mL,摇匀。得 As 浓度为 1.00 mg·mL^{-1}的标准储备液。

② As 标准使用液　吸取 1.00 mg·mL^{-1} As 标准储备液 10.00 mL 至 1 000 mL 容量瓶中,用 5%(*V/V*)盐酸定容得 As 浓度为 10.0 μg·mL^{-1}的溶液。吸取该溶液 10.00 mL 至 1 000 mL 容量瓶中,用水定容,得 As 浓度为 0.100 μg·mL^{-1}的标准使用液。

③ As 标准系列　在 50 mL 容量瓶中,按表 3-8 配制,用水定容。

表 3-8　砷标准溶液系列的配制及测量数据记录

样号	As 标准使用液/mL	浓盐酸/mL	硫脲-抗坏血酸混合液/mL	As 标准溶液/ng·mL^{-1}	荧光强度 *I*
0	0	2.5	10	0	
1	0.50			1.00	
2	1.00			2.00	
3	2.00			4.00	
4	4.00			8.00	
5	5.00			10.0	

(9) Hg 标准溶液

① Hg 标准储备液　称取 1.080 g HgO 溶解于 70 mL 1∶1 盐酸、24 mL 1∶1 硝酸和 1.0 g $K_2Cr_2O_7$混合溶液中,用水定容至 1 000 mL,摇匀,得 Hg 浓度为 1.00 mg·mL^{-1}的标准储备液。

② Hg 标准使用液　吸取 1.00 mg·mL^{-1} Hg 标准储备液 10.00 mL 至 1 000 mL 容量瓶中,用含 0.5 g·L^{-1} $K_2Cr_2O_7$ 的 5%(*V/V*)硝酸溶液定容,得 Hg 浓度为 10.0 μg·mL^{-1}的溶液。吸取该溶液 10.00 mL 至另一个 1 000 mL 容量瓶中,用含 0.5 g·L^{-1} $K_2Cr_2O_7$ 的 5%(*V/V*)硝酸溶液定容,该溶液中 Hg 的浓度为 0.100 μg·mL^{-1}。再吸取该溶液10.00 mL至 100 mL 容量瓶中,用水定容,得 Hg 浓度为 0.010 0 μg·mL^{-1}的标准使用液。

③ Hg 标准系列　在 50 mL 容量瓶中,按表 3-9 配制,用水定容。

表 3-9　汞标准溶液系列的配制及测量数据记录

样　号	Hg 标准使用液/mL	(1∶1) HNO_3 溶液/mL	Hg 标准溶液/$ng \cdot mL^{-1}$	荧光强度 I
0	0	5.0	0	
1	0.50		0.100	
2	1.00		0.200	
3	2.00		0.400	
4	4.00		0.800	
5	5.00		1.00	

本实验中所用水均为亚沸蒸馏水。

四、实验步骤

1. 原子荧光光度计的操作条件

开机并按表 3-10 设置原子荧光光度计的操作条件。

表 3-10　AFS-830 型原子荧光光度计操作条件

项　目	仪器参数	项　目	仪器参数
元　素	A 道:As;B 道:Hg	载气流量/$mL \cdot min^{-1}$	300
光电倍增管负高压/V	270	屏蔽气流量/$mL \cdot min^{-1}$	800
原子化器温度/℃	200	读数时间/s	10
原子化器高度/mm	8	重复次数	1
灯电流/mA	A 道:50;B 道:20	KBH_4 加液时间/s	20
Ar 气压/MPa	0.2～0.3	注入量/mL	0.5

2. 待测试液的配制

移取 20.00 mL 饮用水水样至 50 mL 容量瓶中，加入 3 mL 浓盐酸和 2 mL 硫脲-抗坏血酸混合溶液，用水定容，放置 10 min。该水样用于 As 含量的测定。平行配制 3 份。

另取一支 20 mL 移液管，移取 20.00 mL 饮用水水样至 50 mL 容量瓶中，加入 7.5 mL 1∶1 H_2SO_4 溶液和 3 mL 5% $KMnO_4$ 溶液，在沸水浴中消化 1 h，冷却后用 10%盐酸羟胺溶液还原至刚好褪色，再补加 1∶1 H_2SO_4 溶液 12.5 mL，用水定容。该水样用于 Hg 含量的测定。平行配制 3 份。

3. 试样的测定

向样品管中依次加入 0 $ng \cdot mL^{-1}$、1.00 $ng \cdot mL^{-1}$、2.00 $ng \cdot mL^{-1}$、4.00 $ng \cdot mL^{-1}$、8.00 $ng \cdot mL^{-1}$和 10.0 $ng \cdot mL^{-1}$的 As 标准溶液及用于 As 含量测定的待测饮用水试样；向样品管中依次加入 0 $ng \cdot mL^{-1}$、0.100 $ng \cdot mL^{-1}$、0.200 $ng \cdot mL^{-1}$、0.400 $ng \cdot mL^{-1}$、0.800 $ng \cdot mL^{-1}$和 1.00 $ng \cdot mL^{-1}$的 Hg 标准溶液及用于 Hg 含量测定的饮用水试样。样品加入量为样品管总体积的 3/4 为宜。上机测定。

五、实验数据处理

将所得实验数据分别记录在表 3-8、表 3-9 和表 3-11 中。

表 3-11 饮用水试样的测量数据记录和计算结果

待测元素	测量次数	荧光强度 I	含量/ng·mL^{-1}	平均值/ng·mL^{-1}
As	1			
	2			
	3			
Hg	1			
	2			
	3			

六、问题与讨论

(1) 原子荧光光谱法与火焰原子吸收光谱法及ICP-原子发射光谱法相比有何优点？

(2) 砷的测定中加入硫脲-抗坏血酸混合溶液的作用是什么？

第四章　色谱分析实验

§4.1　气相色谱法

用气体作流动相的色谱方法称为气相色谱法(gas chromatography)，是一种主要适用于低沸点易挥发组分的高效分离分析方法。根据不同物质在互不相溶的两相(固定相和流动相)间分配系数、吸附系数或其他亲和作用的差异，当两相做相对运动时，物质在两相间连续进行多次分配，原来微小的差异即可产生很大的不同，使不同物质随流动相移动的速度产生差别，分别在不同的时间依次到达检测器，达到彼此分离和检测的目的。

气相色谱法具有高效、快速、灵敏和应用范围广的特点，是科研、生产和日常检验中的一种常备手段。不足之处在于不适用于难挥发物质(沸点高于 450℃)和热不稳定物质的分析。

一、气相色谱分析的流程

气相色谱仪的主要部件和分析流程如图 4-1 所示。

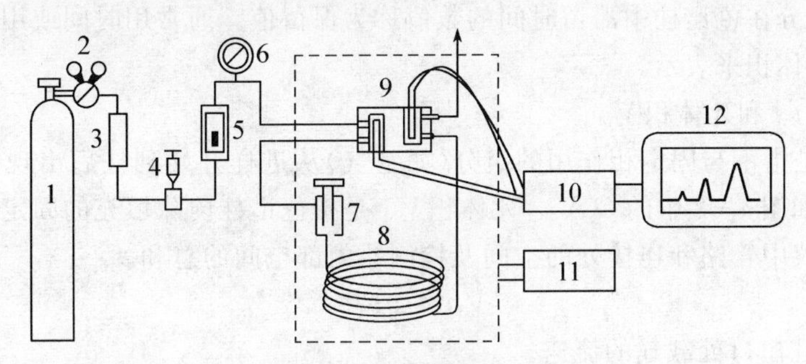

图 4-1　气相色谱流程图

1. 高压瓶　2. 减压阀　3. 载气净化干燥管　4. 针形阀　5. 流量计　6. 压力表
7. 进样器　8. 色谱柱　9. 检测器　10. 放大器　11. 温度控制器　12. 记录仪

气相色谱仪的主要组成部分是载气系统、进样器、色谱柱、检测器和记录仪。其中色谱柱和检测器是色谱仪的关键部件。混合物能否有效分离取决于色谱柱和色谱操作条件，分离后的组分能否灵敏准确地检测出来，取决于检测器。

气相色谱分析的主要流程为：高压钢瓶供给的载气，经减压阀减压后，进入净化干燥管干燥和净化，再通过针形阀、流量计和压力表后，以一定的压力和流量进入进样器(气化室)，由进样器注入的试样(液态试样在此预先气化)气体被载气携带进入色谱柱。经分离后的各组分随载气依次流出色谱柱进入检测器，在检测器内转化成电信号，并由放大器放大后记录为色谱图。

二、气相色谱分析常用的基本术语

1. 色谱流出曲线图或色谱图

以组分产生的电信号为纵坐标，流出时间 t 为横坐标所得的曲线称为色谱流出曲线或称色谱图，如图 4－2 所示。

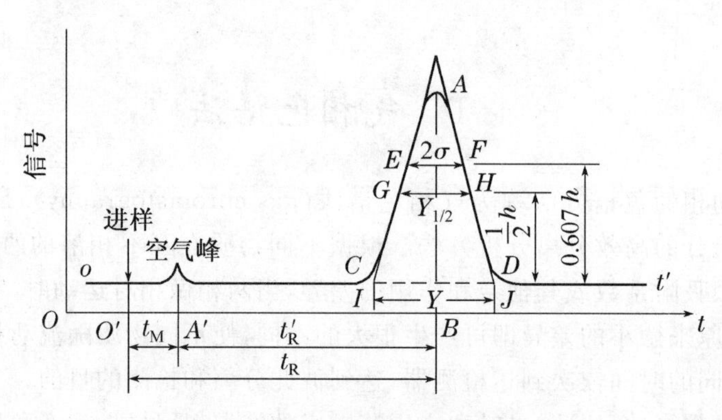

图 4－2 色谱流出曲线图

2. 基线(baseline)

当不含被测组分的载气进入检测器时，所得流出曲线称为基线。基线反映了检测系统噪声随时间变化的情况，稳定的基线是一条直线，如图 4－2 中所示的平直部分。

3. 保留值(retention value)

试样中各组分在色谱柱中滞留时间的数值称为保留值。通常用时间或用将组分带出色谱柱所需载气的体积来表示。

(1) 死时间 t_M 和死体积 V_M

死时间 t_M 是指不与固定相作用的组分(如空气)从进样开始到柱后出现电信号最大值时所需的时间，如图 4－2 中的 $O'A'$。死体积 V_M 是指色谱柱内除填充的固定相以外的空隙体积、气相色谱仪中管路和连接处的空间及检测器内部空间的总和。

$$V_M = t_M F_0$$

其中 F_0 是色谱柱出口处载气的流速。

(2) 保留时间 t_R 和保留体积 V_R

保留时间(retention time)是指被测组分从进样开始到出现最大电信号时所需的时间。如图 4－2 中的 $O'B$。保留体积(retention volume)是指被测组分从进样开始到柱后出现相应的最大电信号时所通过载气的体积。

$$V_R = t_R \cdot F_0$$

(3) 调整保留时间 t'_R 和调整保留体积 V'_R

扣除死时间后的保留时间称为调整保留时间，如图 4－2 中的 $A'B$。

$$t'_R = t_R - t_M$$

扣除死体积后的保留体积称为调整保留体积

$$V'_R = V_R - V_M \text{ 或 } V'_R = t'_R F_0$$

4. 相对保留值(relative retention value)r_{21}

相对保留值是指两个组分的调整保留值之比。

$$r_{21}=\frac{t'_{R(2)}}{t'_{R(1)}}=\frac{V'_{R(2)}}{V'_{R(1)}}$$

相对保留值的优点是：当柱温、固定相性质不变时，即使柱径、柱长、填充情况及流动相流速有所变化，r_{21}仍基本保持不变，因此它在色谱定性中非常重要。

r_{21}可用来表示固定相的选择性能。r_{21}越大，说明两组分的 t'_R 相差越大，分离得越好，当 $r_{21}=1$ 时，两组分完全重叠，不能被分离。

5. 区域宽度

区域宽度(peak width)是指色谱峰的宽度。在色谱分析中要求区域宽度越窄越好。习惯上常用以下三个量之一表示。

(1) 标准偏差(standard deviation)σ

高斯型色谱流出曲线拐点处，即峰高 0.607 倍处宽度的一半。如图 4-2 中 EF 的一半。

(2) 半峰宽度(peak width at half-height)$W_{1/2}$

简称为半宽度或半峰宽，指峰高一半处的宽度，如图 4-2 中的 GH。

(3) 峰底宽度(peak width at peak base)W_b

指通过流出曲线底部的两个拐点所作的切线在基线上的截距，如图 4-2 中的 IJ。

6. 色谱流出曲线的意义

气相色谱的流出曲线图可提供很多重要的定性和定量信息，如：

① 根据色谱峰的个数，可给出该试样中至少含有的组分数；

② 根据色谱峰的位置(保留值)，可以进行定性鉴定；

③ 根据色谱峰的面积或峰高，可以进行定量分析；

④ 根据色谱峰的保留值和区域宽度，可对色谱柱的分离效能进行评价。

三、气相色谱分析法的基本理论

1. 塔板理论

把色谱柱比作一个分馏塔，把色谱分离过程比作分馏过程。假设色谱柱内有很多层分隔的塔板，塔板的数量称为理论塔板数，用 n 表示。在每一层塔板上，组分可以在瞬间达到一次分配平衡。不同组分的分配系数不同，经多次分配平衡后，可使不同的组分得以分离。理论塔板数 n 越多，则进行的分配平衡次数越多，分离效能越高。

在给定长度为 L 的色谱柱内，有效塔板数 n 越多，有效塔板高度 H 越小，组分在色谱柱内分配平衡的次数越多，柱效能越高。

$$H=\frac{L}{n}$$

同一色谱柱对不同物质的柱效能不同，故用塔板数或塔板高度表示柱效能时，必须指出是对哪一种物质的塔板数或塔板高度。

2. 速率理论

塔板理论虽然提出了评价柱效能的指标——塔板数和塔板高度，但不能具体说明影响柱效能的因素。1956 年荷兰学者范第姆特(Van Deemter)等人提出了影响塔板高度的动力学因素，即速率理论，并提出了塔板高度 H 与各种影响因素的关系式——速率方程式，又称范第姆特方程式，即

$$H=A+\frac{B}{u}+Cu$$

式中：u 为载气的线速度，$cm\cdot s^{-1}$；A 为涡流扩散项；B/u 为分子扩散项；Cu 为传质阻力项。

载气流速 u 过大或过小对提高色谱柱效都不利，存在一个适宜的理论最佳流速

$$u_{最佳}=\sqrt{\frac{B}{C}}$$

但实际大小应通过实验确定。对于常见的填充柱，选用粒径较小且均匀的担体进行高质量的装填，可以减小涡流扩散项 A；选用较大分子量的载气、较高的流速和柱压有利于减小分子扩散项 B；而选分子量较小载气、较低的流速，较低黏度的固定液且担体表面的固定液层较薄时可以减小传质阻力项。

速率理论不仅指出了影响柱效能的因素，而且也为选择最佳色谱分离操作条件提供了理论指导。

3. 分离度 R

分离度(resolution)用来定量评价色谱图上相邻两组分的分离情况，既与组分的保留时间相关，又与色谱峰的宽度相关，全面反映了色谱分离过程的热力学和动力学作用结果，是色谱柱的总分离效能指标。两组分的保留时间相差越大，峰的宽度越窄，则分离度 R 越大。分离度 R 等于相邻两峰的峰间距与两峰峰底宽度平均值之比。

$$R=\frac{t_{R(2)}-t_{R(1)}}{\frac{1}{2}(W_{b(2)}+W_{b(1)})}$$

$R=1.5$ 时，分离程度可达 99.7%，常以 $R=1.5$ 作为完全分离的指标。

四、气相色谱分析法分离条件的选择

1. 固定相及其选择

(1) 气-固色谱固定相

一般用表面具有一定孔隙的吸附剂作为固定相。常用的吸附剂有非极性的活性炭，极性的氧化铝，强极性的硅胶等。

(2) 气-液色谱固定相

由担体(一种化学惰性的多孔性固体颗粒，如：硅藻土和非硅藻土)表面涂以固定液而组成。固定液要求挥发性极小，化学稳定性好，对不同组分有不同的溶解能力，选择性高。一般遵循“相似相溶”的原理，即分离极性组分选择极性固定液，分离弱极性组分选择弱极性固定液。担体与固定液的性能及在担体表面涂渍固定液的厚薄与均匀性均影响色谱柱的分离效能。

2. 分离操作条件的选择

(1) 载气及其流速的选择

载气流速较大时，传质阻力项是影响柱效能的主要因素，应选使 C 值变小的载气。如

相对分子量较小的 H_2、He 等，组分在这类载气中有较大的扩散系数，减小了传质阻力，有利于提高柱效；当载气流速较小时，分子扩散项是影响柱效能的主要因素，应选择使 B 值变小的载气，如相对分子量较大的 N_2、Ar 等，组分在这类载气中有较小的扩散系数，抑制了轴向扩散，有利于提高柱效。另外，选择载气时还应考虑不同检测器的工作特性，如对于热导检测器，常选用与其他组分热传导系数相差较大的 H_2 作载气以提高测量灵敏度。

(2) 柱温的选择

柱温是一个非常重要的操作变量，直接影响分离效能和分离速度。首先要考虑每种固定液都有一定的使用温度。柱温不能高于固定液的最高使用温度，以免固定液挥发流失。选择柱温的原则是保证使难分离的组分能达到较好分离效果的前提下，选择尽可能低的柱温，但以保留时间适宜，峰形正常为限。对于宽沸程的多组分混合物可用程序升温的方式改善分离效果，节省分析时间。

(3) 其他条件的选择

① 进样时间和进样量　进样速度应尽可能快，否则会因试样原始宽度变大而造成色谱峰扩张甚至变形。进样量应保持在使峰面积或峰高与进样量成正比的范围内。

② 柱长及柱内径　增加柱长可提高分离效果。但柱长过长，也会造成峰的展宽和使分析时间延长。在分离度满足要求的前提下，应选用尽可能短的色谱柱。

③ 汽化温度的选择　汽化温度的选择应以保证试样能迅速汽化且不分解为准。适当提高汽化温度有利于分离和定量。一般选择的汽化温度比组分的最高沸点高 30℃～50℃，比柱温高20℃～70℃。

五、气相色谱检测器

检测器的作用是将经色谱柱分离后的各组分，按其物理、化学特性转换为易测量的电信号。根据检测原理的不同，检测器可分为浓度型检测器(concentration sensitive detector)和质量型检测器(mass flow rate sensitive detector)。浓度型检测器的电信号大小与组分的浓度成正比，如热导池检测器和电子捕获检测器等。质量型检测器的电信号大小与单位时间内进入检测器的某组分的质量成正比，如氢火焰离子化检测器和火焰光度检测器等。

1. 热导检测器(thermal conductivity detector，TCD)

以热导池和热敏元件构成惠斯顿电桥。参比流路中载气的热传导系数与流经检测流路中组分的热传导系数不同，造成了热敏元件温度的变化而使电阻值发生改变，从而使电桥失去平衡产生信号。是一种通用型的检测器，但载气的波动等因素易造成基线的漂移。

2. 氢火焰离子化检测器(Flam ionization detector，FID)

有机物在氢气-空气火焰中燃烧产生离子，在外加电场作用下形成离子流而产生电信号。灵敏度高，稳定性好。

3. 电子捕获检测器(electron capture detector，ECD)

放射源发射 β 射线使载气分子发生电离，形成正离子和电子，在外加电场作用下形成恒定的基流。若被测组分含有电负性较大的元素，则捕获电子形成带负电荷的分子离子，并与载气正离子复合成电中性化合物，使基流下降产生信号。对含卤素、硫、氮、磷的组分具有很高的灵敏度。

4. 火焰光度检测器(flame photometric detector,FPD)

对含硫、磷的组分具有极高的灵敏度和选择性。含硫、磷的组分在氢气-空气焰中首先燃烧生成氧化物。SO_2 被氢还原成 S 原子,并在高温下生成激发态的 S_2^* 分子,发出 350～430 nm 的特征分子辐射;磷氧化物被氢还原生成化学发光的 HPO 碎片,发出 526 nm 的特征辐射。特征辐射经滤光片在光电倍增管上产生相应的电信号。

六、气相色谱定性方法

保留时间、峰面积等指标受色谱操作条件的影响很大,与组分的结构之间并没有唯一确定的联系,因此气相色谱原则不能直接用作定性分析。但在特定的条件下,仍可进行一些定性工作。常见的方法有:

(1) 利用已知纯物质对照定性;

(2) 利用相对保留值定性;

(3) 利用保留指数定性(Kovats 保留指数);

$$I_x=100\left[z+n\frac{\lg t'_{R(x)}-\lg t'_{R(z)}}{\lg t'_{R(z+n)}-\lg t'_{R(z)}}\right]$$

(4) 与其他分析仪器联用定性。

七、气相色谱定量方法

1. 定量校正因子

色谱定量分析是色谱峰面积与组分的量成正比关系。同一检测器对不同物质具有不同的灵敏度,即两种组分若含量相同,但峰面积一般却不相同。引入(绝对)定量校正因子 f_i,建立组分的量 w_i 与对应的峰面积 A_i 之间的关系。

$$w_i=f_iA_i$$

由于绝对进样量 w_i 难以准确测定,常用相对校正因子 f'_i 代替绝对校正因子 f_i。某组分的相对校正因子为其绝对校正因子与标准物质的绝对校正因子之比,常简称为校正因子。

$$f'_i=\frac{f_i}{f_s}=\frac{w_iA_s}{w_sA_i}$$

将已知量的某物质与已知量的标准物质混合均匀后,取适当体积进样后,可由两者的峰面积得到校正因子。

2. 常用定量计算方法

(1) 归一化法

取适量待测样品,进样后得各组分的峰面积 A_i,根据各组分的校正因子 f'_i 按下式进行定量计算。

$$w_i(\%)=\frac{m_i}{m}\times100\%=\frac{f'_iA_i}{f'_1A_1+f'_2A_2+\cdots+f'_nA_n}\times100\%$$

要求所有组分必须全部出峰,且必须知道所有组分的校正因子,但对进样量没有严格要求。

(2) 标准曲线法(外标法)和标准加入法

仪器的操作条件必须较长时间保持稳定不变,对标样和试样的进样量准确性要求高。

(3) 内标法

将一定量(m_s)的标准物质 s 即内标物加入一定量(m)的试样中，取适量进样后，根据内标物和待测组分的峰面积及校正因子按下式进行定量计算。

$$w(\%)=\frac{m_i}{m}\times 100\%=\frac{f'_i A_i m_s}{f'_s A_s m}\times 100\%$$

当以内标物作为确定校正因子的标准物质时，上式中 $f'_s=1$。

适用于各组分不能全部出峰的试样，除待测组分与内标物外，不必知道其他组分的校正因子，其他组分相互间也不必完全分离，对进样量没有严格要求。色谱操作条件的变化对定结果影响较小。

对内标物的要求是：① 内标物须是原样品中所不含的组分，且是纯度很高的标准物质，或含量已知的物质；② 内标物与待测组分的保留时间应比较接近且能完全分离(分离度$R>1.5$)；③ 内标物与待测组分有比较接近的理化性质(如分子结构、极性、挥发性及在溶剂中的溶解度等)；④ 加入量应与待测组分含量接近，两者峰面积基本相当。

§4.2　高效液相色谱法

高效液相色谱法(high performance liquid chromatography, HPLC)是以液体为流动相，采用粒径很小(一般小于 10 μm)和高效固定相的柱色谱分离技术。HPLC 对样品的适应性广，不受分析对象挥发性和热稳定性的限制，弥补了气相色谱法的不足。除气体样品外，在目前已知的有机化合物中，适宜用气相色谱分析只占约 20%，另 80%则需用 HPLC 进行分析。特别适用于进行天然产物、生物大分子、高聚物及离子型化合物的分离和分析。

一、液相色谱的主要类型及基本原理

高效液相色谱法和气相色谱法的基本理论比较相似，主要区别在于作为流动相的液体与气体性质间的差别。液相色谱法根据固定相的性质可分为吸附色谱法、键合相色谱法、离子交换色谱法和空间排阻色谱法。

1. 吸附色谱法(adsorption chromatography)

固定相为硅胶、氧化铝、分子筛、聚酰胺等吸附剂。流动相为非水有机溶剂。不同组分分子和流动相分子对吸附剂表面的活性中心进行竞争吸附。这种竞争能力的大小决定了保留值的大小，被活性中心吸附得越牢的组分保留值越大。

2. 键合相色谱法(chemically bonded phase chromatography)

利用化学反应通过共价键将有机分子键合在载体(硅胶)表面，形成均一、牢固的单分子薄层而构成的固定相。采用极性键合固定相、非极性流动相的称为正相色谱(normal phase chromatography)，采用非极性键合固定相、极性流动相的称为反相色谱(reversed phase chromatography)。组分保留值的大小主要取决于组分分子与键合固定液分子间作用力的大小。

键合相色谱法的分离机理为吸附和分配两种机理兼有。对多数键合相来说，以分配机理为主。通常，化学键合相的载体是硅胶，硅胶表面有硅醇基≡Si—OH，它能与合适的有机化合物反应，获得各种不同性能的化学键合相。从键合反应的性质可分为：酯化键合(≡Si—O—C)、硅氮键合(≡Si—N)和硅烷化键合(≡Si—O—Si—C)等，硅烷化键合相应用最广泛。这种键合相是用有机氯硅烷与硅醇基发生反应：$\equiv Si—OH + C_{18}H_{37}SiCl_3 \longrightarrow \equiv Si—O—Si—C_{18}H_{37} + HCl$。这种固定相在 pH 为 2～8.5 范围内对水稳定，有机分子与载体间的结合牢固，固定相不易流失，稳定性好。

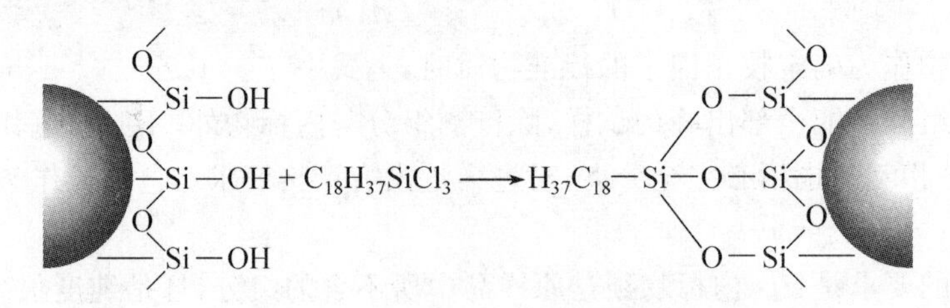

图 4－3 硅胶表面的化学键合反应

十八烷基硅烷键合相(Octadecylsilane 简称 ODS 或 C18)：是最常用的非极性键合相。用于反相色谱法，在 70℃以下和 pH 2～8 范围内可正常工作。

化学键合固定相的优点是：柱效高，传质速率比一般液体固定相高；稳定性好，耐溶剂冲洗，耐高温，无固定液流失，从而提高了色谱柱的稳定性和使用寿命；应用范围广，改变键合有机分子的结构和基团的类型，能灵活地改变分离的选择性，适用于分离几乎所有类型的化合物。

3. 离子交换色谱法(ion exchange chromatography)

流动相中的待分离的组分离子与作为固定相的离子交换剂上的平衡离子进行可逆交换，由于不同离子对交换剂的基体离子亲和力大小不同，从而达到分离。组分离子对交换剂基体离子亲和力越大，保留时间越长。

4. 空间排阻色谱法(size exclusion chromatography)

固定相是一类孔径大小有一定范围的多孔材料。被分离的组分分子大小不同，它们扩散进入多孔材料的难易程度不同。小体积分子最易扩散进入细孔中，保留时间较长；大分子不易进入孔隙或完全被排斥在孔外，因而随流动相较快流出，保留时间较短。

另外，还有利用待测化合物与对离子形成离子对而进行分离的离子对色谱法(ion pair chromatography)；利用具有特异亲和力的色谱固定相进行分离的亲和色谱(affinity chromatography)；利用手性固定相进行分离的手性色谱法(chiral chromatography)等。

二、高效液相色谱仪及其使用中的注意事项

高效液相色谱仪的流程示意图如图 4－4 所示。

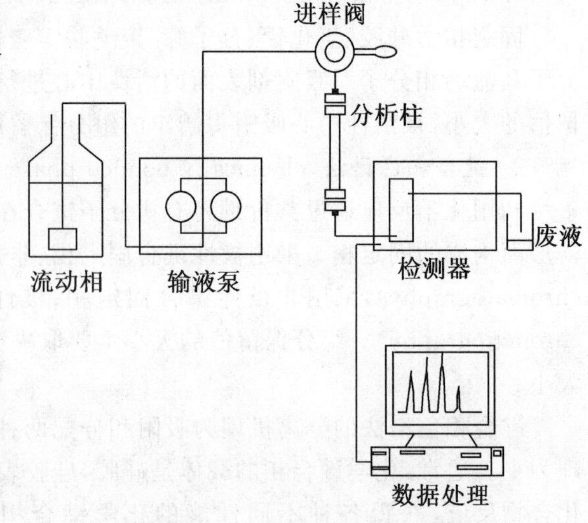

图 4－4 高效液相色谱仪示意图

1. 流动相

在液相色谱分析中，流动相也具有选择性分离的作用。因此，在确定了用于分离的固定相后，可以通过改变流动相的组成达到优化分离的目的。

储液器用来存放流动相。流动相从高

压的色谱柱内流出时，会释放其中溶解的气体，这些气体进入检测器后会使噪声剧增。因此，流动相在使用前必须经过脱气处理。

常用脱气方法有减压法、超声法和惰性气体置换法。一些液相色谱仪带有在线脱气装置。在线脱气装置使流动相通过真空箱中的多孔塑料膜管路，管外的负压使溶剂中溶解的气体渗过塑料膜进入真空箱，达到脱气的目的。惰性气体置换法是用在溶剂中溶解度极小的惰性气体，如氦，向流动相溶液中吹扫，置换溶解的气体。

为了延长色谱柱的寿命，流动相在使用前须用孔径小于 0.5 μm 的过滤器进行过滤，除去不溶性杂质。低沸点和高黏度的溶剂不适宜作为流动相。含有 KCl、NaCl 等卤素离子的溶液、pH 小于 4 或大于 8 的溶液，由于会腐蚀不锈钢管道或破坏硅胶的性能，也不宜作流动相。

对于性质不明的试样，最好先用流动相进行柱外溶解试验，当有组分析出或试样溶解性能不佳时切勿贸然进样。

2. 输液系统

输液系统通常由输液泵、单向阀、流量控制器、混合器、脉动缓冲器、压力传感器等部件组成。由于流速的准确性和稳定性决定了分析的重现性，因此要求高压输液泵能够实现准确、稳定、无脉动的液体输送。

输液泵分为单柱塞往复泵和双柱塞往复泵。由于固定相颗粒极细，输送液动相时色谱柱的阻力很大，泵的输液压力最高可达 40 MPa。单向阀装在泵头上部，在泵的吸液冲程中用来关闭出液液路。流量控制器可使流量保持恒定，确保流量不受色谱柱反压影响。混合器由接头和空管组成，使溶剂经混合器完全混合均匀。脉动缓冲器的作用是将压力与流量的脉动除去，使到达色谱柱的液流为无脉冲液流。压力传感器用压敏半导体元件测量柱头压力并显示。为了改进分离效果，往往采用多元溶剂实现梯度淋洗（洗脱）。梯度洗脱可以采用以下两种方式：

(1) 在泵的进液阀头安装几个电子比例阀，当泵工作时，根据比例阀是否开启及开启时间的长短，可选一个或几个溶剂按任意比例混合。这是一种低压混合溶液剂的方式，只需一台输液泵，在使用恒定溶剂比例时，操作十分方便，但由于输出的溶剂组成准确度和精密度均较差，分析结果的重现性不理想。

(2) 采用多台恒流输液泵，在高压方式下混合溶剂，实现梯度洗脱。这种方式可以保证溶剂混合的高度准确性和重现性，虽然成本较高，但仍是目前高效液相色谱仪普遍采用的方式。

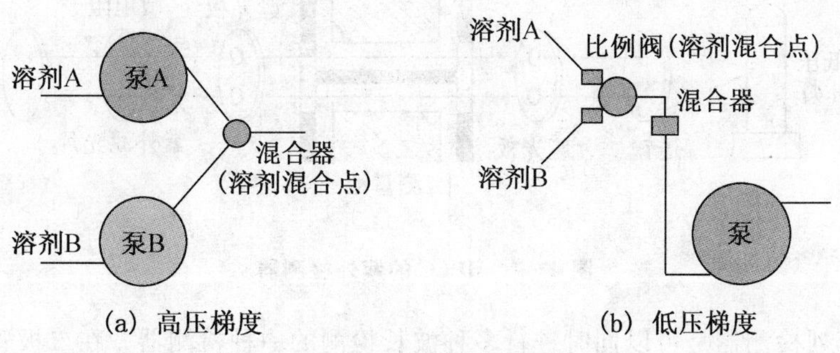

图 4-5　梯度洗脱方式

3. 进样器

取样用平头微量注射器，以防划伤进样阀中的密封平面。采用六通高压微量进样阀进样。它能在不停流的情况下进样分析。进样阀上可装不同容积的定量管，如 10 μL、20 μL 等。利用进样阀进样精密度好。

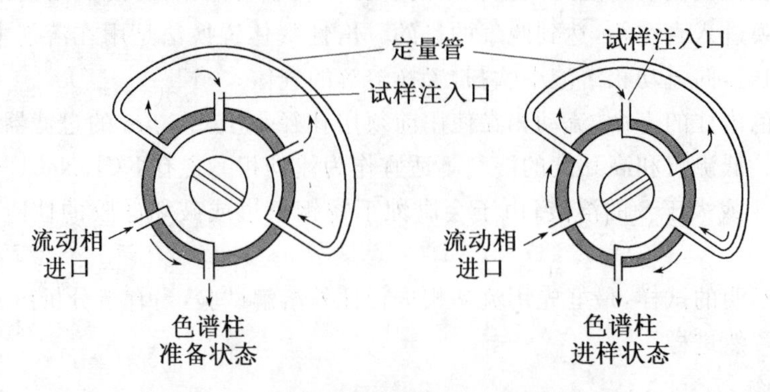

图 4-6 六通高压微量进样阀工作示意图

4. 色谱柱

高效液相色谱仪的色谱柱通常采用不锈钢柱，内填颗粒直径为 3 μm、5 μm 或 10 μm 等几种规格的固定相。由于固定相的高效性，柱长一般都不超过 30 cm。柱的内径通常为 0.4～0.6 cm，制备柱则可达 2.5 cm。虽然液相色谱的分离操作可以在室温下进行，但大多数高效液相色谱仪都配置恒温柱箱，用来对色谱柱恒温。为了保护色谱柱，通常在分析柱前再装一根短的前置柱。前置柱内填充物要求与分析柱完全一样。

5. 检测器

高效液相色谱仪常用检测器有紫外吸收检测器、荧光检测器、示差折光检测器、电化学检测器和蒸发光散射检测器等。

(1) 紫外检测器(UV detector)

分为固定波长和可调波长两类。固定波长紫外检测器采用低压汞灯为光源，产生 254 nm或 280 nm 谱线。可调波长检测器的光源为氘灯和钨灯，提供 190～750 nm 的辐射，可用于紫外-可见区的检测。检测器的吸收池体积一般为 8～10 μL，光路长约 8 mm。紫外检测器灵敏度较高，检出限约为 10^{-10} g/mL，通用性也较好。

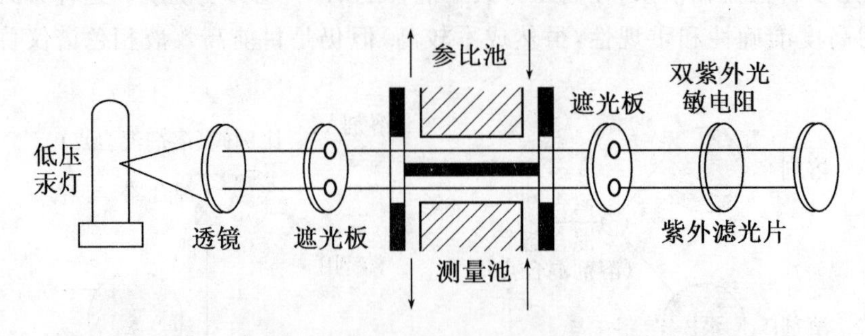

图 4-7 HPLC 的紫外检测器

二极管阵列检测器是可以同时进行多种波长检测的一种检测器。在二极管阵列检测器中，光源发出的光经过吸收池中的样品吸收后，通过光栅分光，以阵列二极管对于不同波长的光进行多通道并行检测。使用二极管阵列检测器可以得到三维色谱-光谱图，为组分的定性提供有用的信息。

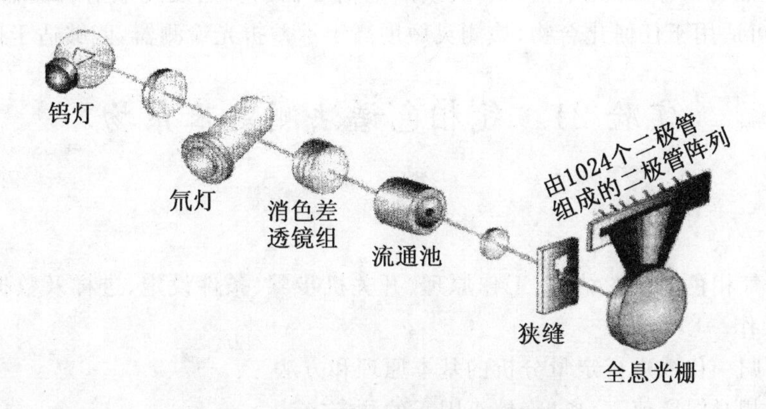

图 4-8　紫外-二极管阵列检测器示意图

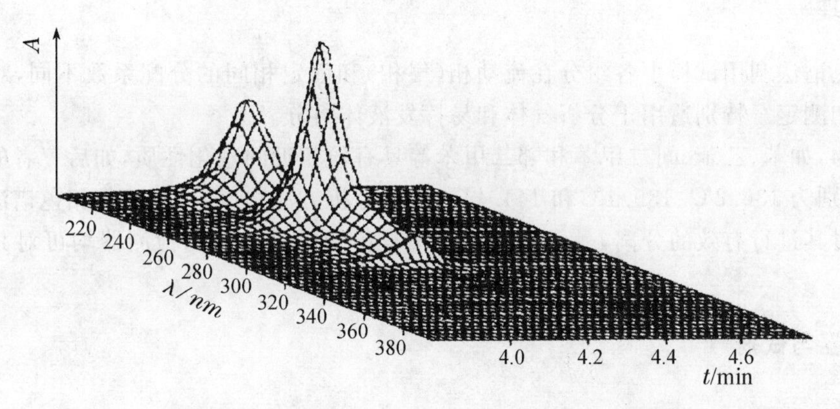

图 4-9　菲的紫外-二极管阵列三维色谱-光谱图

(2) 荧光检测器(fluorescence detector)

是通过检测待测物质吸收紫外光后发射荧光的一种检测器。荧光检测器的选择性强、灵敏度高，一般比紫外检测器高两个数量级，检测限约为 10^{-12} g/mL。对于许多无荧光特性的化合物，可以通过化学衍生法转变成荧光物质进行检测。

(3) 示差折光检测器(refractive index detector)

又称为折射指数检测器，是利用检测池中溶液折射率的变化和组分浓度的关系进行检测的一种通用型检测器，是一种整体性质检测器，适应于紫外吸收非常弱的物质的测定，只要组分折光率与流动相折光率不同就可被检测，但两者之差有限，因此灵敏度较低，检出限约为 10^{-7} g/mL，且对温度变化敏感，不适于梯度洗脱。

(4) 电化学检测器(electrochemical detector)

利用待测组分的电化学活性进行检测的检测器，电化学检测器包括库仑、电导、安培检测器等，电化学检测器的检测限约为 10^{-10} g/mL。电导检测器是离子色谱法中应用最多的检测器。

(5) 蒸发光散射检测器(evaporative light scattering detector)

是基于溶质中细小颗粒引起的光散射强度正比于溶质浓度而进行检测的检测器。色谱流出物经雾化并加热，流动相被蒸发，溶质形成极细的雾状颗粒，颗粒遇到光束后形成与质量成正比的光散射信号，经光电倍增管转换成电信号输出。蒸发光散射检测器为通用型检测器，原则上可适用于任何化合物，检测灵敏度高于示差折光检测器，能够适于梯度洗脱。

实验 21　气相色谱法测定苯系物

一、实验目的

（1）了解气相色谱仪的结构、工作原理、开关机步骤、条件设定、进样及数据采集、数据分析等基本操作。

（2）掌握归一化法进行定量分析的基本原理和方法。

（3）掌握相对保留值、分离度、校正因子的测定方法。

二、实验原理

气相色谱法利用试样中各组分在流动相（气相）和固定相间的分配系数不同，对混合物进行分离和测定。特别适用于分析气体和易挥发液体组分。

苯系物，如苯、乙苯、间二甲苯和邻二甲苯等具有较相近的理化性质，如后三者的沸点非常接近，分别为 136.2℃、139.1℃和 144.4℃，化学分析方法难以检测，而气相色谱法则可以较容易地对其进行有效的分离，一般气相色谱仪常备的热导和氢焰检测器均可对其进行准确的测定。

三、实验仪器与试剂

1. 仪器

气相色谱仪，色谱数据工作站，不锈钢色谱柱 2 m×3 mm，高纯氮气，高纯氢气，低噪音空气压缩机，0.1 μL 和 0.5 μL 微量注射器，分析天平，称量瓶。

2. 试剂

苯，乙苯，间二甲苯，邻二甲苯（均为色谱纯），101 白色担体（60～80 目），有机皂土-34（色谱专用），邻苯二甲酸二壬酯（色谱专用）。

四、实验步骤

1. 实验条件

根据所用色谱仪及色谱柱条件不同应作相应调整。

（1）采用热导检测器的色谱条件

色谱柱：2 m×3 mm 不锈钢柱；

固定相：邻苯二甲酸二壬酯（DNP）固定液，60～80 目 101 白色担体；

流动相：氢气，流速 40 $mL \cdot min^{-1}$；柱温：80℃；汽化温度：150℃；检测器温度：150℃。

（2）采用氢火焰离子化检测器的色谱条件

色谱柱：2 m×3 mm 不锈钢柱；流动相：氮气，0.8 MPa；氢气：0.7 MPa；空气：1.0 MPa；柱温：80℃；汽化温度：150℃；灵敏度：2；衰减：1/16；进样量：0.1 μL（标准样），0.3 μL（未知

混合样)。

2. 标样配制

苯＋乙苯溶液:取一个称量瓶在分析天平上准确称量,再分别滴入苯、乙苯各 0.5 g 左右,每加一种试剂后准确称量,记下各组分的质量。

苯＋间二甲苯溶液:两组分各 0.5 g 左右,方法如上。

苯＋邻二甲苯溶液:两组分各 0.5 g 左右,方法如上。

3. 保留时间、校正因子和未知混合样品的测定

在相同的色谱条件下,分别进样测定苯＋乙苯、苯＋间二甲苯、苯＋邻二甲苯、浓度未知的混合样品。记录各组分的保留时间和峰面积,重复进样三次。

附　注

(1) 测定过程中应尽量保持色谱条件如柱温、柱压、载气流速等的恒定。

(2) 进样时,单手持微量注射器,用食指和中指夹住柱塞杆缓慢抽提,避免产生气泡,进样时用食指下压柱塞杆,速度要快,但注意不要将柱塞杆压弯。

五、实验数据处理

(1) 确定色谱图上各主要峰的归属。

采用热导检测器时,记录苯＋乙苯、苯＋间二甲苯、苯＋邻二甲苯溶液所得色谱图中各组分的保留时间 t_{R_i}、苯的保留时间 t_{R_s}、空气保留时间(即死时间 t_M);计算各组分的相对保留值(以苯作标准物质),根据相对保留值确定待测试样中各峰的归属。

采用氢火焰离子化检测器时,直接利用保留时间定性。

(2) 以苯为标准物质,分别计算乙苯、间二甲苯、邻二甲苯的相对校正因子。

(3) 计算苯和乙苯、乙苯和间二甲苯、间二甲苯和邻二甲苯的分离度。

(4) 记录待测混合试样色谱图上各组分的峰面积,列于表 4-1 中。用归一化法,由峰面积确定各组分的含量。

表 4-1　苯系物色谱数据记录

组　分	A/mV·s				w_i
	1	2	3	平均值	
苯					
乙苯					
间二甲苯					
邻二甲苯					

六、问题与讨论

(1) 试讨论采用归一化法定量分析的优点和局限性。

(2) 利用相对保留值进行色谱定性时,对实验条件是否需要严格控制?为什么?

(3) 归一化法定量分析为什么要用校正因子?相对校正因子和绝对校正因子有何不同?

实验22　气相色谱法测定无水乙醇中的微量水分

一、实验目的

(1) 了解气相色谱仪的结构和工作原理。

(2) 熟练掌握气相色谱仪器的操作。

(3) 学习内标法定量的基本原理和测定样品中杂质含量的方法。

二、实验原理

选用甲醇为内标物质，测定无水乙醇中的微量水分，甲醇的保留时间在乙醇和水之间。

三、实验仪器与试剂

1. 仪器

气相色谱仪，色谱柱：GDX－203固定相，高纯氢气，微量进样注射器(10 μL)。

2. 试剂

无水甲醇(色谱纯)，无水乙醇(AR)。

四、实验步骤

1. 色谱条件

应根据使用的仪器种类及色谱柱条件作相应的调整。

色谱柱：GDX－203固定相或402高分子微球(60～80目)；

流动相：氢气，流速40 $mL \cdot min^{-1}$；

柱温：100℃；

汽化温度：150℃；

检测器：热导池温度140℃；桥电流：140 mA；

内标物：无水甲醇(AR)。

2. 相对校正因子的测定

(1) 内标标准溶液的配制。准确量取10.00 mL无水乙醇至称量瓶中，分别加入无水甲醇和蒸馏水各约0.1 g(用减量法称量，准确至±0.000 2 g)，混匀备用。

(2) 吸取0.5 μL内标标准溶液进样，记录色谱数据，重复进样两次。

3. 内标法定量

(1) 样品配制：准确量取10.00 mL待测无水乙醇，称量为 m。用减重法加入无水甲醇约0.025 g(准确至±0.000 2 g)，混匀待用。

(2) 吸取上述已加入内标物质的未知试液5 μL进样，记录色谱数据，重复进样两次。

附　注

(1) 微量进样注射器应先用待测试液抽洗3～5次方可进样。

(2) 使用热导池检测器时，必须先通载气，后开启热导池电源；关闭时，则先关电源，后关载气，以防电热丝烧毁。

(3) 热导池的设定温度，必须比被分析试样组分的最高沸点高20～30℃，避免试样中的高沸点组分冷凝在热导池中污染钨铼丝元件。

五、实验数据处理

将实验条件与色谱数据记录在表4-2中。

表4-2　内标法测定无水乙醇中的微量水分实验数据记录

<table>
<tr><td>校正因子测定</td><td colspan="6">m=________ g　m_s=________ g
A_i=________　A_s=________</td></tr>
<tr><td rowspan="5">水分含量测定</td><td>进样次数</td><td>组　分</td><td>t_R/min</td><td>A/mV・s</td><td>w_{H_2O}(%)</td><td>$\overline{w}_{H_2O}$(%)</td></tr>
<tr><td rowspan="2">1</td><td>甲醇</td><td></td><td></td><td></td><td></td></tr>
<tr><td>水</td><td></td><td></td><td></td><td></td></tr>
<tr><td rowspan="2">2</td><td>甲醇</td><td></td><td></td><td></td><td></td></tr>
<tr><td>水</td><td></td><td></td><td></td><td></td></tr>
</table>

1. 相对校正因子的计算

根据表4-2中记录的实验数据，按下式计算水相对于甲醇的校正因子：

$$f'_{i,s}=\frac{m_i A_s}{m_s A_i}$$

式中：m_i 为内标标准溶液中水的质量；m_s 为内标标准溶液中甲醇的质量；A_i 为水的色谱峰面积；A_s 为甲醇的色谱峰面积。

2. 水含量的计算

根据表4-2中记录的实验数据，按下式计算无水乙醇试样中水的含量：

$$w_i(\%)=\frac{m_i}{m}\times 100\%=\frac{f_i A_i m_s}{f_s A_s m}\times 100\%=f'_{i,s}\frac{A_i m_s}{A_s m}\times 100\%$$

式中：$f'_{i,s}$为水相对甲醇的校正因子；A_i 为水的色谱峰面积；A_s 为甲醇的色谱峰面积；m_i 为内标标准溶液中水的质量；m_s 为内标标准溶液中甲醇的质量。

六、问题与讨论

(1) 试解释本实验色谱峰流出顺序，为什么是按水、甲醇、乙醇的顺序流出？

(2) 实验条件的变化对测定结果是否会有影响，为什么？

(3) 用内标法进行定量分析有哪些优点？

实验23　气相色谱法测定降水中的正构烷烃

一、实验目的

(1) 掌握气相色谱分离的基本原理和定性、定量分析方法。

(2) 掌握分离度的计算及影响分离度的主要色谱参数。

(3) 了解毛细管柱气相色谱仪的结构,掌握基本使用方法,熟练使用色谱工作站系统。

(4) 熟练掌握运用固相萃取和外标定量法测定雨水样品中正构烷烃的方法。

二、实验原理

色谱法是一种高效分离技术,是现代仪器分析中应用最广泛的方法之一。它的分离原理是试样中的各组分在色谱分离柱中两相(固定相和流动相)间反复进行分配,由于各组分在性质和结构上的差异,使其被固定相保留的时间不同,随着流动相的移动,各组分按一定次序流出色谱柱进入检测器。气相色谱法是利用气体作为流动相的一种色谱法。

用色谱法进行定性分析要确定色谱图上每一个峰所代表的物质。色谱条件一定时,每种物质都有其确定的保留值(保留时间、保留体积)、保留指数及相对保留值等保留参数。因此,在相同的色谱操作条件下,通过比较已知纯组分和未知组分的保留参数,即可确定未知物为何种物质。

根据不同情况,可选用不同的定量方法。外标法是在一定操作条件下,用纯组分或已知浓度的标准溶液配制一系列不同含量的标准样品,定量的准确进样,用所得色谱图相应组分的峰面积对组分含量作标准曲线。分析样品时,在相同条件下准确定量进样,根据所得峰面积,由标准曲线确定其含量。

环境样品通常具有基体成分复杂、待测组分含量低等特点,不经前处理而直接进行分析测定常常不可能。因此高效、快速、无污染的样品制备与前处理技术是环境分析的一个重要环节。固相萃取(SPE)作为一种新型的样品前处理方法已广泛用于水中痕量有机污染物的富集,即利用固体吸附剂将液体样品中的目标化合物吸附,使其与样品基体和干扰化合物分离,然后再用洗脱液洗脱或加热解吸附,达到分离和富集目标化合物的目的。

本实验采用固相萃取法提取雨水中的正构烷烃,利用正构烷烃类物质在氢火焰中的化学电离进行检测,根据正构烷烃的色谱峰面积与标准曲线比较进行定量。

三、实验仪器与试剂

1. 仪器

气相色谱仪,氢火焰离子化检测器(FID),带有减压阀的氢气、压缩空气和氮气钢瓶,DB-5石英弹性毛细管柱(30 m×0.25 mm×0.25 μm),固相萃取装置,K-D浓缩仪,10 μL微量注射器,10 mL容量瓶,移液管等。

2. 试剂

10.0 $mg \cdot mL^{-1}$正构烷烃标准储备液,甲醇(优级纯)、正己烷(优级纯)、正庚烷(优级纯),正十四烷(色谱纯)、正十五烷(色谱纯)、正十六烷(色谱纯)。以甲醇为溶剂,配制含各种正构烷烃均为10.0 $mg \cdot mL^{-1}$的混合标准溶液。

四、实验步骤

1. 雨水中正构烷烃的提取

用聚四氟塑料桶采集500 mL雨水样品,用孔径0.45 μm的滤膜过滤后,充分振摇,加入贮液瓶,用水泵抽真空,以10 mL/min流速过固相萃取柱。水样完毕后继续抽真空

2 min。柱抽干后，于 60℃烘箱烘干，用 6 mL 正庚烷洗脱于 10 mL 具塞浓缩管中。用 K－D 浓缩仪浓缩至 1 mL 以下，定容至 1 mL，待测。

2. 正构烷烃标准溶液系列的配制

在三只 10 mL 容量瓶中分别配制一系列不同浓度的正构烷烃标准混合样品，各正构烷烃的浓度分别为 0.100 $\mu g \cdot mL^{-1}$、0.500 $\mu g \cdot mL^{-1}$、1.00 $\mu g \cdot mL^{-1}$。

3. 色谱仪开机

(1) 检查仪器各部分的连接是否正确，检查各稳压阀、针形阀及减压表旋杆是否在关断位置。

(2) 开启载气钢瓶，调节减压表、稳压阀及针型阀，使柱前压和载气流速达到预定值。

(3) 打开气相色谱仪电源开关，置检测器为 100℃，约 0.5 h。

4. 色谱操作条件的设定

启动工作站，在方法菜单下，编辑完整的方法，进样，运行，出图，分析处理。

进样温度：275℃

检测器温度：300℃

程序控温：初始温度 120℃，保持 1 min；以 6℃/min 升至 300℃，最后保持 5 min。

氢气流速：40 mL/min

空气流速：450 mL/min

载气(N_2)流速：40 mL/min

5. 色谱测定

用微量注射器分别吸取 1.00 μL 正构烷烃标准溶液系列及试样溶液注入色谱仪，获得色谱图。以保留时间对照定性，确定正构烷烃的色谱峰。

6. 关机

将炉温、进样口和检测器温度设置为常温，待温度降至接近室温后，关闭色谱化学工作站，关闭电脑，再关闭气相色谱仪主机，最后关闭气源。

五、实验数据处理

(1) 以保留时间对照定性，确定各物质的色谱峰。

(2) 根据色谱图，计算正构烷烃各相邻组分的分离度。

(3) 以色谱峰面积为纵坐标，正构烷烃标准系列溶液的浓度为横坐标，绘制标准曲线。用外标法计算待测雨水样品中各组分的含量。

六、问题与讨论

(1) 在气相色谱分离系统中，色谱柱是否越长越好？为什么？

(2) 色谱定性的依据是什么？主要方法有哪些？保留值受哪些因素的影响？如何正确测定保留值？

(3) 外标法是否要求严格准确进样？操作条件的变化对定量结果有无明显影响？为什么？在哪些情况下，采用外标法定量较为适宜？

实验 24　高效液相色谱柱效能的评定

一、实验目的要求

(1) 了解高效液相色谱仪的基本结构和工作原理。
(2) 初步掌握高效液相色谱仪的基本操作方法。
(3) 学习高效液相色谱柱效能的评定及分离度的测定方法。

二、实验原理

苯、萘、联苯分子非极性部分的总表面积不同,缔合能力也不同,其保留时间也不同。气相色谱中评价柱效的方法及计算理论塔板数的公式,同样适用于高效液相色谱。根据色谱图上的数据,求柱效和分离度。

三、实验仪器与试剂

1. 仪器
高效液相色谱仪,微量注射器。
2. 试剂
苯,萘,联苯,甲醇,均为分析纯。

四、实验步骤

1. 色谱条件
色谱柱:YWG - $C_{18}H_{37}$,5 mm×15 cm;
流动相:甲醇∶水(83∶17);
流速:1 mL·min^{-1};
检测器:UV - 254 nm;
纸速:1 cm/min;
样品溶液:苯、萘、联苯的甲醇液;
进样量:10 μL。
2. 操作步骤
按上述色谱操作条件进样、记录色谱图,得各组分的色谱峰参数。

五、实验数据处理

1. 柱效(塔板数/m)

$$n=5.54\left(\frac{t_R}{W_{1/2}}\right)^2=16\left(\frac{t_R}{W}\right)^2 \qquad (21-1)$$

式中:t_R 为峰值保留时间,min;$W_{1/2}$ 为半峰宽,min;W 为峰(底)宽,min。
2. 分离度

$$R=\frac{2(t_{R_2}-t_{R_1})}{W_1+W_2} \qquad (21-2)$$

式中：t_{R_1} 和 t_{R_2} 分别为相邻两组分的峰值保留时间，min；W_1 和 W_2 分别为相邻两组分色谱峰的峰宽，min。

附　注

(1) 严格防止气泡进入系统，吸液软管必须充满流动相，吸液管的烧结不锈钢过滤器必须始终浸没在溶剂内，如更换溶剂瓶，必须先停泵，再将过滤器移到新的溶剂瓶内才能开泵使用。

(2) 流动相必须进行脱气处理。

(3) 开机后输液管要排气泡，使基线平稳，否则影响测定。

(4) 使用腐蚀性较强的溶剂时，工作完成后，需用适当的有机溶剂清洗，尤其是使用酸性或含盐溶剂后，更需注意，以防止系统零件腐蚀损坏。清洗时先需用水洗，后用甲醇清洗，最后才能停泵关机。

六、问题与讨论

(1) 如何用实验方法判别色谱图上苯、萘、联苯各色谱峰的归属？

(2) 若欲减小苯、萘、联苯各组分的保留时间，可改变哪些操作条件？如何改变？

实验 25　高效液相色谱法测定人血浆中扑热息痛的含量

一、实验目的

(1) 了解高效液相色谱仪的工作原理。

(2) 掌握用高效液相色谱法测定人血浆中扑热息痛含量的方法。

二、实验原理

扑热息痛为一非甾体抗炎药，常用来治疗感冒和发热。健康的人在口服药物 15 min 以后，药物就已进入人体血液。1～2 h 内，在人的血液中药物的浓度达到极大值。用高效液相色谱法测定人血液中经时血药浓度，可以研究药物在人体内的代谢过程及不同厂家的药物在人体内吸收情况的差异。

本实验采用扑热息痛纯品进行比较定性，找出健康人体血浆中扑热息痛在色图谱中的位置，然后以健康人血浆为本底作工作曲线。从工作曲线中查找并计算出血浆中扑热息痛的含量。

三、实验仪器与试剂

1. 仪器

高效液相色谱仪，色谱柱：Econosphere C_{18}(3 μm)，10 cm×4.6 mm；5 μL 平头注射器。

2. 试剂

扑热息痛纯品由上海天平药厂提供(含量＞99.9%)，三氯乙酸(分析纯)，乙腈(色谱纯)，甲醇(分析纯)。

四、实验步骤

1. 样品预处理

取健康人体血浆 0.50 mL 置于 10 mL 离心管中，加扑热息痛标准品使其浓度分别为 0.50 $\mu g \cdot mL^{-1}$、1.00 $\mu g \cdot mL^{-1}$、2.00 $\mu g \cdot mL^{-1}$、5.00 $\mu g \cdot mL^{-1}$和 10.0 $\mu g \cdot mL^{-1}$，再加 20%三氯乙酸-甲醇溶液 0.25 mL，振荡约 1 min，离心 5 min。

2. 开机

按操作说明书。

3. 设置色谱条件

流动相：水：乙腈＝90：10；

流量：1 mL/min；

检测器工作波长：254 nm；

检测器灵敏度：0.05 AUFS；

柱温：30℃。

4. 标准样的测定

待基线稳定后，取离心后的上清液 20 μL 注入色谱仪，除空白血浆离心液外，每一浓度均需重复进样 3 次。

5. 未知样的测定

取未知血样 0.50 mL，分别按步骤 1、4 操作。

附　注

(1) 用注射器吸取样品时不要抽入气泡。

(2) 用手拿离心后的血样时，注意不要振荡试管。

(3) 实验完毕后请用蒸馏水清洗注射器，以防注射器锈蚀。

五、实验数据处理

(1) 以 5 份标准品溶液中扑热息痛的浓度为横坐标，以相应的峰面积为纵坐标，绘出各测量点并给出工作曲线的线性方程。

(2) 由未知血样的测量值和工作曲线计算出未知血样中扑热息痛的浓度。

六、问题与讨论

(1) 若要知道本实验对扑热息痛的回收率，应如何计算？

(2) 为什么要作空白血样的分析？

(3) 除用标准曲线法定量外，还可采用哪些定量方法？各有什么优缺点？

实验26　高效液相色谱法测定可乐、茶叶及咖啡中咖啡因的含量

一、实验目的

(1) 理解反相色谱的原理和应用。

(2) 掌握标准曲线定量法。

二、实验原理

咖啡因又称咖啡碱，化学名为1,3,7-三甲基黄嘌呤，可由茶叶或咖啡提取而得的一种生物碱。咖啡因能兴奋大脑皮层，使人精神兴奋。咖啡中含咖啡因约为1.2%～1.8%，茶叶中约含2.0%～4.7%。可乐饮料、APC药片中均含咖啡因。其分子式为$C_8H_{10}O_2N_4$，结构式为：

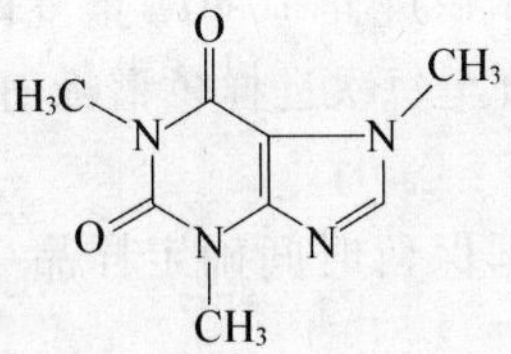

样品在碱性条件下，用氯仿定量提取，采用C18反相色谱柱进行分离，以紫外检测器进行检测，以咖啡因标准系列溶液的色谱峰面积对其浓度做工作曲线，再根据样品中的咖啡因峰面积，采用工作曲线法测定饮料中的咖啡因含量。

三、实验仪器与试剂

1. 仪器

液相色谱仪，色谱柱C18(3 μm,10 cm×4.6 mm)，平头微量注射器，超声清洗器，微孔滤膜。

2. 试剂

甲醇(色谱纯)，三氯甲烷(分析纯)，1 mol/L NaOH，NaCl(分析纯)，Na_2SO_4(分析纯)，咖啡因标准品，可口可乐(500 mL)，雀巢咖啡，茶叶。

1 000 mg/L咖啡因标准贮备液：将咖啡因在110 ℃下烘干1 h，准确称取0.100 0 g咖啡因，用三氯甲烷溶解，定量转移至100 mL容量瓶中，用三氯甲烷定容。

四、实验内容

1. 高效液相色谱参考条件

柱温：室温

流动相：甲醇

流速：1.0 mL/min

检测波长：275 nm

2. 样品的处理

(1) 可乐型饮料:取约 50 mL 样品超声脱气 5 min(赶尽样品中的二氧化碳)。

(2) 准确称取 0.125 0 g 咖啡用蒸馏水溶解,定量转移至 50 mL 容量瓶中,用蒸馏水定容,摇匀。

(3) 准确称取 0.150 0 g 茶叶,用 30 mL 蒸馏水煮沸 10 min,冷却后,将上层清液转移至 50 mL 容量瓶中,重复此操作 2 次,用蒸馏水定容。

将上述三份样品溶液分别进行过滤,弃去前滤液,取后面的过滤液。

分别吸取上述三份样品滤液 25.00 mL 于 125 mL 分液漏斗中,加入 1.00 mL 饱和 NaCl 溶液,1.00 mL NaOH 溶液,然后分别用 20 mL 三氯甲烷分三次萃取(10 mL、5 mL、5 mL)。将三氯甲烷提取液分离后经过装有无水硫酸钠小漏斗(在小漏斗的颈部放一团脱脂棉,上面铺一层无水硫酸钠)脱水,过滤于 25 mL 容量瓶中,用少量三氯甲烷多次洗涤无水硫酸钠小漏斗,将洗涤液合并至容量瓶中,用三氯甲烷定容至刻度。

3. 标准曲线的绘制

用 1 000 mg/L 咖啡因标准贮备液配制成咖啡因浓度分别为 40 μg/mL、60 μg/mL、80 μg/mL、100 μg/mL、120 μg/mL、140 μg/mL 的三氯甲烷溶液,待基线平稳后,按标准溶液浓度递增的顺序,由稀到浓依次等体积进样 10 μL,重复两次,要求两次所得的咖啡因色谱峰面积基本一致,否则,继续进样,直至每次进样色谱峰面积重复,记下峰面积和保留时间。

4. 样品测定

分别注入样品溶液 10 μL,根据保留时间确定样品中咖啡因色谱峰的位置,再重复两次,记下咖啡因色谱峰面积。

5. 实验结束后,按要求关好仪器。

附　注

(1) 测定咖啡因的传统方法是先经萃取,再用分光光度法测定。由于一些具有紫外吸收的杂质同时被萃取,所以测定结果有一定误差。液相色谱法先经色谱柱高效分离后再检测分析,测定结果正确。实际样品成分往往比较复杂,如果不先萃取而直接进样,虽然操作简单,但会影响色谱柱的寿命。

(2) 不同牌号的茶叶、咖啡中咖啡因含量有差异,样品量可酌量增减。

(3) 若样品和标准溶液需保存,应置于冰箱中。

(4) 为获得良好结果,标准和样品的进样量要严格保持一致。

五、数据处理

(1) 根据咖啡因标准系列溶液的色谱图,绘制咖啡因峰面积与其浓度的关系曲线(用方格坐标纸或 Excel、Origin 等作图软件)。

(2) 根据样品中咖啡因色谱峰的峰面积,由工作曲线计算可乐、咖啡、茶叶中咖啡因含量。

六、问题与讨论

(1) 用标准曲线法定量的优缺点是什么?

(2) 若标准曲线用咖啡因的峰高作图,能给出准确结果吗?与本实验的标准曲线相比何者优越?为什么?

实验 27　毛细管区带电泳法测定碳酸饮料中的苯甲酸钠

一、实验目的

(1) 学习毛细管电泳分析法的基本原理及其测定对象的特点。

(2) 了解毛细管电泳仪的结构和一般操作方法。

(3) 掌握用毛细管电泳法测定碳酸饮料中防腐抑菌剂苯甲酸钠含量的方法。

二、实验原理

毛细管电泳(Capillary electrophoresis,简称 CE)是以毛细管为分离通道,以高压电场为驱动力,依据样品中各组分之间淌度和分配行为上的差异而实现分离的一类液相分离技术。

1. 电泳

在电解质溶液中,带电粒子在电场作用下,以不同的速率向其所带电荷相反的电极方向迁移的现象叫电泳。单位电场下的电泳速度(ν/E)称为电泳淌度(μ_{em})或电迁移率。对于给定的荷电量为 q 的离子,在电场中运行时受到电场力(F_E)和溶液阻力(F_f)的共同作用,其中

$$F_E = qE$$

$$F_f = 6\pi\eta r\nu = 6\pi\eta r\mu_{em}E$$

式中:η 为介质黏度;r 为离子的流体动力学半径。在电泳过程达到平衡时,上述两种力方向相反,大小相等,即

$$qE = 6\pi\eta r\mu_{em}E$$

$$\mu_{em} = \frac{q}{6\pi\eta r}$$

因此,离子的电泳淌度与其荷电量呈正比,与其半径及介质黏度呈反比。带相反电荷的离子其电泳的方向相反。有些物质因其淌度非常相近而难以分离,可以通过改变介质的 pH 等条件,使离子的荷电量发生改变,使不同离子具有不同的有效淌度,从而实现分离。

2. 电渗流和电渗率

电渗流是 CE 中最重要的概念,是指毛细管内壁表面电荷所引起的管内液体的整体流动,其推动力来源于外加电场对管壁溶液双电层的作用。

CE 所用的石英毛细管表面的硅羟基在 pH=3 以上的介质中会发生明显的解离,使表面带有负电荷,促使溶液中的正离子聚集在表面附近,形成双电层。在高电压作用下,双电层中的水合阳离子引起流体整体朝负极方向移动,即电渗。单位电场下的电渗速度称为电渗率。在毛细管内,带电粒子的迁移速度等于电泳和电渗流两种速度的矢量和。正离子的电泳方向和电渗流的一致,迁移速度最大,因而最先流出;中性粒子的电泳速度为零,其迁移速度相当于电渗流的速度;负离子的电泳方向和电渗流的相反,但因电渗流速度一般大于电泳速度,因而负离子在中性粒子之后流出。各种粒子因迁移速度不同而实现分离。

电渗流主要取决于毛细管表面电荷的多寡。一般地,pH 越高则表面硅羟基的解离度

越大，电荷密度也越大，电渗流速率就越大。另外，电渗流还与毛细管表面的性质、电解质缓冲液的组成、黏度、温度和电场强度等有关。能与毛细管表面作用的物质如表面活性剂、有机溶剂、两性离子等都会对电渗流产生很大的影响。利用这种现象，可以达到电渗控制的目的。温度升高可以降低介质黏度，增大电渗流。电场强度越大，电渗流越大。电渗流的方向一般是从正极到负极，然而在溶液中加入阳离子表面活性剂，随着浓度由小变大，电渗流逐渐减小直至为零，再增加阳离子浓度，出现反向电渗。在分析小分子有机酸时，这是常用的电渗流控制技术。

电渗是CE中推动流体前进的驱动力，它使整个流体像一个塞子，以均匀的速度向前运动(塞式流)，溶质区带在毛细管内呈扁平塞形，不易扩张。而在HPLC中，采用的压力驱动方式使柱中流体呈抛物线形，中心处速度是平均速度的两倍，导致溶质区带扩张，使分离效率不如CE。

增加组分的迁移速度是减少谱带展宽、提高分离效率的重要途径之一。增加电场强度可以提高迁移速率，但高场强也会导致通过毛细管的电流增加，增大焦耳热(自热)。焦耳热使流体在径向产生抛物线形的温度分布，即管轴中心温度比近壁处高。因溶液的黏度随温度升高呈指数下降，温度梯度使流动相的黏度在径向产生梯度，从而影响流动相的迁移速度，使管轴中心的溶质分子比近壁处的迁移速度快，造成溶质谱带展宽。

3. 毛细管电泳仪的基本结构

图4-10为毛细管电泳仪的基本结构示意图。其组成部分主要有进样系统、高压电源、缓冲液瓶(包括样品瓶)、毛细管和检测器。

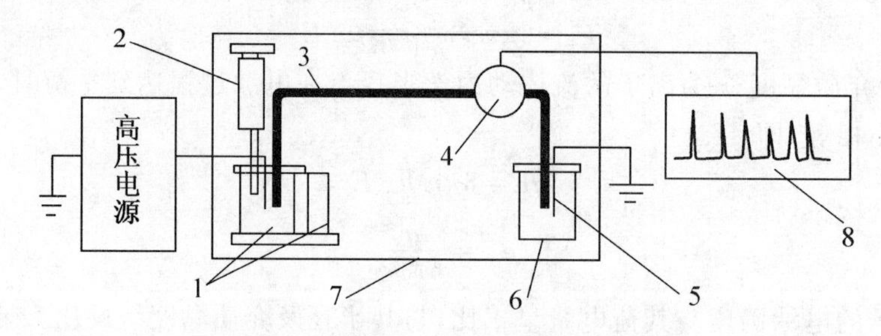

图4-10 毛细管电泳系统的基本结构

1. 高压电极槽与进样机构 2. 填灌清洗机构 3. 毛细管 4. 检测器
5. 铂丝电极 6. 低压电极槽 7. 恒温机构 8. 记录/数据处理

进样一般采用电动法和压力法。电动法是将毛细管进样端插入样品溶液后加上电压，样品组分因电迁移和电渗作用而进入毛细管中。改变电压和进样时间可获得不同的进样量。由于在电动进样过程中，迁移速度较大的组分进样较多，因而存在进样偏向，会降低分析结果的准确性和可靠性。利用压缩气体可以实现压力进样。在毛细管两端加上不同的压力，管中溶液发生流动而将样品带入毛细管。进样量与两端压差及进样时间相关。可以采用正压或负压进样，一般气压取值约为0.5 psi，进样时间约5 s。压力进样没有组分偏向问题，是最常用的进样方式。

高压电源为分离提供动力，商品化仪器的输出直流电压一般为0～30 kV，也有采用60 kV～90 kV的。大部分直流电源都配有输出极性转换装置，可以根据分离需要选择正电压或负电压。一般要求高压电源能以恒压、恒流或恒功率等模式供电。对于高电压，商品仪器一般都有安全保护措施，在漏电、放电等危险情况下，高压电源自动关闭，保持操作环境干燥及降低分离电压可防止高压放电。

缓冲液瓶多采用塑料（如聚丙烯）或玻璃等绝缘材料制成，容积为 1～3 mL。考虑到分析过程中正、负电极上发生的电解反应，体积大一些的缓冲液瓶有利于 pH 的稳定。

毛细管是 CE 分离的核心部件，普遍采用的毛细管是弹性熔融石英毛细管。由于石英毛细管脆且易折断，在其外表面涂附聚酰亚胺增加其弹性。市售的毛细管一般有内径 50 μm、75 μm 和 100 μm 等几种，根据分离度的要求，可选用 20～100 cm 长度。进样端至检测器间的长度称为有效长度。弹性熔融石英毛细管分无涂层及有涂层两种。由于聚酰亚胺涂层不透明，所以经过检测窗口处的毛细管外涂层必须剥离。为解决焦耳热引起的分离度下降及环境温度变化引起的分离不重现性问题，在毛细管电泳仪中设有温度控制系统，恒温控制分空冷和液冷两种，其中液冷效果较好。

紫外-可见检测器是 CE 中最常采用的检测器，分为固定波长检测器和二极管阵列检测器两类。前者采用滤光片或光栅选取所需检测波长，结构简单，灵敏度比后者高。二极管阵列检测器可得到吸光度-波长的三维图谱，可用于在线光谱定性。一般均采取柱上检测方式，也可实现柱后检测。

4. 毛细管电泳的分离模式及分离条件

CE 有毛细管区带电泳（CZE）、毛细管胶束电动色谱（MECC）、毛细管凝胶电泳（CGE）、毛细管等电聚焦（CIEF）、毛细管等速电泳（CITP）和毛细管电色谱（CEC）六种分离模式，本实验采用 CZE 法。

CZE 是最简单的 CE 分离模式，因为毛细管中的分离介质只是缓冲液。在电场的作用下，样品组分以不同的速率在区带内迁移而被分离。在 CZE 中，影响分离的因素主要有缓冲溶液（包括缓冲液的种类、pH、浓度）、添加剂、电泳电压、电泳温度、毛细管柱。

缓冲液种类的选择通常须遵循下述要求：① 在所选择的 pH 范围内有很好的缓冲容量；② 在检测波长处无吸收或吸收很低；③ 自身的电泳淌度低，即分子大而荷电小，以减小电流的产生，减小焦耳热；④ 尽量选用电泳淌度与溶质相近的缓冲溶液，有利于减小电分散作用引起的区带展宽，提高分离效率。缓冲溶液的 pH 依样品的性质和分离效率而定。增大缓冲液的浓度一般可以改善分离，但电渗流会降低，延长分析时间，过高的盐浓度还会增加焦耳热，使分离度下降。

常用的缓冲溶液有磷酸盐、硼酸盐及醋酸盐缓冲溶液，浓度在 10～200 mmol/L。缓冲液添加剂多为有机试剂，如甲醇、乙腈和阳离子表面活性剂等。主要作用是增加样品在缓冲液中的溶解度，抑制样品组分在毛细管壁上的吸附，改善峰形。阳离子表面活性剂还能使电渗流反向。

提高分析电压有利于提高分离效率和缩短分析时间，但过高的电压会引起焦耳热增加，区带展宽，导致分离效率降低。

温度的变化可以改变缓冲液的黏度，从而影响电渗流。

毛细管内径越小，分离效率越高，但样品容量越低；适当增加毛细管的长度也可以提高分离效率，但分析时间将会延长。

三、实验仪器与试剂

1. 仪器

P/ACE MDQ 毛细管电泳仪(Beckman 公司,美国)配有二极管阵列检测器,50 cm×75 μm(i. d.)非涂渍石英毛细管,分析天平,超声波清洗仪,纯水仪,容量瓶,移液管,0.45 μm 微孔滤膜,10 mL 注射器,抽滤瓶。

2. 试剂

(1) 苯甲酸钠(C_6H_5COONa)(AR),氢氧化钠(NaOH)(AR),硼砂($Na_2B_4O_7 \cdot 10H_2O$)(AR),纯水(由纯水仪制得),碳酸饮料(市售,如雪碧)。

(2) 0.20 mol·L^{-1} NaOH 溶液:称取 4.0 g 固体氢氧化钠,溶于 500 mL 纯水中。

(3) 20 mmol·L^{-1} $Na_2B_4O_7 \cdot 10H_2O$ 缓冲液:称取 7.62 g 四硼酸钠,用适量纯水超声溶解后转入 1 000 mL 容量瓶中,用纯水定容至刻度,摇匀。

(4) 1.0 g·L^{-1} 苯甲酸钠标准贮备液:称取适量苯甲酸钠(准确至±0.000 1 g),用 $Na_2B_4O_7 \cdot 10H_2O$缓冲液溶解定容。

配制的溶液需经 0.45 μm 滤膜过滤后方可使用。

四、实验内容

1. 苯甲酸钠标准工作溶液

准确吸取苯甲酸钠贮备液 1.00 mL、2.00 mL、4.00 mL、6.00 mL、8.00 mL、10.00 mL 分别置于 6 只 50 mL 容量瓶中,以 $Na_2B_4O_7 \cdot 10H_2O$ 缓冲液定容,得苯甲酸钠标准工作液,其浓度分别约为 0.02 g·L^{-1}、0.04 g·L^{-1}、0.08 g·L^{-1}、0.12 g·L^{-1}、0.16 g·L^{-1}和 0.20 g·L^{-1}(保留三位有效数字)。

2. 饮料试液

将市售雪碧饮料用超声波清洗仪超声脱气,准确吸取雪碧样品 15.00 mL 于 50 mL 容量瓶中,用 $Na_2B_4O_7 \cdot 10H_2O$ 缓冲液定容,摇匀,用 0.45 μm 滤膜过滤备用。

3. 电泳条件

检测波长 225 nm;分离电压 20 kV;温度 25℃;气压进样 0.7 psi×5 sec;运行缓冲液:20 mmol·L^{-1}四硼酸钠溶液。

4. 实验步骤

(1) 接通电源,打开毛细管电泳仪开关,打开计算机,点击桌面操作软件图标,进入毛细管电泳仪控制界面,预热 10~20 min。

(2) 将 0.20 mol·L^{-1} NaOH 溶液、纯水和缓冲液装入小储液瓶,依次放入电泳仪的进口端(Inlet),废液瓶放入出口端(Outlet),记录各瓶的相应的位置。第一次进样前,依次用 0.2 mol·L^{-1} NaOH 冲洗(Rinse)2 min,纯水冲洗 5 min,20 mmol·L^{-1} $Na_2B_4O_7 \cdot 10H_2O$ 冲洗 5 min。以后各样品之间用 20 mmol·L^{-1} $Na_2B_4O_7 \cdot 10H_2O$ 冲洗 3 min,清洗气压 30 psi。冲洗完成后,毛细管中充满运行缓冲液。

(3) 将苯甲酸钠标准工作液装入小储液瓶,依次放入进口端,记录各瓶位置。按电泳条件设置参数,进样(Inject)运行。以峰面积 A 为纵坐标,以浓度 c 为横坐标,绘制工作曲线。

(4) 将饮料试液放入进口端进样运行。

(5) 完成实验以后,关闭检测器电源,用水冲洗毛细管 10 min。若毛细管长期不用,水冲洗以后再用空气吹干 10 min,待冷凝液回流后关闭主机电源,关闭控制界面,关闭计算机,切断电源。

附 注

(1) 必须将毛细管电泳仪放置于环境干燥的室内,防止在潮湿环境中发生高压放电。

(2) 储液瓶的液面高度不得低于 1/2,也不可超过瓶颈。瓶口和瓶盖不得沾有液体,如果有液体存在要将液体擦干。

(3) 储液瓶盖不可用洗涤剂长时间浸泡或放入烘箱烘干,否则会导致瓶盖的老化。

(4) 缓冲液使用一段时间后,淌度和电渗流会变化,需经常更换。

(5) 用于装废液的储液瓶要及时清理,不可过满,过高的废液量既会污染毛细管,也会造成气路的阻塞。

(6) 在实验过程中,应注意补充清洗毛细管用的水、碱液及缓冲液。

(7) 样品及缓冲液用 0.45 μm 微孔滤膜过滤后方可使用。

(8) 仪器运行期间不得打开 Sample Cover,只有托盘在 Load 状态才可以打开 Sample Cover 和 Cartridge Cover。

(9) 每次做完实验后,均要用水冲洗 5～10 min,并将毛细管两端置于水中保存养护。如果长期不用,应将毛细管用氮吹干后再关机,在关机之前必须使样品及缓冲溶液托盘处于 Load 状态。

五、数据处理

饮料样品中苯甲酸钠的含量($g \cdot L^{-1}$)按下式进行计算:

$$c=c_0\times\frac{50}{15}$$

式中:c 为饮料样品中苯甲酸钠的含量,$g \cdot L^{-1}$;c_0 为根据苯甲酸钠的峰面积在工作曲线上求得的饮料试液中苯甲酸钠的含量,$g \cdot L^{-1}$。

六、问题与讨论

(1) 毛细管电泳分离的原理是什么?

(2) 如何判定雪碧样品中的未知峰为苯甲酸钠的组分峰?

(3) 在实验中进入毛细管的样品均需用滤膜过滤,为什么?

(4) 尝试测定可口可乐试样中是否含有苯甲酸钠。

实验 28 离子色谱法测定地表水中的痕量阴离子

一、实验目的

(1) 了解离子色谱法分离和测定试样组分的原理及测定对象的特点和范围。

(2) 掌握离子色谱法分离效能的主要影响因素。

(3) 学习离子色谱仪的一般操作方法。

(4) 学习用离子色谱同时测定实际样品中多种离子浓度的方法。

二、实验原理

离子色谱法是一门从液相色谱法中独立出来的色谱分离技术，它以低交换容量的离子交换树脂为固定相，电解质溶液为流动相（淋洗液）对离子性物质进行分离。电导检测器是其最常用的检测器之一。为消除淋洗液中的强电解质对电导检测的干扰，于分离柱和检测器之间连接一根抑制柱。

离子色谱仪由高压恒流泵、六通进样阀、分离柱、抑制器、检测器和数据处理系统等组成（见图 4-11）。装样时，待测溶液被截留在定量环内；进样时，淋洗液通过定量环将样品冲洗到分离柱中。在分离柱中发生如下交换过程：

$$\text{Resin}-\text{NR}_3{}^+\text{HCO}_3{}^- + \text{A}^- \underset{\text{洗脱}}{\overset{\text{交换}}{\rightleftharpoons}} \text{Resin}-\text{NR}_3{}^+\text{A}^- + \text{HCO}_3{}^-$$

$$\text{Resin}-\text{NR}_3{}^+\text{HCO}_3{}^- + \text{B}^- \underset{\text{洗脱}}{\overset{\text{交换}}{\rightleftharpoons}} \text{Resin}-\text{NR}_3{}^+\text{B}^- + \text{HCO}_3{}^-$$

式中：Resin 代表离子交换树脂；A 和 B 代表不同的阴离子。根据离子特性（如离子半径、电荷数等）的差异，不同的阴离子与带正电荷的季铵功能基之间的作用力不同，造成离子在分离柱中的迁移速度不同，从而达到分离的目的。经过分离后的离子依次流出色谱柱进入检测系统。

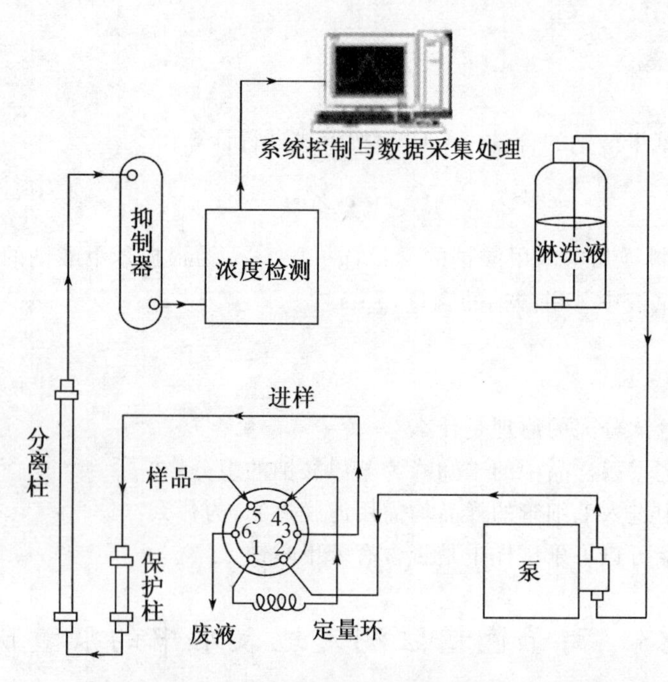

图 4-11 离子色谱仪的主要构成

检测器是用来连续监测经色谱柱分离后的流出物的组成和含量变化的装置。待测物的某一物理或化学性质与流动相有差异，当溶质从色谱柱流出时，会导致流动相背景值发生变化，从而在数据处理系统上以色谱峰的形式记录下来。电导检测器测定的是待测物质的电导率，溶液中的离子越多，在两电极间通过的电流越大。在低浓度时，电导率直接与溶液中导电物质的浓度成正比。

为了降低检出限和提高灵敏度，需要降低流动相的背景电导，并将被测离子定量转变成具有更高电导率的形式。抑制器连接在分离柱与检测器之间，分离柱流出物从一端注入抑制器，再生液从相反的另一端注入抑制器。在抑制器中，流动相与抑制柱固定相之间进行如下的离子交换反应：

$$R—H^+ + Na^+ HCO_3^- \longrightarrow R—Na^+ + H_2CO_3$$

$$2R—H^+ + Na_2^{2+} CO_3^{2-} \longrightarrow 2R—Na^+ + H_2CO_3$$

$$R—H^+ + M^+ X^- \longrightarrow R—M^+ + HX$$

可见，从抑制器中流出时，淋洗液中的 Na_2CO_3、$NaHCO_3$ 已经被转变成电导很小的 H_2CO_3，而且试样中的盐 MX 也被转变成相应的强酸 HX，达到降低背景电导和增加溶质电导的目的，使信噪比得到显著提高。分析阴离子时通常用稀硫酸作再生液。

在进行离子色谱分析时，涉及测量及信号处理等关键步骤，可通过保留时间、流出物的特性以及峰高或峰面积的大小进行定性和定量分析。

① 定性分析　待测组分在色谱图中出现的位置(即保留时间)与待测组分的性质密切相关。测定样品中各组分的峰保留时间，并与相同条件下测得的标准物质的峰保留时间进行比较，保留时间相同即初步确定为同一物质。

② 定量分析　色谱定量分析的依据是被测物质的量与它在色谱图上的峰面积呈正比(峰形较好时与峰高呈正比)，即

$$m = fA \text{ 或 } m = f'H$$

操作条件确定时：

$$c = fA \text{ 或 } c = f'H$$

式中：c 是待测物质的浓度；A 是峰面积；H 是峰高；f 和 f' 是相应的比例常数。

三、仪器与试剂

1. 仪器

离子色谱仪，超声波发生器，微量进样器(100 μL)。

2. 试剂

(1) NaF，KCl，NaBr，K_2SO_4，$NaNO_2$，NaH_2PO_4，$NaNO_3$，Na_2CO_3，$NaHCO_3$，浓 H_2SO_4，均为优级纯。

(2) 超纯水：电阻率≥18.0 MΩ，0.22 μm 滤膜过滤。

(3) 淋洗储备液($NaHCO_3$－Na_2CO_3)：分别称取 16.8 g $NaHCO_3$ 和 74.2 g Na_2CO_3 溶于超纯水，转移至 1 000 mL 容量瓶中，定容。该淋洗储备液中 $NaHCO_3$ 的浓度为 100 mmol·L^{-1}，Na_2CO_3 的浓度为 350 mmol·L^{-1}。

(4) 七种阴离子标准储备液：分别称取适量 NaF、KCl、NaBr、K_2SO_4(105℃烘干 2 h，保存在干燥器中)、$NaNO_2$、NaH_2PO_4、$NaNO_3$(干燥器内干燥 24 h 以上)，分别溶于水中，转移至各一只 1 000 mL 容量瓶中，分别加入 10.00 mL 洗脱储备液，并用超纯水定容。七种标准储备液中各阴离子的浓度均为 1.00 mg·mL^{-1}。

(5) 七种阴离子混合标准使用液：按表 4－3 分别吸取上述七种标准储备液加入同一只

100 mL 容量瓶中，再加入 5.00 mL 洗脱液，用超纯水定容。该标准混合标准使用液中各阴离子浓度如下表 4-3 所示。

表 4-3　标准混合液的配制

标准储备液	NaF	KCl	NaBr	$NaNO_3$	$NaNO_2$	K_2SO_4	NaH_2PO_4
V/mL	2.00	3.00	5.00	1.00	5.00	25.00	25.00

表 4-4　标准混合使用液中各阴离子的浓度

阴离子	F^-	Cl^-	Br^-	NO_3^-	NO_2^-	SO_4^{2-}	PO_4^{3-}
$c/\mu g \cdot mL^{-1}$	20.00	30.00	50.00	10.00	50.00	250.00	250.00

（6）淋洗液（$NaHCO_3$ - Na_2CO_3）的配制：分别称取 0.168 g $NaHCO_3$ 和 0.742 g Na_2CO_3（于 105℃下烘干 2 h，并保存在干燥器内）溶于超纯水，并转移到洗脱液储瓶中，加入超纯水至刻度 2 L，摇匀。用超声波发生器脱气处理，得 1.0 mmol · L^{-1} $NaHCO_3$ 和 3.5 mmol · L^{-1} Na_2CO_3混合淋洗液。

（7）再生液：在 100 mL 超纯水中缓缓加入 4.7 mL 浓 H_2SO_4，搅拌均匀后转移至再生液储瓶中，继续加入超纯水至刻度 2 L，摇匀。

四、实验内容

1. 离子色谱仪的操作条件

（1）分析柱：IonPac AS14 分离柱（4 mm×250 mm）；IonPac AG14 保护柱（4 mm×50 mm）。

（2）抑制器：MMS Ⅲ型抑制器。

（3）淋洗液（Na_2CO_3 - $NaHCO_3$）流量：1.2 mL · min^{-1}。

（4）电导池：5 极。

（5）进样量：10 μL。

2. 操作步骤

（1）打开仪器主机和工作站软件，进行基线采集，待基线采集稳定后开始进样。

（2）吸取上述七种阴离子储备液各 0.50 mL，分别置于 7 只 50 mL 容量瓶中，各加入储备液 0.50 mL，加超纯水稀释至刻度，摇匀，即得各阴离子标准使用液。

（3）分别吸取 2 mL 各阴离子标准使用液进样（实际进样体积由定量环决定），记录各离子的保留时间，均重复进样 2 次，取平均值。

（4）工作曲线的绘制分别吸取阴离子标准混合使用液 2.00 mL、4.00 mL、6.00 mL、8.00 mL、10.00 mL 于 5 只 100 mL 容量瓶中，各加入 1 mL 洗脱储备液，用超纯水定容。分别吸取 2 mL 各浓度的混合标准溶液进样检测。

（5）地表水样 100 mL，加 1.00 mL 洗脱储备液，摇匀（对测定结果要求较高时需作 101/100体积较正），经 0.45 μm 微孔滤膜过滤后，按同样操作条件进样检测。

五、实验数据处理

（1）记录各阴离子的峰保留时间 t_R，填入表 4-5 中。

表 4－5　各阴离子的峰保留时间

离　子	t_R/min		
	第一次	第二次	平均值
F^- Cl^-			
Br^-			
NO_2^-			
NO_3^-			
SO_4^{2-}			
PO_4^{3-}			

（2）记录标准混合使用液色谱图中各峰的保留时间 t_R，与表 4－3 进行比较，确定各色谱峰的归属，记录各峰的峰面积，填入表 4－6 中。

表 4－6　溶液浓度与各离子峰面积数据表

样　品	c/μg·mL^{-1}	F^-	Cl^-	Br	NO_3^-	NO_2^-	SO_4^{2-}	PO_4^{3-}
标准溶液系列								
地表水样	第一次							
	第二次							

（3）求得各离子的 $A \sim c$ 工作曲线。

（4）确定地表水色谱图中各色谱峰所代表的组分，根据峰面积 A 和工作曲线确定地表水中各离子的含量。

六、问题与讨论

（1）简述离子色谱法的分离机理。

（2）为什么在每一份试液中都要加入 1% 的洗脱液成分？

（3）为什么离子分离柱不需要再生，而抑制柱需要再生？

（4）为什么淋洗液需要进行脱气处理？

实验 29　凝胶色谱法测定高分子聚合物的分子量分布

一、实验目的

（1）了解凝胶色谱仪的基本结构和凝胶色谱法的基本原理。

（2）运用凝胶色谱法测试 PVC 树脂的平均分子量及分子量分布。

二、实验原理

1. 凝胶色谱法的基本原理

凝胶色谱法是根据溶质分子尺寸的不同进行分离的。它的分离过程是在装有多孔物质(如交联聚苯乙烯、多孔玻璃、多孔硅胶)的填料柱中进行的。填料的孔径在制备时已加以控制,整个柱用溶剂淋洗。一个填料的颗粒含有很多不同尺寸的孔,这些孔对于溶剂分子来说是很大的,它们可以自由地扩散出入。如果溶质分子也足够小,则可以不同程度地向孔中扩散。体积较大的溶质分子只能进入数量较少的、比较大的孔,而体积较小的分子除了能进入那些较大的孔以外,还可以进入另外一些较小的孔。所以随着溶质分子尺寸的减小,可以占有的孔体积迅速增加。当具有一定分子质量分布的 PVC 树脂溶液从柱中通过时,较小的分子在柱中停留的时间比大分子停留的时间长,于是整个样品即按尺寸的顺序而分开,大分子先被淋洗出,小分子后被淋洗出,分离后的样品以谱带的形式进入检测器。

2. 凝胶渗透色谱仪

凝胶渗透色谱仪(GPC)通常由溶剂贮存器、过滤脱气装置、高压输液泵、进样装置、色谱柱及柱前过滤器、检测器、自动样品收集装置、记录仪和自动数据处理系统等部分组成。

从溶剂贮存器出来的溶剂过滤真空脱气后进入柱塞泵,由泵压出的溶剂经柱前预过滤器进入色谱柱。从进样器进来的试样经溶剂输送,经过色谱柱分离后,被分离的组分先后经过示差折光检测器的样品池,与充满溶剂的参比池之间产生检测信号。体积标记器每隔一定的体积以光电信号输入记录仪,在 GPC 淋洗曲线上做一相应的标记,在记录纸上则得到一个反映聚合物分子量分布或分离情况的谱图。

色谱柱是凝胶渗透色谱仪的心脏,是实现分离作用的关键和最重要的部件。色谱柱主要由柱子、凝胶填料、密封环、过滤板及柱头等部件组成。根据高效 GPC 的特点,色谱柱应具备耐高压高温、耐腐蚀、抗氧化、密封不漏液及柱内死体积小等性能。此外对填料质量和装柱技术也有严格要求,以提高柱效和延长柱子的使用寿命。

为了能承受高压和不受流动相的化学腐蚀,一般商品色谱柱都采用优质不锈钢制造。对于操作压力不高(一般在 3 000 kPa 以下)的简易凝胶渗透色谱实验,亦可用厚壁硬质玻璃柱。玻璃柱的优点是内壁光滑,这对于均匀填充柱子是非常重要的。不锈钢柱的内壁必须进行精细的抛光处理,否则就不可能填充均匀,柱效将受到严重影响。例如,用同样的柱填料装柱,精细抛光的不锈钢柱和玻璃柱的理论塔板高度只有普通不锈钢柱的三分之一。柱长越长,柱效越高,在实践中可根据需要将几根柱子串联起来。凝胶渗透色谱柱一般多用内径为 4～10 mm 不锈钢柱,柱长为 300～1 200 mm,柱的形状为圆管直线形,其他形状(如 U 形或螺旋形)很少使用。因弯曲柱内外径通过的距离不同,会产生“跑道”效应而降低柱效。

用于凝胶渗透色谱的检测器类型很多,使用最多的检测器是示差折光检测器、紫外吸收检测器、示差-紫外吸收双检测器、快速扫描紫外-可见分光光度检测器、红外吸收检测器、自动黏度计检测器和激光光散射检测器等。用于凝胶渗透色谱的检测器,主要是检测试样经色谱柱分离后的各组分的分子量及其相对含量,以及作为按分子尺寸大小分离后的各组分的浓度和含量。

3. 色谱柱的标定

凝胶渗透色谱测定高聚物的分子量分布,是一种相对的测定方法。因此,对给定的色谱柱或柱组,需要用标准样品或绝对分子量来标定其淋洗体积和分子量或分子尺寸大小之间的关系。常用的方法有:单分散标样标定法、宽分布标样线性标定法、普适标定法和渐近法等。

用单分散标样来标定色谱柱一般至少需要5～8个窄分布标样。用光散射法、渗透压法、黏度法或VPO法测定准确的分子量,各种方法测得的分子量必须一致。然后分别按分子量范围大小配制成0.05%～0.5%的溶液,用微量注射器吸取一定量(一般100～200 μL)的标准溶液注入色谱系统,在既定的GPC条件下进行分析。从得到的GPC谱图的峰值找出各标样所对应的淋洗体积V_e。以标样分子量M的对数$\lg M$对淋洗体积V_e作图,得到$\lg M \sim V_e$校正曲线。该校正曲线在一个或几个数量级的分子量范围内呈直线关系。

如果我们采用窄分布的聚苯乙烯标样进行GPC柱子的标定,用以测定其他类型的聚合物,则由此计算而得的分子量只能是"类聚苯乙烯",而不是欲测定聚合物的真实分子量。GPC的关键是要通过校正曲线,求得聚合物的真实分子量。

Benoit等人证明,在GPC分离中,流体力学体积应定义为特性黏度$[\eta]$与分子量M的乘积。1967年,Grubisic等提出以高分子链的流体力学体积$[\eta] \cdot M$作为GPC的通用校正参数。通过对不同类型的高分子在相同的GPC条件下进行试验,并以$\lg([\eta] \cdot M)$对V_e作图,发现实验点都落在同一条直线上。因此,把用试样的$[\eta] \cdot M$来标定色谱柱的方法叫作普适标定,它的普适性已得到广泛认可。

对于不同的高聚物,如果在相同的实验条件(柱子、溶剂、流速、检测器、温度等)进行GPC分析,若它们的淋洗体积V_e相同,则这两种高聚物的流体力学体积应相等,即

$$[\eta]_1 \cdot M_1 = [\eta]_2 \cdot M_2$$

式中下标1和2分别代表标样和试样,它们的特性黏度相对分子量方程分别为:

$$[\eta]_1 = K_1 \cdot M_1^{\alpha_1}$$

$$[\eta]_2 = K_2 \cdot M_2^{\alpha_2}$$

代入第一式即得:

$$K_1 \cdot M_1^{\alpha_1+1} = K_2 \cdot M_1^{\alpha_2+1}$$

将上式取对数,并经过适当变换,可得下式:

$$\lg M_2 = \frac{1}{\alpha_2+1}\lg\left(\frac{K_1}{K_2}\right) + \left(\frac{\alpha_1+1}{\alpha_2+1}\right)\lg M_1$$

或

$$M_2 = \left(\frac{K_1}{K_2}\right)^{\frac{1}{\alpha_2+1}} M_1^{\frac{\alpha_1+1}{\alpha_2+1}}$$

上式中K_1、K_2、α_1、α_2在固定条件下均为常数。只要知道了两高聚物在该条件下的参数K_1、α_1和K_2、α_2值,就可由第一种高聚物(标样)的$\lg M \sim V_e$标定曲线,通过上式直接转换为另一种高聚物(试样)的$\lg M \sim V_e$标定曲线而直接应用。

高效凝胶色谱仪配示差折光检测器及黏度检测器。示差折光检测器测定样品的浓度,黏度检测器测定样品的特性黏度$[\eta]$,在相同试验条件下,具有相同淋洗体积的聚乙烯和聚苯乙烯具有相同的流体力学体积$[\eta] \cdot M$。根据普适校正原理:$\lg([\eta] \cdot M)$与V_e呈线性关系。由于样品注入色谱系统后随流动相进入凝胶色谱柱,聚合物是由不同分子量组成的混合物,因此凝胶色谱的计算过程是数据统计过程。根据样品的黏度确定其分子量淋洗规律,按示差检测器给出的浓度数据得到数均分子量(M_n)、重均分子量(M_w)、粘均分子量(M_v)的

结果及其分布。

三、实验仪器与试剂

1. 仪器

高效凝胶色谱仪：配示差折光检测器及黏度检测器，美国 Waters 公司。

2010 色谱工作站。

凝胶色谱柱：HT-3、HT-4、HT-5、HT-6 型 4 根甲苯柱串联，美国 Waters 公司。

500 mL 溶剂过滤脱气装置。

0.5 μm 滤膜。

2. 试剂

四氢呋喃：使用前用滤膜经溶剂过滤脱气装置过滤(作流动相)。

聚苯乙烯标样。

四、实验步骤

1. 制样

将适量 PVC 树脂溶于四氢呋喃中，必须完全溶解，若有不溶物则需过滤，以防止柱的堵塞与损坏。由于凝胶色谱中通常采用的示差折光检测器对浓度的响应灵敏度不高，因此试样浓度不宜过稀。但另一方面，柱的负荷量有限，浓度过大时又易发生“超载”现象。一般情况下，进样浓度按分子质量大小的不同控制在 0.05%～0.3%(质量分数)范围内。分子质量越大，溶液浓度越低。

2. 设定凝胶色谱操作条件

测试温度为室温，流速 1.0～5.0 mL·min^{-1}，进样量 400 μL，测试周期 10～30 min。

3. 系统平衡

试样测定前数小时开机，待基线稳定后才能进样。仪器达到基线稳定的时间随仪器状况、色谱柱数、柱温而异。采用示差折光检测器的仪器一般需要比较长的时间才能使基线走稳，这是因为示差折光检测器是通用型检测器，需要较长的时间才能使溶剂在色谱柱和检测器内达到平衡。

4. 进样

待基线稳定后，用四氢呋喃洗净注射器，开始进样。进样时不允许带有气泡。仪器自动记录各组分的色谱峰，根据色谱图可以得到各组分的保留值、峰高、半峰宽和峰面积等。

5. 建立校正曲线

目前最常用的标样是离子型聚合的聚苯乙烯，分子质量为 6×10^2～3×10^6。校正曲线就是用一组已知相对分子质量的单分散标准样品，在相同测试条件下作一系列 GPC 色谱图，以它们的峰值位置的 V_e 对标样分子质量的对数($\lg M$)作图得到的曲线。标定一根色谱柱需要使用 5 个以上分子质量窄分布不同的标样，分别按分子质量范围配制 0.5%～0.3%的溶液。将 9 个窄分布聚苯乙烯标样按照分子量差异分为 3 组，配制一定的样品浓度，在相同的仪器操作条件下测试，从峰值找到各标样的 V_e，以 $\lg M$ 对 V_e 作图，可得到校正曲线。

五、实验数据处理

根据已做好的校正曲线，用数据处理软件处理数据，根据从柱中抽提的溶液浓度和在柱中的保留时间，可得到PVC树脂的分子质量分布曲线、重均分子质量、数均分子质量、黏均分子质量、分布宽度指数等。

六、问题与讨论

(1) 凝胶色谱法的原理是什么？

(2) 如何标定色谱柱？

实验30　复合氨基酸的分析

一、实验目的

(1) 掌握阴离子交换色谱-积分脉冲安培法分析氨基酸的基本原理和定性定量方法。

(2) 了解氨基酸分析仪的仪器结构和操作方法。

(3) 学习色谱工作站的使用方法。

二、实验原理

1. 基本原理

氨基酸具有两性离子结构(图4-12)，在酸性介质中，以氨基阳离子状态存在；在碱性介质中，以羧基阴离子状态存在。这是离子交换分析氨基酸的基础。

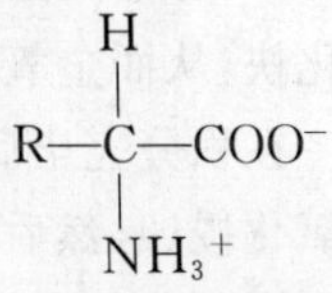

$$\begin{array}{c} H \\ | \\ R{-}C{-}COO^- \\ | \\ NH_3^+ \end{array}$$

图4-12　氨基酸分子结构式

高效阴离子交换色谱-脉冲安培检测法分析氨基酸时，采用疏水性薄壳型强碱性阴离子交换树脂为固定相，氢氧化钠和乙酸钠为流动相梯度淋洗，积分脉冲安培法直接检测。其中氢氧化钠不仅提供淋洗离子OH^-，而且其碱性pH条件也是氨基酸在金电极表面进行氧化反应，实现积分脉冲安培检测的必需条件。乙酸根离子(Ac^-)对固定相的亲和力大于OH^-，它对于极性较小，保留较强的氨基酸起到强洗脱的作用。在强碱性介质中，氨基酸分子中的羧基可以形成阴离子，而在适当的外加电压下氨基酸分子中的氨基会在贵金属(铂、金)电极表面发生氧化反应，从而实现氨基酸的阴离子交换色谱-脉冲安培检测分析。

积分脉冲安培检测是在三电极检测池上进行的，检测电位施加在金电极表面和Ag/AgCl参比电极之间。待测物在氧化过程中产生的电子转移到金电极表面，导致在金电极和对电极之间产生电流。使用两个附加的独立电极(参比电极和对电极)有助于将通过参比电极的电流减小到最低，从而保持参比电极在长时间内的稳定性。金电极表面待测物氧化所产生的电流可以通过一段时间的积分来测量，检测信号的单位是纳库(nC)。

由于在金电极上得到氨基的最大氧化电流所需的电位超过金表面氧化的电位，金电极表面氧化所产生的电流无疑会增加背景和基线噪声并造成基线不稳。通过对检测氨基酸施加的电位和时间参数进行优化，可以克服基线漂移，改善线性、信噪比和长时间的重复性，并且不损坏金工作电极。优化后的波形如图4-13所示，分为三个区，E1和E2为吸附/引发区，E3和E4为电流积分区，E5和E6为清洗/活化区。

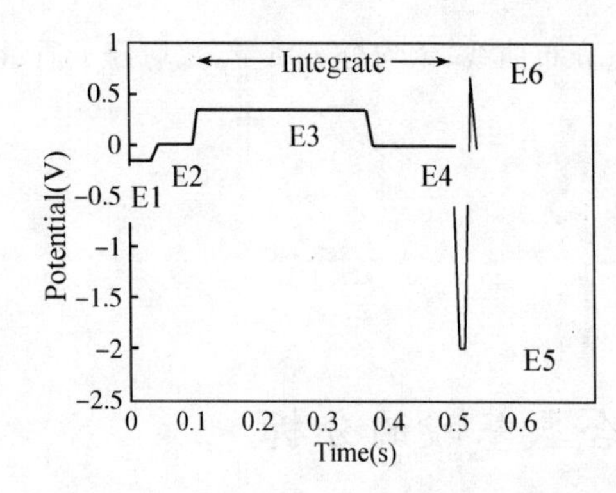

Time(ms)	Pot, Inrag	
0.00	−0.20	
0.04	−0.20	
0.05	−0.05	
0.11	−0.05	Begin
0.12	−0.28	
0.41	−0.28	
0.42	−0.05	
0.56	−0.05	End
0.57	−2.00	
0.58	−2.00	
0.50	−0.60	
0.60	−0.20	

图 4-13 测定氨基酸的积分安培电位波形图

E1 一般为负电位，其大小和持续时间影响吸附氨基酸的灵敏度，导致吸附氨基酸和非吸附氨基酸的响应因子的扩大，影响碱性氨基酸的线性范围，因此必须控制 E1 的持续时间，一般小于 40 ms。

E2 提供一个可以开始积分而氧又不会被还原的电位，减小由于乙酸钠梯度所引起的色谱基线改变以及不同氨基酸响应因子的差距，E2 的推荐时间为 60 ms。

E3 为氧化氨基和金的电位，一般不宜太高，否则背景和噪音将增加。

E4 的电位值与 E2 相同，此时 AuO 的还原电荷将抵消 Au 氧化的电荷，AuO 的还原比氧化快，从而金氧化物被还原成背景补偿(校正)。

在积分完毕后，立即将电位降至清洗电位 E5(−2 V)，对电极进行清洗，避免电极被过度氧化侵蚀，然后迅速升高电位至活化电位 E6(+0.6 V)，再立即回到初始电位 E1，从而完成一次积分周期，整个周期为 0.6 s。

每个电位持续的时间与检测电流和背景电流有关，影响检测的灵敏度、线性范围、色谱峰的对称性和基线。

2. 仪器流程

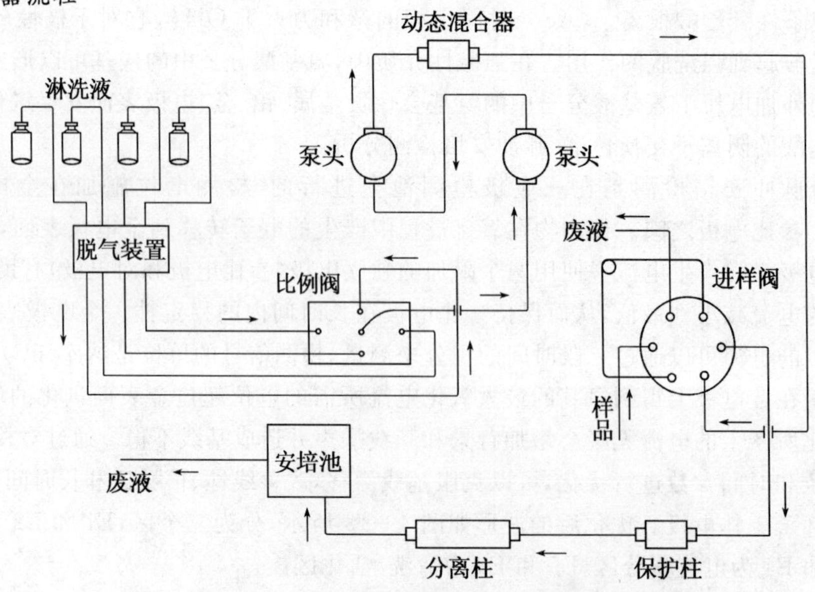

图 4-14 ICS-3000 离子色谱系统分析氨基酸的流程图

三、实验仪器与试剂

1. 仪器

ICS－3000离子色谱系统，分离柱AminoPac PA10，保护柱AminoPac PG10，积分脉冲安培检测器(IPAD)，Ag/AgCl参比电极，金工作电极，1 mL进样器(进样量25 μL)。

2. 试剂

(1) 氨基酸标准溶液：用20 mg·L^{-1}叠氮化钠溶液稀释配制氨基酸标准溶液。

(2) 250 mmol·L^{-1} NaOH溶液：用专用塑料移液管移取13.1 mL 50% NaOH溶液，用超纯水定容至1 000 mL后转移至淋洗液瓶中，立即密封并通入惰性气体。

(3) 1.0 mmol·L^{-1} NaAc溶液：称取82.34 g优级纯无水乙酸钠溶解于纯水中，定容至1 000m L，用0.22 μm或0.45 μm尼龙膜过滤，然后转移至淋洗液瓶中，立即密封并通入惰性气体。

本实验中所用水均为超纯水。

四、实验步骤

1. 仪器操作条件

柱温：30℃；流速：0.25 mL·min^{-1}；进样体积：25 μL。

淋洗条件：采用梯度淋洗洗脱，梯度淋洗条件如表4－7。

表4－7　分离氨基酸的梯度淋洗条件

时间/min	H_2O/%	250 mmol·L^{-1} NaOH/%	1.0 mmol·L^{-1} NaAc/%
初始	76	24	0
0.00	76	24	0
2.00	76	24	0
8.00	64	36	0
11.00	64	36	0
18.00	40	20	40
21.00	44	16	40
23.00	14	16	70
42.00	14	16	70
42.10	20	80	0
44.10	20	80	0
44.20	76	24	0
75.00	76	24	0

2. 分析步骤

(1) 开启ICS－3000色谱系统，开机前更换泵头密封清洗液(100%纯水)，高度在最小(min)和最大(max)之间。

(2) 分别进标液和未知样品，样品需预先经0.45 μm或0.22 μm滤膜过滤。

(3) 记录数据并进行数据处理。

(4) 样品测定完毕后进行仪器流路清洗，用纯水彻底冲洗安培池，将盐洗净，然后封住进口。

五、实验数据处理

参照表 4-8 整理氨基酸的分析结果。

表 4-8 氨基酸测定结果

氨基酸	保留时间 t_R/min	测定值 c/mg · L^{-1}

六、问题与讨论

(1) 解释氨基酸分析为什么要选用 NaOH 和 NaAc 作淋洗液进行梯度淋洗？

(2) 试说明中性氨基酸中为什么缬氨酸、亮氨酸等比甘氨酸、苏氨酸等的保留时间长？

第五章 其他仪器分析实验

实验31 对氨基苯磺酸和未知样的元素分析

一、实验目的

(1) 了解元素分析仪的基本结构，熟悉元素分析仪的应用领域。

(2) 掌握元素分析仪测定元素含量的方法和原理。

二、实验原理

元素分析仪可用于有机样品中C、H、N、S、O等元素的分析研究和常规测试工作，适用于不同形式的样品和各类化合物的定量测定，广泛应用于化学、化工、农药、石油、煤炭等领域。

目前元素分析仪广泛采用动态燃烧法。以CHNS模式为例，含C、H、N、S元素的待测样品首先在填充氧化钨催化剂的燃烧管内，在通氧气的情况下高温(1 150℃)燃烧生成相应的氧化物 CO_2、H_2O、NO_x、SO_2、SO_3 等，这些氧化物在载气He的作用下通过一根加热至850℃的充填线状铜的还原管，使 NO_x、SO_3 还原成 N_2 和 SO_2，此时混合气体中的 CO_2、SO_2、H_2O 通过三根U型吸附柱被吸附分离，而 N_2 直接通过热导检测器(TCD)被检测。接着分别加热三根U型吸附柱，解吸出 CO_2、SO_2、H_2O，依次通过热导检测器被检测。热导检测器依据峰面积与待测元素含量成正比进行定量检测，仪器的基本结构和工作流程如图5-1所示。

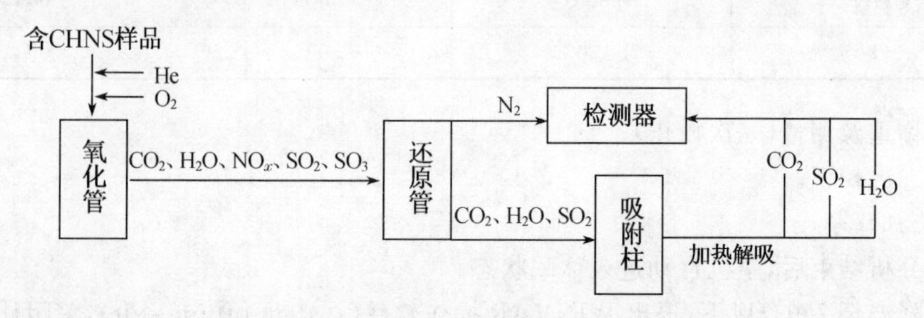

图5-1 元素分析仪的基本结构和工作流程

三、实验仪器与试剂

1. 仪器

元素分析仪，感量为1 μg的电子天平，计算机。

2. 试剂

不同分析模式及标准样品如表 5-1 所示。

表 5-1 模式与标准样品

模 式	标准样品	规 格
CHNS	对氨基苯磺酸	优级纯
CHN	乙酰苯胺	优级纯
O	苯甲酸	优级纯

四、实验内容

以 VARIO EL Ⅲ型元素分析仪为例：

1. 开机程序

(1) 开启计算机，进入 WINDOWS 状态；

(2) 拔掉主机尾气的两个堵头；

(3) 将主机的进样盘移到一边开启主机电源；

(4) 待进样盘底座自检完毕即自转一周，将进样盘放回原处；

(5) 打开氦气和氧气，将减压阀输出压力调至 He 为 0.2 MPa，O_2 为 0.25 MPa；

(6) 启动 WINVAR 操作软件。

2. 操作程序

(1) 选择标样 STANDARD；

(2) 常规分析仪器条件选择，见表 5-2：

表 5-2 常规分析仪器条件选择

模 式	炉 1	炉 2	炉 3
CHNS	1 150℃	850℃	0℃
CHN	950℃	500℃	0℃
O	1 150℃	0℃	0℃

(3) 称重及测量(一次校正)；

(4) 二次校正。

3. 关机程序

(1) 分析结束后，主机自动进入休眠状态；

(2) 降温至 750℃以下，退出 WINVAR 操作软件(system-offline-exit)，关闭计算机；

(3) 关闭主机，开启主机燃烧单元的门，散去余热；

(4) 关闭氦气和氧气；

(5) 将主机尾气的两个出口堵住。

五、实验数据处理

1. 校准曲线的建立——一次校准

$$Y(C)=a+bx+cx^2+dx^3+ex^4$$
$$Y(H)=a+bx+cx^2+dx^3+ex^4$$
$$Y(N)=a+bx+cx^2+dx^3+ex^4$$
$$Y(S)=a+bx+cx^2+dx^3+ex^4$$

式中:Y 为元素绝对质量;x 为峰面积。

2. 标准样品的测定——二次校准

表 5-3　CHNS 模式标准样品数据记录

标准样品		C%	H%	N%	S%
对氨基苯磺酸	理论值				
	测定值 1				
	测定值 2				
	测定值 3				
	校准系数				

3. 未知样品的测定

表 5-4　CHNS 模式未知样数据记录

未知样品		C%	H%	N%	S%
	测定值 1				
	测定值 2				
	测定值 3				
	校准结果				
	分子式				

六、问题与讨论

(1) 简述 CHN 模式下,元素分析仪的工作原理。

(2) 通过元素分析仪的分析如何进一步确定有机化合物的结构式?

实验 32　X-射线衍射法测定二氧化硅的物相

一、实验目的

(1) 了解 X 射线衍射仪的基本构造、工作原理及操作方法。

(2) 掌握检索 X 射线衍射图谱数据库进行物质物相鉴定的方法。

(3) 初步学会用X射线衍射仪进行物质的定性分析。

二、实验原理

根据晶体对X射线的衍射特征——衍射线的位置、强度及数量来鉴定结晶物质物相的方法称为X射线物相分析法。

晶体的X射线衍射图像,实质上是晶体微观结构形象的一种复杂变换。每一种结晶物质都有各自独特的化学组成和特定的结构参数,包括点阵类型、晶胞大小、单胞中原子(离子或分子)数目及位置等。晶体物质的这些特定参数不同,反映在衍射图上表现为衍射线条的数目、位置及相对强度也各不相同。因此,每种晶态物质都有其各自特征X射线衍射图,这是X射线衍射物相定性分析的依据。

由布拉格方程可知,晶体的每一衍射峰都和一组晶面间距为 d 的晶面组联系着:

$$2d\sin\theta=\lambda$$

式中:θ 为入射线与晶面的夹角;λ 为入射线的波长。

另一方面,晶体的每一条衍射线的强度 I 又与结构因子 F 模量的平方成正比:

$$I=I_0K|F|^2V$$

式中:I_0 为单位截面上入射X射线的功率;K 为比例因子,与衍射几何条件、试样的形状、吸收性质、温度等物理常数有关;V 为参加衍射的晶体的体积;$|F|^2$ 称为结构因子,取决于晶体的结构,它是晶胞内原子坐标的函数,它决定衍射线的强度。可见,d 和 $|F|^2$ 都是由晶体的结构所决定的,因此每种物质都必有其特有的衍射图谱。由此,可以通过对物质衍射图的解释、辨认,进行物相鉴定。

三、实验仪器与试剂

1. 仪器

X′TRA 型X-射线衍射仪(瑞士 ARL 公司制造),玛瑙研钵,筛子,样品槽,玻璃片。

2. 试剂

晶体二氧化硅。

四、实验步骤

1. 样品制备

X射线衍射分析的样品主要有粉末样品、块状样品、薄膜样品、纤维样品等。样品不同,分析目的不同(定性分析或定量分析),则样品制备方法不同。

(1) 粉末样品

粉末试样颗粒的细度必须严格控制,过粗将导致样品颗粒中能够产生衍射的晶面减少,使衍射强度减弱,影响检测的灵敏度;样品颗粒过细,则会破坏晶体结构,同样会影响实验结果。由于粉末样品需要制成平板状,因此需要避免颗粒发生定向排列,存在取向,从而影响实验结果。定性分析时粒度应小于44 μm(350目),定量分析时应研细至10 μm左右。充填时,粉末试样在样品槽里均匀分布并用玻璃板压平。若试样量较少,可在试样架凹槽里先滴薄薄的一层用醋酸戊酯稀释的火棉胶溶液,然后将粉末试样平铺在上面,待干燥后测试。

(2) 块状样品

先将块状样品表面研磨抛光，大小不超过 30 mm×30 mm，然后用橡皮泥将样品粘在样品台上，要求样品表面与样品台表面平齐。

(3) 薄膜样品

将薄膜样品剪成合适大小，用胶带纸粘在样品台上即可。

2. 样品测量

(1) 开机前的准备和检查

开启循环水泵，使冷却水流通，并到达设定的温度和压力；将制备好的试样插入衍射仪样品台，关闭仪器窗口；接通总电源和稳压电源。

(2) 开机

开启衍射仪总电源，打开和仪器连接的电脑，进入操作软件，开启仪器主机，进入测试程序，调试仪器。打开 X 光管电源，升高管电压和管电流分别至 20 kV 和 20 mA。老化30 min 后，按照设定程序升高管电压和管电流至 45 kV 和 44 mA。

(3) 测试

设置合适的衍射条件及参数，包括发散狭缝(DS)、防散射狭缝(SS)和接收狭缝(RS)的选择；确定扫描范围与扫描速度。在设定的条件下扫描测试，收集数据。

(4) 关机

测量完毕，放置 15 min 后，缓慢顺序降低管电流和管电压至 20 kV 和 20 mA，关闭 X 光管电源，取出试样；依次关闭衍射仪主机、计算机、仪器总电源、稳压电源及线路总电源。最后关闭循环水泵电源。

五、实验数据与处理

测试完毕后，测试结果直接存入计算机硬盘供随时调用处理。原始数据经过背景扣除和曲线平滑处理后，标记各衍射峰，确定各衍射峰的 d 值和它们的相对强度 I/I_1。

在衍射图谱数据库中找出二氧化硅的 PDF 卡片，然后把其中的 d 值和相对强度 I/I_1 与样品的测试结果逐一进行比对，在实验误差范围内，若都能吻合，则肯定未知样品为卡片所对应的物质，分析完成。

六、问题与讨论

(1) 用粉末样品做物相分析时，对颗粒的大小有何要求？为什么？

(2) 物相分析的样品制备有哪几种方法？分别应注意什么问题？

(3) X 射线谱图鉴定分析应主要注意哪些问题？

实验 33　$CuSO_4 \cdot 5H_2O$ 的热重差热分析

一、实验目的

(1) 掌握两种常用的热分析模式——差热分析法和热重法的基本原理和分析方法。

(2) 了解 STA 409 PC Luxx®型同步热分析仪的基本结构，掌握仪器的基本操作。

(3) 学会运用分析软件对测得数据进行分析，研究 $CuSO_4 \cdot 5H_2O$ 的脱水过程。

二、实验原理

热分析法是在程序控制温度下，测量物质的物理性质与温度关系的一类技术。常见的热分析模式有热重法（TG）、差热分析法（DTA）和功率补偿型差示扫描量热法（DSC）等。

1. 差热分析法（DTA）

物质在受热或冷却的过程中，当达到某一温度时，往往会发生熔化、凝固、晶型转变、分解、化合、吸附、脱附等物理或化学变化，并伴随着焓的改变，因而产生热效应，其表现为体系与环境（样品与参比物）之间有温度差。差热分析法是在程序控温下测量样品和参比物的温度差与温度（或时间）相互关系的一种技术。

2. 热重法（TG）

物质受热时，发生化学反应，质量也随之改变，测定物质质量的变化就可研究其过程。热重法是在程序控制温度下，测量物质质量与温度关系的一种技术。热重法的主要特点是定量强，能准确地测量物质的变化及变化的速率。

3. 微商热重法（DTG）

TG 曲线对温度（或时间）的一阶导数，即 DTG 称为微商热重曲线。DTG 曲线能准确地反映出反应起始的温度、达到最大反应速率的温度和反应终止的温度。在 TG 曲线上，对应于整个变化过程中各阶段的变化互相衔接而不易分开，同样的变化过程在 DTG 曲线上则能呈现出明显的最大值，故 DTG 能很好地显示出重叠反应，区分各个反应阶段，而且 DTG 曲线峰的面积准确地对应着变化了的质量，因而 DTG 能准确地进行定量分析。

三、实验仪器与试剂

1. 仪器

德国耐驰公司 STA 409 PC Luxx®型同步热分析仪，美国 PE 公司 AD－6 Autobalance 型电子天平，氧化铝坩埚，镊子，小勺。

2. 试剂

待测样品 $CuSO_4 \cdot 5H_2O$，差热参比物 Al_2O_3。

四、实验步骤

1. 通水

提前 3 h 接通冷却循环水，开启水源使水流畅通，按下温控开关保持水温高于室温 10℃，根据需要向水域加二次蒸馏水至刻度线以上。

2. 通气

将气瓶出口压力调节至 0.2～0.5 MPa，提前半小时开启使气流畅通。调节气体流量，使 Gas2（吹扫气/样品气）为 20～30 $mL \cdot min^{-1}$；Gas3（天平保护气）为 19～20 $mL \cdot min^{-1}$。

3. 开机

依次打开专用变压器开关，STA 409 同步热分析仪开关，工作站开关，同时开启计算机和打印机。

4. 称量

用 AD－6 Autobalance 型电子天平左边称装入约占坩埚 1/3～1/2 高度的样品（5 mg）

的坩埚,在右边称另一只坩埚,内放入适量参比物(试样为无机物时,试样与参比物 1∶1;试样为有机物时,试样与参比物 1∶2),将两只坩埚轻轻敲打颠实。

5. 放样

按 STA 409 同步热分析仪侧面控制面板键,炉子升起,将样品托板拨至炉子瓷体端口(注意:为避免操作失误导致杂物掉入加热炉中,在打开炉子操作时,一定要将样品托板拨至热电偶下),用镊子取一只空坩埚小心放入白金样品吊篮内,将试样坩埚放在检测支持器前皿,将参比物坩埚放在后皿,移开样品托板,按键放下炉子。待天平稳定后,仪器自动扣除坩埚自重。

6. 参数设定

电脑屏幕上进入"STA 409PC ON COM2 - 414/5 测量"界面,依次输入测量序号、样品名称、样品质量、坩埚质量、气氛、操作者姓名,再点继续键,打开温度校正文件和灵敏度校正文件,设定初始温度、终止温度和升温速率,采样速率电脑自控。打开气体阀门开关(或手动)。

7. 测量

跳出对话界面,依次点击初始化、清零、开始。当试样达到预设的终止温度时,测量自动停止。

8. 关机

待炉温降下来后再依次关闭工作站开关、STA 409 PC 开关、专用变压器开关,关冷却水,关气瓶(为保护仪器,炉温在 500℃以上时不得关闭 STA 409 同步热分析仪主机电源)。

9. 数据分析

进入"NETZSCH PROTEUS 热分析"界面,打开所做测量文件,对原始 TG 和 DTA 记录曲线进行适当处理,可对其求导,得到 DTG 曲线。选定每个台阶或峰的起止位置,算出各个反应阶段的 TG 失重百分比、失重始温、终温、失重速率最大点温度等。DTA 又可选择项目进行分析,如切线求反应外推起始点、峰值、峰高、峰面积等。最后数据存盘,打印曲线图。

附　注

(1) 坩埚一定要清洗干净,否则不仅影响导热,而且坩埚内残余物在受热过程中也会发生物理化学变化,影响实验结果的准确性。通常用过的坩埚用 NaOH 溶液浸泡,难以洗净的要浸泡一周左右,并在马弗炉中 700～800℃灼烧 2～3 h。

(2) 样品用量要适度,本实验仅需 5 mg 左右。

(3) 坩埚应轻拿轻放,尤其是操作过程中,一定要小心。取放坩埚时,一定要将样品托板移过来,以免异物掉入炉内。

五、实验数据处理

(1) 由所测 DTA 曲线,求出各峰的起始温度和峰温,将数据列表记录,求出所测样品的热效应值。热效应值计算根据公式:

$$\Delta H=\frac{C}{m}\int_{a}^{b}\Delta T\mathrm{d}t \tag{29-1}$$

式中：C 为常数，与仪器特性及测量条件有关；m 为样品的质量；$\int_a^b \Delta T dt$ 为差热峰面积，由随机软件给出。

（2）依据所测 TG 和 DTG 曲线，由失重百分比，推断反应方程式。

六、问题与讨论

（1）影响差热分析结果的主要因素有哪些？

（2）用 $CuSO_4 \cdot 5H_2O$ 化学式量计算理论失重率，与实测值比较。如有差异，讨论原因。

实验 34　正二十四烷的质谱分析

一、实验目的

（1）了解质谱仪的主要仪器结构和质谱法的基本原理。

（2）了解质谱图的构成及正构烷烃质谱图的主要特点，说明各碎片离子峰的来源。

二、实验原理

质谱仪是利用电磁学的原理，使物质的离子按照其特征的质荷比 m/e 来进行分离并进行分析的仪器。质谱分析法是利用质谱仪把样品中被测物质的原子（或分子）电离成离子并按 m/e 值的大小顺序排列构成质谱，然后根据物质的特征质谱的位置（m/e）实现质谱定性分析，获得化合物的分子量及其他有关结构信息。根据谱线的黑度（或离子流强度——峰高）与被测物质的含量成正比的关系，实现质谱定量分析。质谱仪器由真空系统、分析系统和数据系统组成，其中分析系统包括：进样装置、离子源、质量分析器和检测器。

饱和脂肪烃碎裂时生成一系列奇数质量峰 $15+14n$，即：15，29，43，57，并以 $C_3H_7^+$，$C_4H_9^+$ 离子峰 $m/Z=43,57$ 最强。例如：图 5－2 为正十六烷的质谱图。

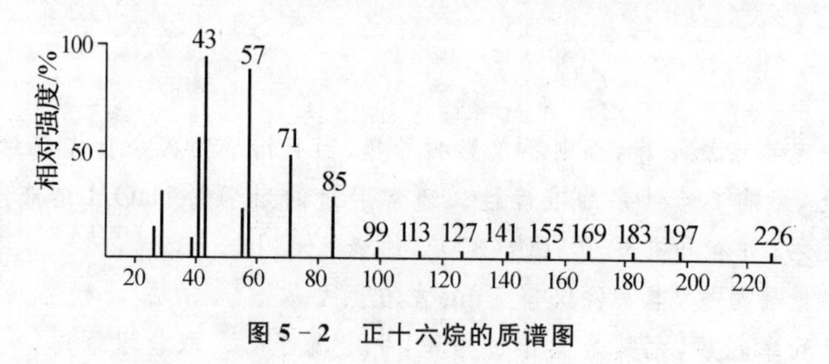

图 5－2　正十六烷的质谱图

三、实验仪器与试剂

1．仪器

VG Analytical 70－SE 双聚焦质谱仪，电子轰击源。

2．试剂

正二十四烷：色谱纯，白色片状结晶，相对分子量 338。

四、实验步骤

1. 装入样品

将 2～4 μg 正二十四烷固体样品放入直接探头进样杆的样品杯中，将样品杯牢固装在杯子支架上，然后将进样杆推入真空锁阀第一个“停止”处，此时进样杆上的卡口已进入真空锁阀边缘的槽里。抽尽空气再慢慢打开球阀并注意离子源真空规的读数小于 104 mbar，再旋转真空锁阀边缘槽上的轴，使卡口对准闭锁柄的导入管，然后缓缓平稳推动进样杆至第二个“停止”处，使探头顶端到位与电离室入口密封。开动真空系统使电离室的真空度达106 Torr。

2. 设定样品加热温度

将探头控温电缆线接至探头末端的五蕊插座上，调节探头加热温度指示到所需的250℃位置。

3. 设置扫描条件

将扫描控制单元的主扫描速度调节为 20 s 扫速下获线性扫描所需的质量范围(400 amu)，将紫外记录仪的纸速调至 5 mm/s。然后将积分扫描开关置于磁档，调“低质量”和“间隔”旋钮，和主扫描一样，给出扫描为 0.1～1 s 的积分磁扫描。

4. 设定电子轰击源工作条件

发射电流 500 μA，电子能量 70 eV，离子源温度 200℃。

5. 获取质谱图

接通直接探头进样的电加热电源，升高探头温度，用监视器监测样品升温蒸发情况。将紫外记录仪接在监视器输出端，当达到样品蒸发分布图的最强处时，启动主扫描按钮，紫外记录仪自动启动并记录质谱图。

五、实验数据处理

(1) 由获得的质谱图找出其中的分子离子峰和基峰。

(2) 确定相对强度大于 50％的离子峰的结构式，这些相邻离子峰的质量数相差多少？其碎片离子峰的通式是什么？

六、问题与讨论

(1) 质谱分析中对样品有什么要求？

(2) 从质谱图上可以获取哪些信息？

实验 35 阿魏酸的核磁共振^{1}H－NMR 和 ^{13}C－NMR 波谱测定及解析

一、实验目的

(1) 掌握有机化合物的^{1}H－NMR 谱、^{13}C－NMR 测定技术。

(2) 熟悉并掌握^{1}H－NMR 谱和^{13}C－NMR 谱的解析方法及在有机化合物结构鉴定中

的应用。

(3) 了解 DEPT、$^{1}H-^{1}H$ COSY、NOESY、HMQC、HMBC 等核磁共振谱所给出的结构信息及在有机化合物结构鉴定中的应用。

(4) 了解超导核磁共振波谱仪的构造及工作原理。

二、实验原理

阿魏酸存在于阿魏、川芎、当归和天麻等多种中草药中,结构式为:

CH_3O

1′ 6′

3 2 1

HO 2′ 5′ CH═CH—COOH

3′ 4′

将样品阿魏酸溶解于 DMSO-d_6 中,以 TMS 为内标测试其 ^{1}H-NMR 和 ^{13}C-NMR 谱图,并进行解析。

三、实验仪器与试剂

1. 仪器

核磁共振波谱仪,NMR 样品管(直径 5 mm、长 20 cm)。

2. 试剂

阿魏酸(纯度>99%),氘代二甲基亚砜 DMSO-d_6(含 0.1%内标物 TMS)。

四、实验步骤

1. 仪器简介

介绍核磁共振波谱仪的构造及工作原理(见附录)。

2. 试样制备

将约 5 mg 阿魏酸溶解在 0.5 mL DMSO-d_6 溶剂中制成溶液,装于 5 mm 样品管中待测定。

3. 样品测试

(1) ^{1}H-NMR 测试:放置样品→锁场→匀场(梯度匀场或手动匀场)→创建文件→设定 ^{1}H-NMR 谱采样脉冲程序及参数→采样→保存数据→谱图处理→打印谱图。

(2) ^{13}C-NMR 测试:放置样品→锁场→匀场→创建文件→设定 ^{13}C-NMR 谱采样脉冲程序及参数→采样→保存数据→谱图处理→打印谱图。

五、实验数据处理

1. 阿魏酸 ^{1}H-NMR 的解析

阿魏酸的 ^{1}H-NMR 谱见图 5-3,其相关数据及归属列于表 5-5。

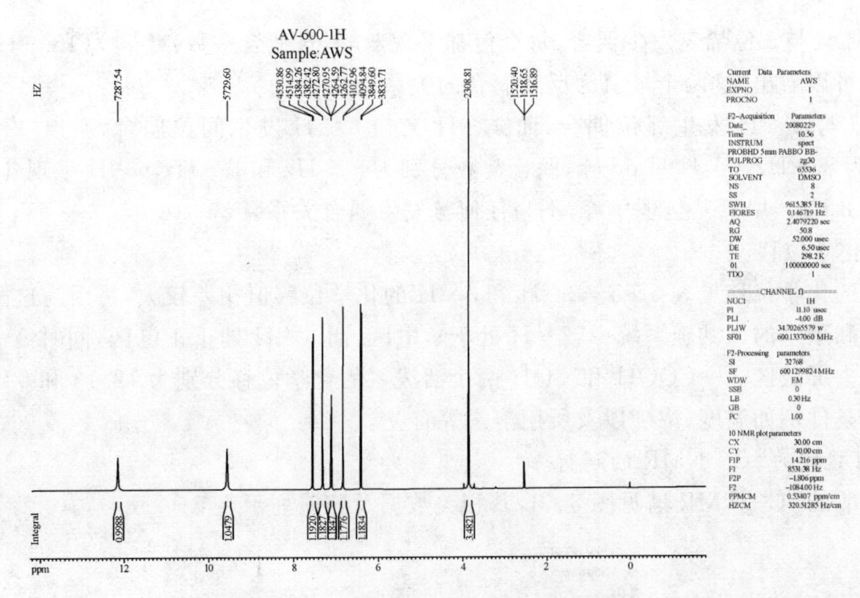

图 5-3　阿魏酸的^{1}H-NMR 谱参考图

表 5-5　阿魏酸的^{1}H-NMR 参考数据

δ(ppm)	峰形及偶合常数(Hz)	质子数比	质子归属
12.13	s	1	1-COOH
6.35	d,18.9	1	2-H
7.48	d,18.9	1	3-H
6.78	d,8.1	1	3′-H
7.07	dd,8.1,1.8	1	4′-H
7.28	d,1.8	1	6′-H
3.81	s	3	$—OCH_3$
9.56	s	1	—OH

(注:d 表示双峰,dd 表示双二重峰,s 表示单峰)

(1) 自旋系统和峰的裂分

阿魏酸分子中存在三个独立的自旋系统,各部分之间可以认为不存在偶合作用。各部分的自旋系统类型及分裂情况见表 5-6。

表 5-6　阿魏酸的 NMR 自旋类型及分裂情况

基　团	自旋类型	峰　形
—CH ═CH—	AX	d
1′ 6′ 2′ 5′ 3′ 4′	AMX	d,d,dd
$—OCH_3$	A3	s

2 位烯氢与 3 位烯氢发生偶合，每个氢都呈现双峰，且偶合常数：$^3J_{H-H}$为 18.9 Hz。从偶合常数也可以看出，这两个烯氢为反式偶合的关系。

3′-H 与 4′-H 发生邻位偶合，而 4′-H 又与 6′-H 发生间位偶合，所以 3′-H 呈 d 峰，$^3J_{H-H}$为 8.1 Hz，4′-H 呈 dd 峰，偶合常数分别为 8.1 Hz 和 1.8 Hz，6′-H 呈现 d 峰，偶合常数为 1.8 Hz。甲氧基呈现单峰，不与任何氢发生偶合关系。

(2) 化学位移

各氢的化学位移见表 5-5。2-H 和 3-H 的化学位移值相差较大，是因为这两个烯氢处于苯环和羰基的大共轭系统中，2-H 处于负电区，而 3-H 处于正电区，同时 3-H 也处于苯环的去屏蔽区。—COOH 和—OH 两个活泼氢的化学位移分别为 12.13 和 9.56 ppm，这和测定条件例如温度、浓度以及所用溶剂等有关。

2. 阿魏酸的^{13}C-NMR 的解析

阿魏酸的^{13}C-NMR 谱见图 5-4，其相关数据及归属列于表 5-7。

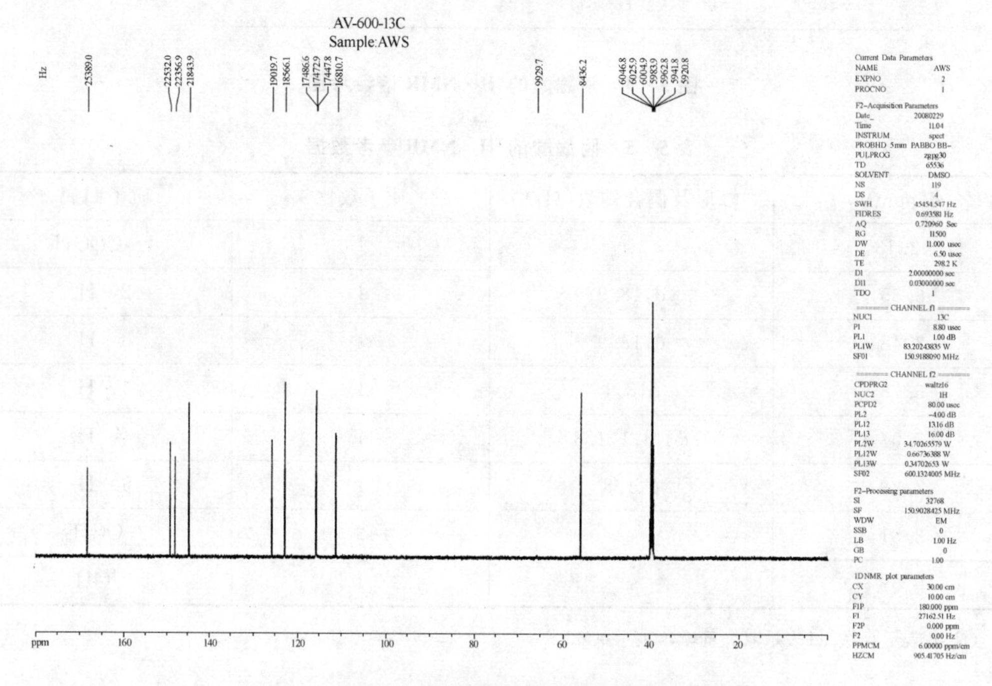

图 5-4　阿魏酸的^{13}C-NMR 谱

表 5-7　阿魏酸的^{13}C-NMR 数据

δ(ppm)	C 归属	δ(ppm)	C 归属
168.1	COOH	122.9	6′-C
149.2	2′-C	115.8	2-C
148.1	1′-C	115.7	3′-C
144.6	3-C	111.3	6′-C
125.9	5′-C	55.8	—OCH_3

(注：d 表示双峰，dd 表示双二重峰，s 表示单峰)

阿魏酸的碳信号可以为三组：

第一组 δ 为 168.1 ppm，为 α，β-不饱和酸的基碳信号。在常见官能团中，羰基的碳原子由于共振位置在最低场，因为很易被识别。羰基的碳原子共振之所以在最低场，从共振式可以看出羰基的碳原子缺少电子，故共振在最低场。如羰基与杂原子或不饱和基团相连，羰基的碳原子的电子短缺得以缓解，因此共振移向高场方向。由于上述原因酮、醛共振位置在最低场，一般 δ>195 ppm，酰氯、酰胺、酯、酸酐等相对酮、醛共振位置明显地移向高场方向，一般 δ<185 ppm。α，β-不饱和酮、醛的 δ 也减少，但不饱和键的高场位移作用较杂原子弱。

第二组 δ 为 111.3～149.2 ppm，为烯碳和苯环上的碳信号。取代烯烃的碳信号一般为 100～150 ppm。苯环的 δ 值的因素很多，如取代基电负性、重原子效应、中介效应和电场效应等。

第三组 δ 为 55.8 ppm，为连氧碳信号。连氧碳信号的化学位移值一般在 50～90 ppm。

3. 谱图解析方法简介

介绍 DEPT、^{1}H -^{1}HCOSY、NOESY、HMQC、HMBC 等核磁共振谱所给出的结构信息及在有机化合物结构鉴定中的应用。

六、问题与讨论

(1) 在^{1}H - NMR 和^{13}C - NMR 谱中，影响化学位移的因素有哪些？

(2) 比较^{13}C - NMR 谱和 DEPT - 90、DEPT - 135 谱可得到什么结果？

(3) ^{2}D - NMR 谱^{1}H -^{1}HCOSY、HMQC、HMBC 分别给出了哪些相关信息？

(4) 简述 ARX - 300MHz 超导核磁共振波谱仪的构造及工作原理。

附录：核磁共振简介

在合适频率的射频作用下，处于强外磁场中的某些磁性原子核发生核自旋能级跃迁的现象，称为核磁共振（nuclear magnetic resonance，NMR）。根据核磁共振原理，在核磁共振仪上测得的图谱，称为核磁共振波谱（NMR spectrum）。利用核磁共振波谱进行结构鉴定的方法，称为核磁共振波谱法（NMR spectroscopy）。美国的布劳赫（Bloch）和珀塞尔（Purcell）两位物理学家分别几乎同时发现了核磁共振现象，并于 1952 年获得诺贝尔物理学奖。以后化学家们发现分子的化学环境会影响磁场中核对射频的吸收，而此效应与分子结构有着密切的关系。核磁共振波谱自 1950 年应用于测定有机化合物的结构以来，发展极其迅速。经过几十年的研究和实践，现已成为测定有机化合物结构、构型和构象的重要手段之一。

一、核磁共振的基本原理

1. 核磁共振的产生

(1) 原子核的自旋与磁矩

核磁共振的研究对象是原子核，原子核带正电粒子，其自旋运动会产生磁矩，具有自旋运动的原子核都具有一定的自旋量子数 I，原子核可按 I 的值分为以下三类：

① 中子数和质子数均为偶数。如

$I=0$：^{12}C、^{16}O、^{32}S 等。

这类原子核不能用核磁共振法进行研究。

② 中子数和质子数之一为偶数，另一为奇数，则 I 为半整数。如

$I=1/2$：^{1}H、^{13}C、^{15}N、^{19}F、^{31}P、^{37}Se 等；

$I=3/2$：^{7}Li、^{9}Be、^{11}B、^{33}S、^{35}Cl、^{37}Cl 等；

$I=5/2$：^{17}O、^{25}Mg、^{27}Al、^{55}Mn 等；

$I=7/2$、$9/2$ 等。

③ 中子数和质子数均为奇数，则 I 为整数。如

$I=1$：$^{2}H(D)$、^{6}Li、^{14}N 等；

$I=2$：^{58}Co 等；

$I=3$：^{10}B 等。

第②、③类原子核是核磁共振研究的对象。其中，$I=1/2$ 的原子核，其电荷分布为球形，这样的原子核具有四极矩（电四极矩就是在相隔一个很小的距离排列着的两个大小相等方向相反的电偶极矩），其核磁共振谱线窄，最宜于核磁共振检测。

原子核的磁矩取决于原子核的自旋角动量 P，其大小为：

$$P=\sqrt{I(I+1)}\frac{h}{2\pi}$$

式中：I 为原子核的自旋量子数；h 为普朗克常数，$h=6.626\times10^{-34}$ J·s。凡 I 值非零的原子核即具有自旋角动量 P，也就具有磁矩 μ，μ 与 P 之间的关系为：

$$\mu=\gamma P$$

式中：γ 称为磁旋比，是原子核的重要属性。

(2) 核磁共振现象的产生

以氢原子为例，由于氢原子是带电体，当自旋时，可产生一个磁场，因此，我们可以把一个自旋的原子核看作一块小磁铁。氢的自旋磁量子数 $m_s=\pm\frac{1}{2}$。

原子的磁矩在无外磁场影响下，取向是紊乱的，在外磁场中，它的取向是量子化的，只有两种可能的取向，如图 5-5 所示。

当 $m_s=+\frac{1}{2}$时，取向与外磁场方向平行，则为低能级（低能态）；当 $m_s=-\frac{1}{2}$时，取向与外磁场方向相反，则为高能级（高能态）。两个能级之差为

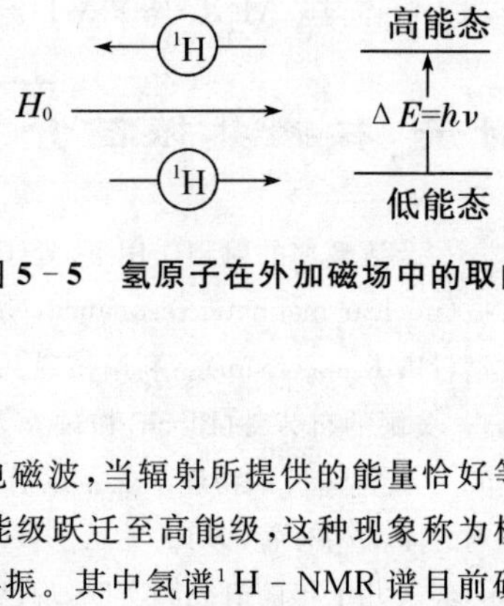

高能态

H_0 $\Delta E=h\nu$

低能态

图 5-5 氢原子在外加磁场中的取向

$$\Delta E=h\nu=h\cdot\frac{\gamma}{2\pi}H_0$$

ΔE 与磁场强度（H_0）成正比。给处于外磁场的质子辐射一定频率的电磁波，当辐射所提供的能量恰好等于质子两种取向的能量差（ΔE）时，质子就吸收电磁辐射的能量，从低能级跃迁至高能级，这种现象称为核磁共振。原则上，凡是自旋量子数不等于零的原子核，都可发生核磁共振。其中氢谱 ^{1}H-NMR 谱目前研究得最充分，已得到许多规律并用于分子结构的研究。^{13}C-NMR 谱、^{31}P-NMR 谱、^{11}B-NMR 谱、^{27}Al-NMR 谱等目前也都有应用。

2. 弛豫过程

对磁旋比为 γ 的原子核外加一静磁场 H_0 时，原子核的能级会发生分裂。处于低能级的粒子数 n_1 将多于高能级的离子数 n_2，这个比值可用玻尔兹曼定律计算。由于能级差很小，n_1 和 n_2 很接近。设温度为 300 K，外磁场强度为 1.409 2 T（即 14 092 G，相应于 60 MHz 射频仪器的磁场强度），则：

$$\frac{n_1}{n_2}=e^{-\frac{\Delta E}{KT}}=e^{-\frac{2\mu H_0}{KT}}$$

在射频作用下，n_1 减少，n_2 增加，当 $n_1=n_2$ 时不再有净吸收，核磁共振信号消失，称作"饱和"。处于高能级的核通过某种途径把多余的能量传递给周围介质或其他核而返回低能态，这个过程即称为"弛豫"。

弛豫过程有两类。一类是纵向弛豫（自旋-晶格弛豫），即一些高能级的核把能量转移至周围的分子

(固体的晶格,液体中周围的同类分子或溶剂分子)而转变成热运动。纵向弛豫反映了体系与环境的能量交换;另类是横向弛豫(自旋-自旋弛豫),即一些高能级的核通过与低能级的核发生自旋交换而把能量转移至另一个核。横向弛豫并没有增加低能级核的数目,而是缩短了核处于高能级或低能级的时间。类似于化学反应动力学中的一级反应,纵向弛豫和横向弛豫过程的快慢分别用 $1/T_1$ 和 $1/T_2$ 来描述。T_1 叫纵向弛豫时间,T_2 叫横向弛豫时间。

二、核磁共振波谱

1. *屏蔽效应和化学位移*

(1) 化学位移

氢质子(^{1}H)用扫场的方法产生的核磁共振,理论上都在同一磁场强度(H_0)下吸收,只产生一个吸收信号。但分子中的各种氢因处于不同的环境,因而共振频率有所不同,在不同 H_0 下发生核磁共振,给出不同的吸收信号。例如,对乙醇进行扫场则出现三种吸收信号,在谱图上就是三个吸收峰,如图 5-6。

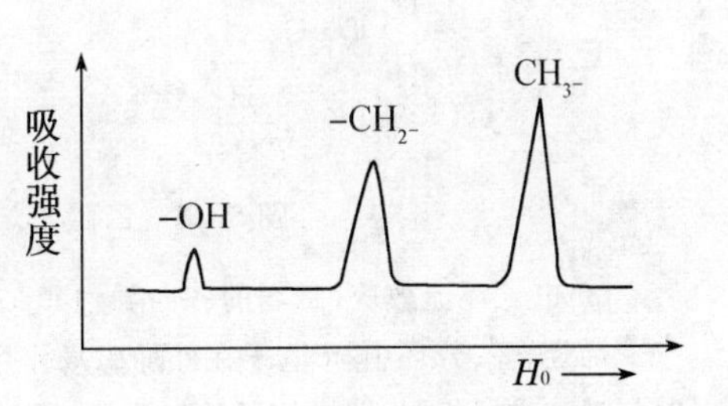

图 5-6　乙醇的^{1}HNMR 图

这种由于氢原子在分子中的化学环境不同,因而在不同磁场强度下产生吸收峰,峰与峰之间的差距称为化学位移。

(2) 屏蔽效应——化学位移产生的原因

分子中的原子核不是裸核,核外包围着电子云,在磁场作用下,核外电子会在垂直于外磁场的平面上绕核旋转,形成环流,同时产生对抗外磁场的感应磁场(如图 5-7 所示)。感应磁场的方向与外磁场相反,强度与外磁场强度 H_0 成正比。感应磁场在一定程度上减弱了外磁场对核的作用。这种感应磁场对外磁场的屏蔽作用称为电子屏蔽效应。通常用屏蔽常数 σ 来衡量屏蔽作用的强弱。核实际感受的磁场强度称为有效磁场强度,即

$$H=(1-\sigma)H_0$$

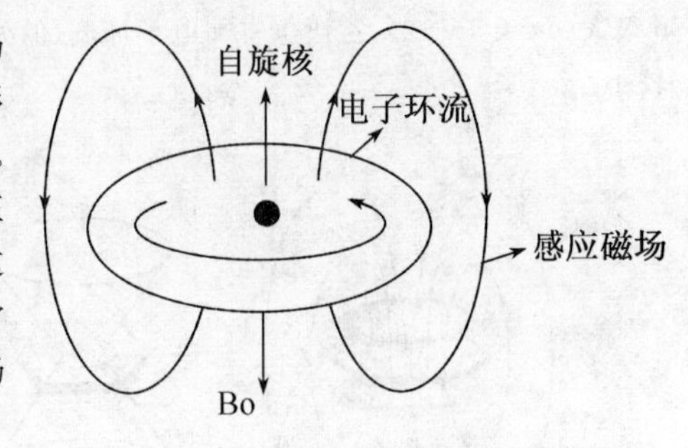

图 5-7　电子对核的屏蔽作用

处于不同化学环境的质子,核外电子云分布不同,σ 值不同,核磁共振吸收峰出现的位置亦不同。在以扫频方式测定时,核外电子云密度大的质子,σ 值大,吸收峰出现较低频,相反核外电子云密度小的质子,吸收峰出现在较高频。若以扫场方式进行测定,则电子云密度大的质子吸收峰在较高场,电子云密度小的质子出现在较低场。

(3) 化学位移值

化学位移是依赖于磁场强度的,不同频率的仪器测出的化学位移值是不同的。为了使在不同频率的核磁共振仪上测得的化学位移值相同(不依赖于测定时的条件),通常在核磁测定时,要在样品中加入一些四甲基硅烷(TMS)作为内标物,把它的共振信号设为 0 Hz。则化学位移 δ 为:

$$\delta=\left(\frac{\nu_{样品}-\nu_{TMS}}{\nu_{仪器所用频率}}\right)\times10^6$$

其中,$\nu_{样品}$ 和 ν_{TMS} 分别为样品和标准物 TMS 中质子的共振频率。化学位移值 δ 是一个无量纲数,用 ppm(百万分之一)表示,是一个与磁场强度无关的值,标准化合物 TMS 的 δ 值为 0。在 TMS 左边的吸收峰 δ 值为正值,在 TMS 右边的吸收峰 δ 值为负值,大多数有机化合物的^{1}H 核都在比 TMS 低场处共振,化学位移为正值。

(4) 影响化学位移的因素

① 诱导效应

与质子相连的元素电负性越强，吸电子作用越强，价电子偏离质子，屏蔽作用减弱，NMR 吸收峰在低场、高化学位移处。即 δ 值随着邻近原子或原子团的电负性的增加而增加，随着 H 原子与电负性基团距离的增大而减小。烷烃中 H 的 δ 值按伯、仲、叔次序依次增加。

② 共轭效应

当吸电子基团或推电子基团与乙烯分子上的碳-碳双键共轭时，烯碳上质子的电子云密度会改变，其吸收峰也会发生位移，图 5-8 是乙酸乙烯酯、丙烯酸甲酯与乙烯吸收峰的比较：

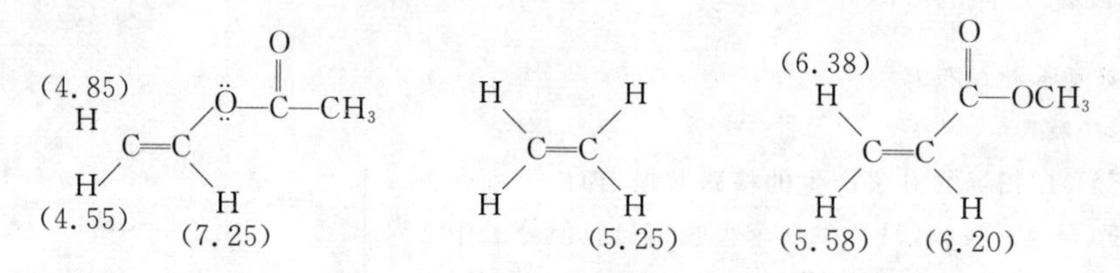

图 5-8 乙酸乙烯酯、丙烯酸甲酯与乙烯吸收峰的比较

③ 电子环流效应(磁场的各向异性)

烯烃、醛、芳环中，π 电子在外加磁场作用下产生环流，使氢原子周围产生感应磁场，如果感应磁场的方向与外加磁场相同，即增加了外加磁场，所以在外加磁场还没有达到 H_0 时，就发生能级跃迁，这称为去屏蔽效应，该区域称为去屏蔽区，用“－”号表示；而当感应磁场的方向与外加磁场方向相反时，减小了外加磁场，称为屏蔽效应，该区域称为屏蔽区，用“＋”号表示。烯烃、醛、芳环中氢原子处于去屏蔽区，因而它们的 δ 很大(δ=4.5～12)，乙炔也有 π 电子环流，但处在屏蔽区(感应磁场与外加磁场对抗区)，所以炔氢的 δ 值较小。

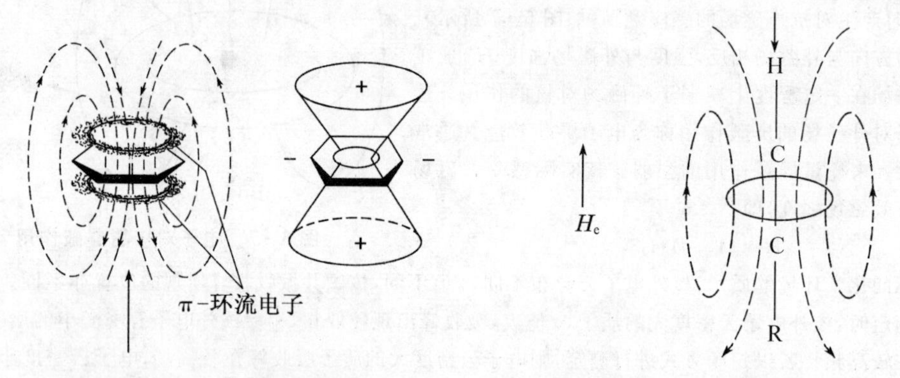

图 5-9 芳环的磁场的各向异性 **图 5-10 叁键的磁场的各向异性**

④ 氢键效应和溶剂效应

当分子形成氢键后，由于静电场的作用，使氢外围电子云密度降低而去屏蔽，δ 值增加。由于氢键的强度与分子所处环境有关，因此，氢键中的氢随溶剂极性、溶液浓度和测定温度的不同，其 δ 值也有所改变。如羧基的氢化学位移通常在 10～14 左右。在核磁共振谱的测定中，由于采用不同溶剂，某些质子的化学位移发生变化，这种现象称为溶剂效应。溶剂效应的产生往往是由溶剂的磁各向异性效应或溶剂与被测试样分子间的氢键效应引起的。由于氢原子核的化学位移范围比较小，而核磁共振的测定通常必须将样品配制为溶液状态进行，因而溶剂效应是一个不可忽略的因素。

(5) 常见各类有机化合物的化学位移

① 饱和烃

—CH_3：δ_{CH_3} = 0.79～1.10 ppm；

—CH_2：δ_{CH_2} = 0.98～1.54 ppm；

—CH：$\delta_{CH}=\delta_{CH_3}+(0.5\sim0.6)$ppm。

② 烯烃

端烯质子：$\delta_H=4.8\sim5.0$ ppm；

内烯质子：$\delta_H=5.1\sim5.7$ ppm；

与烯基、芳基共轭：$\delta_H=4\sim7$ ppm。

③ 芳香烃

芳烃质子：$\delta_H=6.5\sim8.0$ ppm；

供电子基团取代—OR，—NR_2 时：$\delta_H=6.5\sim7.0$ ppm；

吸电子基团取代—$COCH_3$，—CN，—NO_2 时：$\delta_H=7.2\sim8.0$ ppm。

2. 峰面积与氢原子数

在核磁共振谱图中，每一组吸收峰都代表一种氢，每种共振峰所包含的面积是不同的，其面积之比恰好是各种氢原子数之比。因此核磁共振谱不仅提供了各种不同H的化学位移，并且也表示了各种不同氢的数目之比。

共振峰的面积大小一般是用积分曲线高度法测出，是核磁共振仪上带的自动分析仪对各峰的面积进行自动积分，得到的数值用阶梯积分高度表示出来。积分曲线的画法是由低场到高场(从左到右)，从积分曲线起点到终点的总高度与分子中全部氢原子数目成比例，各阶梯的高度比表示引起该共振峰的氢原子数之比。

3. 峰的裂分和自旋偶合

(1) 峰的裂分

在高分辨率下，吸收峰产生化学位移和裂分，这种使吸收峰分裂增多的现象称为峰的裂分。由有机化合物的核磁共振谱可获得质子所处化学环境的信息，进而可确定化合物的结构。

(2) 自旋偶合

核磁共振峰的裂分是因为相邻两个碳上的质子之间的自旋偶合(自旋干扰)而产生的。这种由于邻近不等性质子自旋的相互作用(干扰)而分裂成几重峰的现象称为自旋偶合。自旋偶合作用不影响化学位移，但对共振峰的形状会产生重大影响，使谱图变得复杂，但也为结构分析提供了更多的信息。

自旋方式有两种：与外加磁场同向(↑)或异向(↓)，因此它可使邻近的核感受到磁场强度的加强或减弱。这样就使邻近质子在半数分子中的共振吸收向低场移动，在半数分子中的共振吸收向高场移动。原来的信号裂分成强度相等的两个峰，即一组双重峰。两个裂分峰间的距离为偶合常数(J)。若邻近有两个不等性核在自旋，那么这个信号就要裂成三重峰，它们的强度比是1∶2∶1。同理，邻近有三个核在自旋时，信号将裂分成四重峰，其强度之比为1∶3∶3∶1。所以峰的裂分情况与邻近碳上的不等性质子数(n)有关。

(3) 裂分峰数与峰面积

某组环境相同的氢核，与 n 个环境相同的氢核(或 $I=1/2$ 的核)偶合，裂分后的峰数是邻近不等性质子数加一。这就是所谓裂分的 $n+1$ 规律。它们的相对强度之比是二项式$(a+b)^n$的展开系数。$n+1$ 规律只适合于互相偶合的质子的化学位移差远大于偶合常数，即 $\Delta\delta\gg J$ 时的一级谱。其中 J 为偶合常数，它是相邻两裂分峰之间的距离，单位为赫兹(Hz)。在实际谱图中互相偶合的二组峰强度会出现内侧高、外侧低的情况，称为向心规则。利用向心规则，可以找到吸收峰间互相偶合的关系。某组环境相同的氢核，分别与 n 个和 m 个环境不同的氢核(或 $I=1/2$ 的核)偶合，则被裂分为$(n+1)(m+1)$条峰(实际谱图可能出现谱峰部分重叠，裂分峰数少于计算值)。

另外，峰面积与同类质子数成正比，仅能确定各类质子之间的相对比例。

(4) 磁等同与磁不等同

① 化学等价(化学位移等价)

若分子中两个相同原子(或两个相同基团)处于相同的化学环境，其化学位移相同，它们是化学等价的。

化学不等价的例子有：(a) 对映异构体。在手性溶剂中：两个 CH_3 化学不等价；在非手性溶剂中：两个 CH_3 化学等价。(b) 固定在环上 CH_2 的两个氢化学不等价。(c) 单键不能快速旋转，连于同一原子上的两个相同基团化学不等价。(d) 与手性碳相连的 CH_2 的两个氢化学不等价。

② 磁等同

分子中相同种类的核(或相同基团)，不仅化学位移相同，而且还以相同的偶合常数与分子中其他的核相偶合，只表现一个偶合常数，这类核称为磁等同的核。两核(或基团)磁等同条件是：(a) 化学等价(化学位移相同)；(b) 对组外任一个核具有相同的偶合常数(数值和键数)。

三、核磁共振波谱仪

1. 主要组成及部件的功能

高分辨率核磁共振波谱仪分连续波核磁共振波谱仪和脉冲傅立叶变换核磁共振波谱仪。现以连续波核磁共振波谱仪为例，说明仪器的主要结构。如图 5-11 所示，仪器由磁场、射频发射单元、射频和磁场扫描单元、射频监测单元、数据处理仪器控制、样品管六个部分组成。

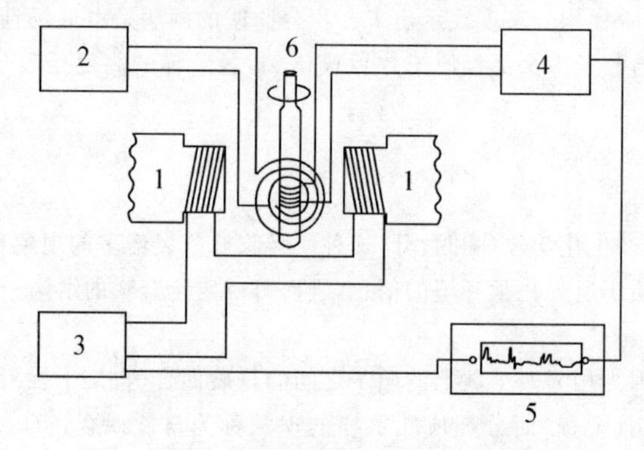

图 5-11 连续波核磁共振波谱仪意图

1. 磁铁 2. 射频振荡器 3. 扫描发生器
4. 检测器 5. 记录器 6. 样品管

(1) 磁场

磁场是一个关键部件，它决定了一台核磁共振波谱仪的灵敏度和分辨率，高分辨率的仪器要求磁场强度均匀度在 10^{-8} T，磁场强度稳定。经常采用的磁铁有三种：永久磁铁、电磁铁和超导磁铁。永久磁铁常用于共振频率 60 MHz 以下的核磁共振波谱仪，电磁铁通过强大的电流产生磁场，电磁铁要发出热量，因此要有水冷装置，保持温度在 20～35℃范围，变化不超过 0.10 ℃/h；开机后 3～4 h 即可达到稳定状态。在电磁铁的两极上绕上一对磁场扫描线圈，当线圈中通过直流电时，所产生的磁场叠加在原有的磁场上，使有效的磁场在 102 mG 范围内变化，而且不影响磁场的均匀性，一般提供 60 MHz～100 MHz 的共振频率。利用某些材料在低温下出现超导现象的原理，制成了超导磁铁。超导磁铁的线圈是由铌钛合金材料制成的。由于超导材料电阻为零，因此可以通入大电流而不产生热量，大电流可以使磁场强度极大提高，满足高分辨分析的需要。超导磁铁的磁场强度均匀、稳定，最高可达到相应于 800 MHz 的共振频率，做出谱图的分辨率高，灵敏度高，便于分析，但价格也最昂贵。

(2) 探头

探头是核磁共振波谱仪的心脏部分，不仅用于固定样品管在磁场中的位置，还用来监测核磁共振信号。探头包括试样管、射频发射线圈、射频接收线圈、气动涡轮旋转装置。探头上绕有射频发射线圈、射频接收线圈。气动涡轮旋转装置的作用是使样品管在探头中，沿纵轴向快速旋转，目的是使磁场强度的不均匀性对测定样品的影响均匀化，使谱峰的宽度减小。

(3) 射频发射单元

将射频发射器连接到发射线圈上，然后将能量传递给样品，而射频发射方向处与磁场中。^1H-NMR 常用 60 MHz、200 MHz、300 MHz、500 MHz 射频振荡器，要求射频的稳定性在 10^{-8} s，需要扫描频率时，发射出随时呈线性变化的频率。

(4) 射频和磁场扫描单元

实现核磁共振一般有两种方法，固定外磁场强度(H_0)扫描射频，实现核磁共振，叫作“扫频”；固定高频电磁场频率(ν)，扫描外磁场强度叫作“扫场”，现多用扫场的方法得到谱图。

(5) 射频接收单元

共振和产生的共振信号通过探头上的接收线圈送入射频接收单元，经放大记录下来。此单元包括射频接收线圈、检波器、放大器。

(6) 数据处理仪器控制

送入射频接收单元的信号记录在此单元经过一系列的处理，得到核磁共振。

实验 36　气相色谱-质谱法鉴定纯物质及混合有机物

一、实验目的

(1) 掌握有机化合物的基本裂解规律，确定化合物的分子量、分子式、分子离子、碎片离子，推断分子离子和碎片离子的裂解途径。

(2) 学习质谱直接进样测定纯物质和气相色谱进样测定混合物的技术及工作原理。

(3) 了解气相色谱-质谱仪的基本构造。

二、实验原理

质谱法的特点是分析快速、灵敏、分辨率高、样品用量少且分析对象范围广(气体、液体、固体的有机样品均可分析)，质谱法与当今最为有效的分离技术——气相色谱的联用，使复杂有机混合物的分离与鉴定能快速同步地一次完成，因此色谱-质谱联用仪已成为当代最成熟最有效的有机混合物的分析工具之一。利用气相色谱-质谱仪可以对有机化合物进行定性分析，给出样品的碎片信息，根据标准质谱确定化合物的分子式、分子量、结构式；也可对可汽化的有机化合物样品进行组分分析，测定混合样品中可汽化组分的分子量、分子式、结构式等。

三、实验仪器及试剂

1. 仪器

气相色谱-质谱联用仪。

2. 试剂

非那西丁标准品(北京药品生物制品检定所)，甲苯、氯苯、溴苯的氯仿混合溶液。

四、实验步骤

1. 直接进样法对非那西丁的质谱测定

(1) 仪器条件

DI 程序升温：80 ℃ · min^{-1} ～280℃(10 min)；离子源：EI(70 eV)；质量扫描范围

33～700 amu；扫描速率：1 000 amu · s^{-1}；检测器温度：230℃；检测电压：1.00 kV。

(2) 图谱绘制

取适量非那西丁试样，采取直接进样方式送入质谱仪，在上述仪器条件下进行测定，可得到如图 5 - 12 所示的非那西丁质谱图。

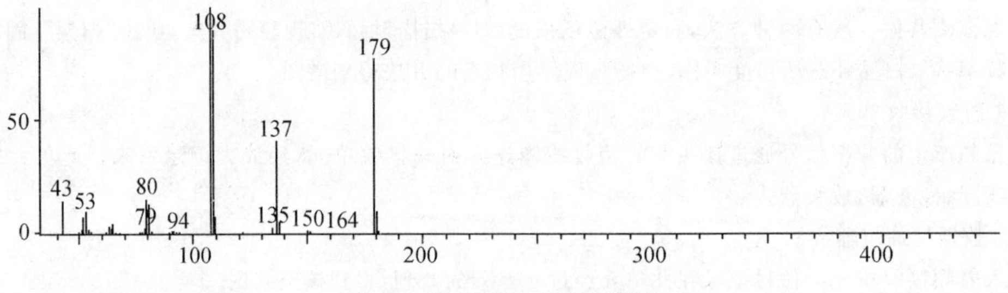

图 5 - 12　非那西丁质谱图

2. 气相色谱进样法对混合物甲苯、氯苯、溴苯进行质谱测定

(1) 仪器条件

气相色谱条件：DB - 5MS（0. 25 mm × 0. 25 μm × 30 m）毛细管柱；柱温：50℃（5 min）～10 ℃ · min^{-1}～150℃；气化室温度：200℃；气化室模式：分流（10 ∶ 1）；进样体积：1 μL；载气：He；流速：1 mL · min^{-1}；溶剂：氯仿；溶剂切割时间：3.2 min；开始时间：3.4 min。

质谱条件：EI：70 eV；质量扫描范围 33～700 amu；扫描速率：1 000 amu · s^{-1}；检测器温度：230℃；检测电压：1.00 kV。

(2) 图谱绘制

用微量进样器取 1 μL 供试液，在上述色谱条件下进样，获得气相色谱总离子流图（如图 5 - 13），对每个成分作质谱图（如图 5 - 14、图 5 - 15 和图 5 - 16）。

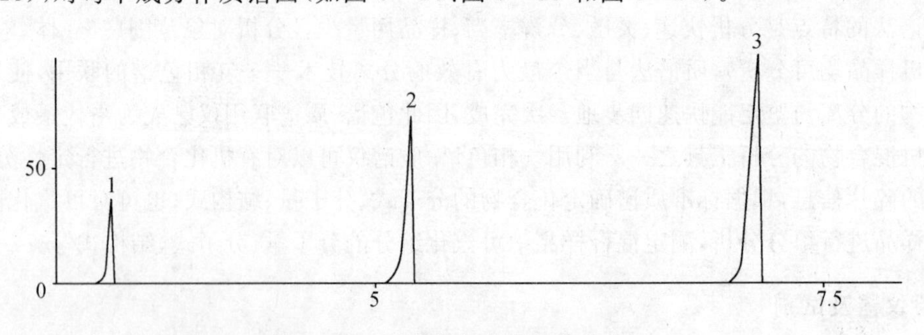

图 5 - 13　试样气相色谱总离子流图

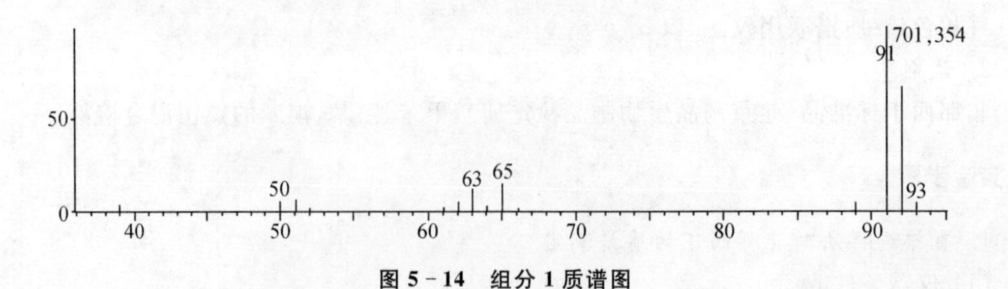

图 5 - 14　组分 1 质谱图

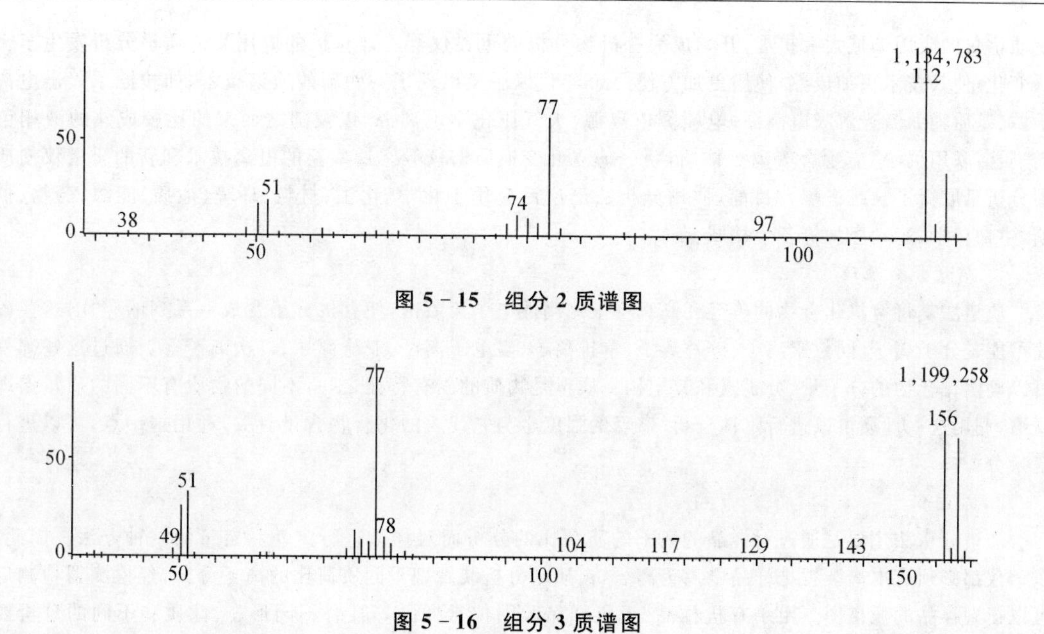

图 5－15　组分 2 质谱图

图 5－16　组分 3 质谱图

五、实验数据处理

由质谱的基本裂解规律，推断非那西丁分子离子 $m/z=179$ 和主要碎片离子 $m/z=137,108,80,43$ 可能的裂解途径。

根据特征离子及同位素离子的丰度判断组分 1、2、3 各为何物质；另外，根据质谱的谱库检索功能鉴定未知混合物中的各组分。

六、问题与思考

（1）为什么质谱仪需要高真空系统？

（2）如何利用质谱确定有机化合物的分子量？质荷比最大者是否就是化合物的分子量？

（3）分子离子峰的强弱与化合物的结构有何关系？

附录：气相色谱-质谱分析法简介

气相色谱分析方法见第四章。以下对质谱分析和气相色谱-质谱联用分析进行介绍。

一、质谱分析

质谱分析法是通过对被测样品离子质荷比（m/z）的测定进行分析的一种分析方法。被分析样品首先要离子化，然后利用不同离子在电场或磁场中运动行为的不同，把离子按质荷比分开而得到质谱，通过样品的质谱图（亦称质谱，Mass Spectrum）和相关信息，可以进行有机物和无机物的定性和定量分析、复杂化合物的结构分析、样品中各种同位素比的测定及固体表面的结构和组成分析等。

从 J. J. Thomson 研制成第一台质谱仪，到现在已有近 100 年了，早期的质谱仪主要是用来进行同位素测定和无机元素分析。20 世纪 40 年代以后开始用于有机物分析，60 年代出现了气相色谱-质谱联用仪，使质谱仪的应用领域大大扩展，开始成为有机物分析的重要仪器。计算机的应用又使质谱分析发生了飞跃变化，使其技术更加成熟，使用更加方便。80年代以后又出现了一些新的质谱技术，如快原子轰击电离子源、基质辅助激光解吸电离源、电喷雾电离源、大气压化学电离源，以及随之而来的比较成熟的液相色谱-质谱联用仪、感应耦合等离子体质谱仪、傅立叶变换质谱仪等。这些新的电离技术和新的质谱仪使质谱分析又取得了长足进展。目前，质谱分析法已广泛应用于化学、化工、材料、环境、地质、能源、药物、刑侦、生命科学、运动医学等各个领域。

1. 质谱分析原理

质谱法是将有机化合物的蒸气在高真空下用高能电子流轰击，使有机分子变成一系列的碎片，这些碎片可能是分子离子、同位素离子、碎片离子、重排离子、多电子离子、亚稳离子、二次离子等。通过这些碎片可以确定化合物的分子量、分子式和其结构。质量是物质的固有特征之一，不同的物质有不同的质量谱即质谱，利用这一性质可以进行定性分析；谱峰的强度也与它代表的化合物含量有关，利用这一点，可以进行定量分析。

2. 质谱仪

质谱分析法主要是通过对样品的离子的质荷比的分析而对样品进行定性和定量的一种方法。因此，质谱仪都必须有电离装置把样品电离为离子，由质量分析装置把不同质荷比的离子分开，经检测器检测后可以得到样品的质谱图。由于有机样品、无机样品和同位素样品等具有不同形态、性质和不同的分析要求，所以，所用的电离装置、质量分析装置和检测装置有所不同。但是，不论何种类型的质谱仪，其基本组成是相同的，都包括真空系统、进样系统、离子源、质量分析器、检测器和计算机控制与数据处理系统(工作站)，如图5-17所示。

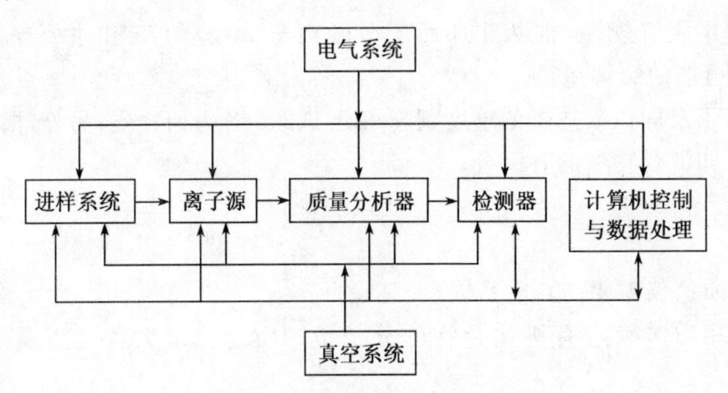

图5-17 质谱仪工作方框图

(1) 真空系统

为了保证离子源中灯丝的正常工作，保证离子在离子源和分析器中正常运行，消减不必要的离子碰撞、散射效应、复合反应和离子-分子反应，减小本底与记忆效应，质谱仪的离子源和分析器都必须处在低于 10^{-5} mbar的真空中才能工作。一般真空系统由机械真空泵和扩散泵或涡轮分子泵组成。机械真空泵能达到的极限真空度为 10^{-3} mbar，不能满足要求，必须依靠高真空泵。扩散泵是常用的高真空泵，性能稳定可靠，缺点是启动慢，从停机状态到仪器能正常工作所需时间长。涡轮分子泵则相反，启动快，但使用寿命不如扩散泵。由于涡轮分子泵使用方便，没有油的扩散污染问题，近年来生产的质谱仪大多使用涡轮分子泵。涡轮分子泵直接与离子源或分析器相连，抽出的气体再由机械真空泵排到系统之外。

(2) 进样系统

进样系统是在不破坏真空度的情况下，使样品进入离子源。气体可通过储气器进入离子源。易挥发的液体在进样系统内汽化后进入离子源，难挥发的液体或固体样品通过探针直接插入离子源。

(3) 离子源

离子源的主要作用是使待测样品组分电离以实现离子化，得到带有组分信息的离子。离子源的类型有很多种。

① 电子电离源(Electron Ionization，EI)

电子电离源又称EI源，是应用最多的离子源，主要用于挥发性样品的电离。样品以气体形式进入离子源，由灯丝发出的电子与样品分子发生碰撞使样品分子电离。一般情况下，灯丝与接收极之间的电压为70 V，所有的标准质谱图都是在70 eV下做出的。在能量为70 eV的电子碰撞作用下，有机物分子可能被打掉一个电子而形成分子离子，也可能会发生化学键的断裂而形成碎片离子。由分子离子可以确定化合物的分子量，由碎片离子可以得到化合物的结构信息。对于一些不稳定的化合物，在70 eV的电子轰击下很难得到分子离子。为了得到分子量，可以采用1 020 eV的电子能量，不过此时仪器灵敏度将大大降低，需要加大样品的进样量。而且，得到的质谱图不再是标准质谱图。

离子源中发生的电离过程是很复杂的。在电子轰击下，样品分子可能有以下四种不同的途径形成离子：(a) 样品分子被打掉一个电子形成分子离子；(b) 分子离子进一步发生化学键断裂形成碎片离子；(c) 分子离子发生结构重排形成重排离子；(d) 通过分子-离子反应生成加合离子。

此外，还有同位素离子。这样，一个样品分子可以产生很多带有结构信息的离子，对这些离子进行质量分析和检测，可以得到具有样品信息的质谱图。

电子电离源主要适用于易挥发有机样品的电离，GC-MS联用仪中都有这种离子源。其优点是70 eV的电子轰击后得到的碎片比较稳定，可以在不同的时间和不同的仪器上进行比较，工作稳定可靠，结构信息丰富，有标准质谱图可以检索。缺点是只适用于挥发性样品的电离，不能汽化的样品不能分析，稳定性不高的样品得不到分子离子。

② 化学电离源(Chemical Ionization，CI)

有些化合物稳定性差，用EI方式不易得到分子离子，因而也就得不到分子量。为了得到分子量可以采用CI电离方式。CI和EI在结构上没有多大差别，主体部件是共用的。主要差别是CI源工作过程中要引进一种反应气体。反应气体可以是甲烷、异丁烷、氨等。反应气的量比样品气大得多。灯丝发出的电子首先将反应气电离，然后反应气离子与样品分子进行离子-分子反应，并使样品气电离。

化学电离源是一种软电离方式，有些用EI方式得不到分子离子的样品，改用CI后可以得到准分子离子，因而可以求得分子量。对于含有很强的吸电子基团的化合物，检测负离子的灵敏度远高于正离子的灵敏度，因此，CI源一般都有正CI和负CI，可以根据样品特性进行选择。由于CI得到的质谱谱图简单，最强峰为准分子离子，但由于不是标准质谱，所以不能进行库检索。

CI源主要用于气相色谱-质谱联用仪，适用于易汽化的有机物样品分析，不适用难挥发试样。

③ 快原子轰击源(Fast Atomic bombardment，FAB)

快原子轰击源是另一种常用的离子源，它主要用于极性强、分子量大的样品分析。

氩气在电离室依靠放电产生氩离子，高能氩离子经电荷交换得到高能氩原子流，氩原子打在样品上产生样品离子。样品置于涂有底物(如甘油)的靶上，靶材为铜，原子氩打在样品上使其电离后进入真空，并在电场作用下进入分析器。电离过程中不必加热气化，因此适合于分析大分子量、难气化、热稳定性差的样品。例如肽类、低聚糖、天然抗生素、有机金属络合物等。

FAB源得到的质谱不仅有较强的准分子离子峰，而且有较丰富的结构信息。但是，它与EI源得到的质谱图很不相同。其一是它的分子量信息不是分子离子峰M，而往往是$(M+H)^+$或$(M+Na)^+$等准分子离子峰；其二是碎片峰比EI谱少。

FAB源主要用于磁式双聚焦质谱仪。

④ 电喷雾源(Electron spray Ionization，ESI)

ESI是近年来出现的一种新的电离方式，主要用于液相色谱-质谱联用仪，既作为液相色谱和质谱仪之间的接口装置，同时又是电离装置。主要部件是一个多层套管组成的电喷雾喷嘴。最内层是液相色谱流出物，外层是喷射气，喷射气常采用大流量的氮气，其作用是使喷出的液体容易分散成微滴。另外，在喷嘴的斜前方还有一个补助气喷嘴，补助气的作用是使微滴的溶剂快速蒸发。在微滴蒸发过程中表面电荷密度逐渐增大，当增大到某个临界值时，离子就可以从表面蒸发出来。离子产生后，借助于喷嘴与锥孔之间的电压，穿过取样孔进入分析器。

加到喷嘴上的电压可正可负。通过调节极性，可以得到正离子或负离子的质谱。值得一提的是电喷雾喷嘴的角度，如果喷嘴正对取样孔，则取样孔易堵塞。因此，有的电喷雾喷嘴设计成喷射方向与取样孔不在一条线上，而错开一定角度。这样溶剂雾滴不会直接喷到取样孔上，使取样孔比较干净，不易堵塞。产生的离子靠电场的作用引入取样孔，进入分析器。

电喷雾电离源是一种软电离方式，即便是分子量大，稳定性差的化合物，也不会在电离过程中发生分解，它适合于分析极性强的大分子有机化合物，如蛋白质、肽、糖等。电喷雾电离源的最大特点是容易形成多电荷离子。这样，一个分子量为 10 000 的分子若带有 10 个电荷，则其质荷比只有 1 000，进入了一般质谱仪可以分析的范围。根据这一特点，目前采用电喷雾电离，可以测量分子量在 300 000 以上的蛋白质。

⑤ 大气压化学电离源(Atmospheric pressure chemical Ionization，APCI)

它的结构与电喷雾源大致相同，不同之处在于 APCI 喷嘴的下游放置一个针状放电电极，通过放电电极的高压放电，使空气中某些中性分子电离，产生 H_3O^+，$N_2{}^+$，$O_2{}^+$ 和 O^+ 等离子，溶剂分子也会被电离，这些离子与分析物分子进行离子-分子反应，使分析物分子离子化，这些反应过程包括由质子转移和电荷交换产生正离子，质子脱离和电子捕获产生负离子等。

大气压化学电离源主要用来分析中等极性的化合物。有些分析物由于结构和极性方面的原因，用 ESI 不能产生足够强的离子，可以采用 APCI 方式增加离子产率，可以认为 APCI 是 ESI 的补充。APCI 主要产生的是单电荷离子，所以分析的化合物分子量一般小于1 000。用这种电离源得到的质谱很少有碎片离子，主要是准分子离子。

⑥ 激光解吸源(Laser Description，LD)

激光解吸是利用一定波长的脉冲式激光照射样品使样品电离的一种电离方式。被分析的样品置于涂有基质的样品靶上，激光照射到样品靶上，基质分子吸收激光能量，与样品分子一起蒸发到气相并使样品分子电离。激光电离源需要有合适的基质才能得到较好的离子产率。因此，这种电离源通常称为基质辅助激光解吸电离(Matrix Assisted Laser Description Ionization，简称 MALDI)。MALDI 特别适合于飞行时间质谱仪(TOF)，组成 MALDI-TOF。MALDI 属于软电离技术，比较适合于分析生物大分子，如肽、蛋白质、核酸等。得到的质谱主要是分子离子、准分子离子。碎片离子和多电荷离子较少。MALDI 常用的基质有 2,5 -二羟基苯甲酸、芥子酸、烟酸、α -氰基- 4 -羟基肉桂酸等。

(4) 质量分析器

质量分析器是质谱仪的核心部件，因此，常以质量分析器的类型来命名一台质谱仪，质量分析器的作用是将离子源产生的离子按 m/z 顺序分开并排列成谱。用于有机质谱仪的质量分析器有磁式质量分析器(分为单聚焦和双聚焦两种类型)、四极杆质量分析器、离子阱质量分析器、飞行时间质量分析器、傅立叶变换离子回旋共振质量分析器等。

① 磁式质量分析器

这类分析器是利用磁场进行质量分析的，分为单聚焦和双聚焦两种类型。单聚焦质量分析器使用扇形磁场，双聚焦分析器则使用扇形电场及扇形磁场。双聚焦分析器是在单聚焦分析器的基础上发展起来的。

单聚焦分析器的主体是处在磁场中的扇形真空腔体。离子进入分析器后，由于磁场的作用，其运动轨道发生偏转改作圆周运动。其运动轨道半径 R 可由下式表示：

$$R=\frac{1.44\times10^{-2}}{B}\times\sqrt{\frac{m}{z}\cdot V}$$

式中：m 为离子质量；z 为离子电荷量，以电子的电荷量为单位；V 为离子加速电压；B 是磁感应强度。

由上式可知，在一定的 B、V 条件下，不同 m/z 的离子其运动半径不同。这样，由离子源产生的离子经过分析器后可实现质量分离。如果检测器位置不变(即 R 不变)、连续改变 V 或 B 可以使不同 m/z 的离子顺序进入检测器，实现质量扫描，得到样品的质谱。

单聚焦分析结构简单，操作方便，但其分辨率很低。不能满足有机物分析的要求，目前只用于同位素质谱仪和气体质谱仪。单聚集质谱仪分辨率低的主要原因在于它不能克服离子初始能量分散对分辨率造成的影响。在离子源产生的离子当中，质量相同的离子应该聚在一起，但由于离子初始能量不同，经过磁场后其偏转半径也不同，而是按能量大小顺序分开，即磁场也具有能量色散作用。这样就使得相邻两种质量的离子很难分离，从而降低了分辨率。

为消除离子能量分散对分辨率的影响，通常在扇形磁场前加一扇形电场。扇形电场是一个能量分析器，不起质量分离作用。质量相同而能量不同的离子经过静电电场后会彼此分开。即静电场有能量色散作用。如果设法使静电场的能量色散作用和磁场的能量色散作用大小相等方向相反，就可以消除能量分散对分辨率的影响。只要是质量相同的离子，经过电场和磁场后可以会聚在一起。其他质量的离子会聚在另一点。改变离子加速电压可以实现质量扫描。这种由电场和磁场共同实现质量分离的分析器，同时具有方向聚焦和能量聚焦作用，叫双聚焦质量分析器。双聚焦分析器的优点是分辨率高，缺点是扫描速度慢，操作、调整比较困难，而且仪器造价也比较昂贵。

② 四极杆质量分析器

四极杆分析器由四根棒状电极组成。电极材料是镀金陶瓷或钼合金。相对两根电极间加有电压($V_{dc}+V_{rf}$)，另外两根电极间加有$-(V_{dc}+V_{rf})$。其中 V_{dc} 为直流电压，V_{rf} 为射频电压。四个棒状电极形成一个四极电场。

离子从离子源进入四极场后，在场的作用下产生振动，如果质量为 m，电荷为 e 的离子从 Z 方向进入四极场，在电场作用下其运动方程是

$$\begin{cases} d^2x/dt^2+(a+2q\cos 2T)\cdot x=0 \\ d^2y/dt^2+(a+2q\cos 2T)\cdot y=0 \\ d^2z/dt^2=0 \end{cases}$$

式中：$a=\dfrac{8eV_{dc}}{mr_0{}^2w^2}$；$q=\dfrac{8eV_0}{mr_0{}^2w^2}$；$T=\dfrac{1}{2}wt$。

离子运动轨迹可由方程解描述。数学分析表明，在 a，q 取某些数值时，运动方程有稳定的解，稳定解的图解形式通常用 a，q 参数的稳定三角形表示。当离子的 a，q 值处于稳定三角形内部时，这些离子振幅是有限的，因而可以通过四极场达到检测器。在保持 V_{dc}/V_{rf} 不变的情况下改变 V_{rf} 值，对应于一个 V_{rf} 值，四极场只允许一种质荷比的离子通过，其余离子则振幅不断增大，最后碰到四极杆而被吸收。通过四极杆的离子到达检测器被检测。改变 V_{rf} 值可以使不同质荷比的离子顺序通过四极场实现质量扫描。设置扫描范围实际上是设置 V_{rf} 值的变化范围。

V_{rf} 的变化可以是连续的，也可以是跳跃式的。所谓跳跃式扫描是只检测某些质量的离子，故称为选择离子监测(Select Ion Monitoring，SIM)。当样品量很少，而且样品中特征离子已知时，可以采用选择离子监测。这种扫描方式灵敏度高，并且通过选择适当的离子使干扰组分不被采集，可以消除组分间的干扰。SIM 适合于定量分析，但因为这种扫描方式得到的质谱不是全谱，因此不能进行质谱库检索和定性分析。

③ 飞行时间质量分析器(Time of flight analyzer，TOF)

飞行时间质量分析器的主要部分是一个离子漂移管。离子在加速电压 V 作用下得到动能，则有

$$\frac{1}{2}mv^2=eV \text{ 或 } v=\left(\frac{2eV}{m}\right)^{\frac{1}{2}}$$

式中：m 为离子的质量；e 为离子的电荷量；V 为离子加速电压。

离子以速度 v 进入自由空间(漂移区)，假定离子在漂移区飞行的时间为 T，漂移区长度为 L，则

$$T=L\left(\frac{m}{2eV}\right)^{\frac{1}{2}}$$

由上式可见，离子在漂移管中飞行的时间与离子质量的平方根成正比。即对于能量相同的离子，离子的质量越大，达到接收器所用的时间越长；质量越小，所用时间越短。适当增加漂移管的长度就可以把不同质量的离子分开。

飞行时间质量分析器的特点是质量范围宽，扫描速度快，既不需电场也不需磁场。但长时间以来一直存在分辨率低这一缺点。造成分辨率低的主要原因在于离子进入漂移管前的时间分散、空间分散和能量分散。这样，即使是质量相同的离子，由于产生时间的先后，产生空间的前后和初始动能的大小不同，达到检测器的时间就不相同，因而降低了分辨率。目前，通过采取激光脉冲电离方式，离子延迟引出技术和离子反射技术，可以在很大程度上克服上述三个原因造成的分辨率下降。现在，飞行时间质谱仪的分辨率可达 20 000 以上。最高可检质量超过 300 000，并且具有很高的灵敏度。目前，这种分析器已广泛应用于气相色谱-质谱联用仪、液相色谱-质谱联用仪和基质辅助激光解吸飞行时间质谱仪中。

④ 离子阱质量分析器

离子阱的主体是一个环电极和上下两端盖电极。环电极和上下两端盖电极都是绕 Z 轴旋转的双曲面，并满足 $r_0{}^2=2Z_0{}^2$（r_0 为环形电极的最小半径，Z_0 为两个端盖电极间的最短距离）。直流电压 U 和射频电压 V_{rf} 加在环电极和端盖电极之间，两端盖电极都处于低电位。

与四极杆分析器类似，离子在离子阱内的运动遵守所谓马蒂厄微分方程，也有类似四极杆分析器的稳定图。在稳定区内的离子，轨道振幅保持一定大小，可以长时间留在阱内，不稳定区的离子振幅很快增长，撞击到电极而消失。对于一定质量的离子，在一定的 U 和 V_{rf} 下，可以处在稳定区。改变 U 或 V_{rf} 的值，离子可能处于非稳定区。如果在引出电极上加负电压，可以将离子从阱内引出，由电子倍增器检测。因此，离子阱的质量扫描方式与四极杆类似，是在恒定的 U/V_{rf} 下，扫描 V_{rf} 获取质谱。

离子阱的特点是结构小巧，质量轻，灵敏度高，而且还有多级质谱功能。

⑤ 傅立叶变换离子回旋共振质量分析器

这种分析器是在原来回旋共振分析器的基础上发展起来的。离子的回旋频率与离子的质荷比呈线性关系，当磁场强度固定后，只需精确测得离子的共振频率，就能准确得到离子的质量。测定离子共振频率的办法是外加一个射频辐射，如果外加射频频率等于离子共振频率，离子就会吸收外加辐射能量而改变圆周运动的轨道，沿着阿基米德螺线加速，离子收集器放在适当的位置就能收到共振离子。改变辐射频率，就可以接收到不同的离子。但普通的回旋共振分析器扫描速度很慢，灵敏度低，分辨率也很差。傅立叶变换离子回旋共振分析器采用的是线性调频脉冲来激发离子，即在很短的时间内进行快速频率扫描，使很宽范围的质荷比的离子几乎同时受到激发。因而扫描速度和灵敏度比普通回旋共振分析器高得多。

分析室是一个立方体结构，它是由三对相互垂直的平行板电极组成，置于高真空和由超导磁体产生的强磁场中。第一对电极为捕集极，它与磁场方向垂直，电极上加有适当正电压，其目的是延长离子在室内滞留时间；第二对电极为发射极，用于发射射频脉冲；第三对电极为接收极，用来接收离子产生的信号。样品离子引入分析室后，在强磁场作用下被迫以很小的轨道半径作回旋运动，由于离子都是以随机的非相干方式运动，因此不产生可检出的信号。如果在发射极上施加一个很快的扫频电压，当射频频率和某离子的回旋频率一致时共振条件得到满足。离子吸收射频能量，轨道半径逐渐增大，变成螺旋运动，经过一段时间的相互作用以后，所有离子都做相干运动，产生可被检出的信号。做相干运动的正离子运动至靠近接收极的一个极板时，吸收此极板表面的电子，当其继续运动到另一极板时，又会吸引另一极板表面的电子。这样便会感生出“象电流”。象电流是一种正弦形式的时间域信号，正弦波的频率和离子的固有回旋频率相同，其振幅则与分析室中该质量的离子数目成正比。如果分析室中各种质量的离子都满足共振条件，那么实际测得的信号是同一时间内作相干轨道运动的各种离子所对应的正弦波信号的叠加。将测得的时间域信号重复累加、放大并经模数转换后输入计算机进行快速傅立叶变换，便可检出各种频率成分，然后利用频率和质量的已知关系，便可得到常见的质谱图。

利用傅立叶变换离子回旋共振原理制成的质谱仪称为傅立叶变换离子回旋共振质谱仪（Fourier Transform Ion Cyclotron Resonance Mass Spectrometer），简称 FT-MS。FT-MS 有很多明显的优点：① 分辨率极高，可超过 1×10^6，而且在高分辨率下不影响灵敏度，而双聚焦分析器为提高分辨率必须降低灵敏度。同时，FT-MS 的测量精度非常好，能达到百万分之几，这对于得到离子的元素组成是非常重要的。② 分析灵敏度高，由于离子是同时激发同时检测，因此比普通回旋共振质谱仪高 4 个数量级，而且在高灵敏度下可以得到高分辨率。③ 具有多级质谱功能。④ 可以和任何离子源相连，扩宽了仪器功能。此外还有诸如扫描速度快、性能稳定可靠、质量范围宽等优点。当然，另一方面，FT-MS 由于需要很高的超导磁场，因而需要液氦，仪器售价和运行费用均较昂贵。

(5) 检测器

质谱仪的检测主要使用电子倍增器，也有的使用光电倍增管。由四极杆出来的离子打到高能电极产生电子，电子经电子倍增器产生电信号，记录不同离子的信号即得质谱。信号增益与倍增器电压有关，提高倍增器电压可以提高灵敏度，但同时会降低倍增器的寿命。在保证仪器灵敏度的前提下应采用尽量低的倍增器电压。

(6) 采集数据和控制仪器

由倍增器出来的电信号被送入计算机储存，这些信号经计算机处理后可以得到色谱图、质谱图及其他信息。

3. 质谱的特点

质谱不属波谱范围；质谱图与电磁波的波长和分子内某种物理量的改变无关；质谱是分子离子及碎片离子的质量与其相对强度的谱，谱图与分子结构有关；质谱法进样量少，灵敏度高，分析速度快；质谱是唯一可以给出分子量同时确定分子式的方法，是鉴定有机物结构的重要方法。但其缺点是不能用于混合物的分析。

二、气相色谱-质谱联用分析

质谱仪是很好的定性鉴定用仪器，但对混合物的分析无能为力。色谱仪是一种很好的分离用仪器，但定性能力很差。两者结合起来，则能发挥各自专长，使分离和鉴定同时进行。

早在 20 世纪 60 年代就开始了气相色谱-质谱联用技术的研究，并出现了早期的气相色谱-质谱联用仪。70 年代末，这种联用仪已经达到很高的水平。同时开始研究液相色谱-质谱联用技术。80 年代后期，大气压电离技术的出现，使液相色谱-质谱联用仪水平提高到一个新的阶段。目前，在有机质谱仪中，除激光解吸电离-飞行时间质谱仪和傅立叶变换质谱仪外，所有质谱仪都是和气相色谱或液相色谱组成联用仪器。这样，使质谱仪无论在定性分析还是在定量分析方面功能都十分强大。

1. 气相色谱-质谱联用仪的结构

图 5-18 为气相色谱-质谱联用仪(Gas Chromatography-Mass Spectrometer，GC-MS)的组成框图。GC-MS 主要由三部分组成：色谱部分、质谱部分和数据处理系统。色谱部分与一般的色谱仪基本相同，包括有柱箱、汽化室和载气系统，也带有分流/不分流进样系统，程序升温系统、压力、流量自动控制系统等，一般不再有色谱检测器，而是利用质谱仪作为色谱的检测器。在色谱部分，混合样品在合适的色谱条件下被分离成单个组分，然后进入质谱仪进行鉴定。

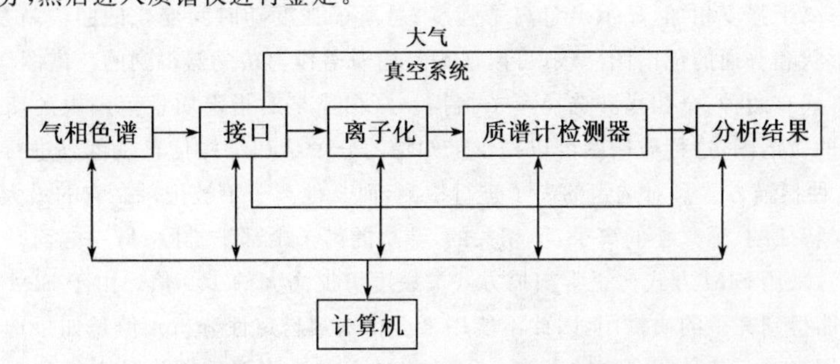

图 5-18　GC-MS 联用仪组成框图

色谱仪是在常压下工作，而质谱仪需要高真空，因此，如果色谱仪使用填充柱，必须经过一种接口装置——分子分离器，将色谱载气去除，使样品气进入质谱仪。如果色谱仪使用毛细管柱，则可以将毛细管直接插入质谱仪离子源，因为毛细管载气流量比填充柱小得多，不会破坏质谱仪真空。

GC-MS的质谱仪部分可以是磁式质谱仪、四极质谱仪，也可以是飞行时间质谱仪和离子阱。目前使用最多的是四极质谱仪。离子源主要是EI源和CI源。

GC-MS的另外一个组成部分是计算机系统。GC-MS的主要操作都由计算机控制进行，这些操作包括利用标准样品（一般用FC－43）校准质谱仪，设置色谱和质谱的工作条件，数据的收集和处理以及库检索等。

这样，一个混合物样品进入色谱仪后，在合适的色谱条件下，被分离成多个单一组分并逐一进入质谱仪，经离子源电离得到具有样品信息的离子，再经分析器、检测器得到每个化合物的质谱。这些信息由计算机储存，根据需要，可以得到混合物的色谱图、单一组分的质谱图和质谱的检索结果等。根据色谱图还可以进行定量分析。因此，GC-MS是有机物定性、定量分析的有力工具。

作为GC-MS联用仪的附件。还可以有直接进样杆和FAB源等。但是FAB源只能用于磁式双聚焦质谱仪。直接进样杆主要用于分析高沸点的纯样品，不经过GC进样，而是直接送到离子源，加热汽化后，由EI电离。另外，GC-MS的数据系统可以有几套数据库，主要有NIST库、Willey库、农药库、毒品库等。

2. GC-MS分析条件的选择

在GC-MS分析中，色谱的分离和质谱数据的采集是同时进行的。为了使每个组分都得到分离和鉴定，必须设置合适的色谱和质谱条件。

色谱条件包括色谱柱类型（填充柱或毛细管柱）、固定液种类、汽化温度、载气流量、分流比、温升程序等。设置的原则是：一般情况下均使用毛细管柱，极性样品使用极性毛细管柱，非极性样品采用非极性毛细管柱，未知样品可先用中等极性的毛细管柱，试用后再调整。若有文献可以参考，可采用文献条件进行初步尝试。

质谱条件包括电离电压、电子电流、扫描速度、质量范围等，这些都要根据样品情况进行设定。为了保护灯丝和倍增器，在设定质谱条件时，还要设置溶剂去除时间，使溶剂峰通过离子源之后再打开灯丝和倍增器。

进行GC-MS分析的样品应是有机溶液，水溶液中的有机物一般不能测定，须进行萃取分离变为有机溶液，或采用顶空进样技术。在所有的条件确定之后，将样品用微量注射器注入进样口，同时启动色谱和质谱，进行GC-MS分析。

3. GC-MS数据的采集

有机混合物样品用微量注射器由色谱仪进样口注入，经色谱柱分离后进入质谱仪离子源，在离子源被电离成离子。离子经质量分析器、检测器之后即获得质谱信号并输入计算机。只要设定好分析器扫描的质量范围和扫描时间，计算机就可以采集到一个个质谱。如果没有样品进入离子源，计算机采集到的各离子强度均为0。当有样品过入离子源时，计算机就采集到具有一定离子强度的质谱。并且计算机可以自动将每个质谱的所有离子强度相加，显示出总离子强度，总离子强度随时间变化的曲线就是总离子色谱图，总离子色谱图的形状和普通的色谱图一致，可以认为是用质谱作为检测器得到的色谱图。

质谱仪扫描方式有两种：全扫描和选择离子扫描。全扫描是对指定质量范围内的离子全部扫描并记录，得到的是正常的质谱图，这种质谱图可以提供未知物的分子量和结构信息。可以进行库检索。而选择离子监测（SIM）这种扫描方式只对选定的离子进行检测，而其他离子不被记录。它的最大优点一方面是只选择性地检测记录特征的、感兴趣的离子，不相关的、干扰的离子全部被排除；另一方面是对选定离子的检测灵敏度大大提高，采用SIM方式比正常扫描方式灵敏度可提高大约100倍。由于SIM扫描只能检测有限的几个离子，不能得到完整的质谱图，因此不能用来进行未知物定性分析。但是如果选定的离子有很好的特征性，也可以用来表示某种化合物的存在。SIM扫描方式最主要的用途是定量分析。由于它的选择性好，可以把由全扫描方式得到的非常复杂的总离子色谱图变得十分简单，消除了其他组分造成的干扰。

4. GC-MS可提供的信息

(1) 总离子色谱图

计算机可以把采集到的每个质谱的所有离子相加得到总离子强度,总离子强度随时间变化的曲线就是总离子色谱图。总离子色谱图的横坐标是出峰时间,纵坐标是峰高。图中每个峰表示样品的一个组分,每个峰均可得到相应化合物的质谱图。峰面积与该组分含量成正比,可用于定量。由GC-MS得到的总离子色谱图与一般色谱仪得到的色谱图基本是一致的。只要所用色谱柱相同,峰的顺序就相同。其差别在于,总离子色谱图所用的检测器是质谱仪,而一般色谱图所用的检测器是氢焰、热导等。两种色谱图中各组分的校正因子不同。

(2) 质谱图

由总离子色谱图可以得到任何一个组分的质谱图。一般情况下,为了提高信噪比。通常由色谱峰峰顶处得到相应的质谱图。但如果两个色谱峰有相互干扰,应尽量选择不发生干扰的位置得到质谱,或通过扣本底消除其他组分的影响。

(3) 质量色谱图(提取离子色谱图)

由质谱中任何一个质量的离子也可以得到色谱图,即质量色谱图。质量色谱图是由全扫描质谱中提取一种质量的离子得到的色谱图,因此,又称为提取离子色谱图。假定作质量为 m 的离子的质量色谱图,如果某化合物质谱中不存在这种离子,那么该化合物就不会出现色谱峰。一个混合物样品中可能只有几个甚至一个化合物出峰。利用这一特点可以识别具有某种特征的化合物,也可以通过选择不同质量的离子做质量色谱图,使正常色谱不能分开的两个峰得到分离,以便进行定量分析。由于质量色谱图是采用一种质量的离子作色谱图,因此,进行定量分析时也要使用同一离子得到的质量色谱图测定校正因子。

5. GC-MS定性分析

目前色质联用仪的数据库中,一般储存有近30万个化合物的标准质谱图。因此GC-MS最主要的定性方式是库检索。由总离子色谱图可以得到任一组分的质谱图,根据质谱图,可以利用计算机在数据库中检索。检索结果,可以给出几种最可能的化合物。包括化合物名称、分子式、分子量、基峰及可靠程度(匹配度)。在利用数据库检索之前,应首先得到一张很好的质谱图,并利用质量色谱图等技术判断质谱中有没有杂质峰。得到检索结果之后,还综合考虑未知物的物理、化学性质以及色谱保留值、红外、核磁谱等信息,才能最终给出准确可靠的定性结果。

6. GC-MS定量分析

GC-MS定量分析方法类似于色谱法定量分析。由GC-MS得到的总离子色谱图或质量色谱图,其色谱峰面积与相应组分的含量成正比,若对某一组份进行定量测定,可以采用色谱分析法中的归一化法、外标法、内标法等不同方法进行。这时,GC-MS法可以理解为将质谱仪作为色谱仪的检测器。其余均与色谱法相同。与色谱法定量不同的是,GC-MS法除可以利用总离子色谱图进行定量之外,还可以利用质量色谱图进行定量。这样可以最大限度地去除其他组分的干扰。值得注意的是,质量色谱图由于是用一个质量的离子做出的,它的峰面积与总离子色谱图有较大差别,在定量分析中,峰面积和校正因子等都要来自质量色谱图。

为了提高测量灵敏度和减少其他组分的干扰,在GC-MS定量分析中质谱仪经常采用选择离子扫描方式。对于待测组分,可以选择一个或几个特征离子,而相邻组分不存在这些离子。这样得到的色谱图中待测组分就不存在干扰,同时还具有很高的灵敏度。用选择离子得到的色谱图进行定量分析,具体分析方法与质量色谱图类似。但其灵敏度比利用质量色谱图会高一些,这是GC-MS定量分析中常采用的方法。

第六章 外文实验及校企合作实验

Exp. 37 Towards SERS based applications in food analytics: Lipophilic sensor layers for the detection of Sudan III in food matrices

1. Introduction

For design purposes and for feigning a certain grade of quality a multitude of dyes are used in industrial food production. Some of these substances are harmful to human health which results, depending on their danger potential, in the definition of statutory limit values or the prohibition as food additive. Sudan dyes, which belong to the group of azo dyes, and especially their metabolites, aromatic amines, are mutagenic wherefore these substances are listed as category 3 carcinogens by the International Agency for Research on Cancer (IARC). In 2003 the French rapid alert system for food and feed (RASFF) notified the first cases in which Sudan dyes were found in groceries. As a consequence, the European Food Safety Authority (EFSA) decided to direct emergency measurements for this unauthorized food additive. In the following years, Sudan dye contaminations were primarily found in food products like palm oil, paprika or chili mixtures. Therefore, fast and reliable detection schemes are of high importance to ensure food safety.

Due to its high specificity Raman spectroscopy is a suitable and widely used method for a high number of analytical tasks. However, the Raman-effect is a very weak scattering process. Thus, the detection of substances in low concentrations by means of Raman spectroscopy is not practicable. Surface enhanced Raman spectroscopy (SERS), which combines the benefits of Raman scattering with the electromagnetic and chemical enhancement induced by metallic nanoparticles, is capable to overcome this limitation. By applying SERS the detection down to very low concentrations and even of single molecules can be achieved.

2. Reagents and Equipments

Reagents: methanol; heptane; octanethiol; octadecanethiol; riboflavin; Sudan III; 3-glycidyloxypropyltrimethoxysilane (GOPS); streptavidin peroxidase polymer.

Equipments: confocal Raman microscope.

3. Experiment Procedure

(1) Sample preparation

The 0.1 mmol • L^{-1} riboflavin and Sudan III stock solutions were prepared by solving the powder in water and heptane, respectively. In order to prepare a 1 : 1 mixture of both substances methanol was the solvent of choice due to its ability to solve both polar and nonpolar substances. Furthermore, methanol is also commonly used for the extraction of Sudan III from real food samples. The methanol based paprika extract was yielded by means of liquid-liquid-extraction. For the preparation of the spiked paprika sample the paprika extract was mixed with a ratio of 1 : 10 with a 10 mmol • L^{-1} methanol based Sudan III solution. This results in a Sudan III concentration of 9 mmol • L^{-1}, which corresponds to a realistic amount of Sudan III in paprika powder. The SERS active silver nanostructures were fabricated following a previously published protocol for producing enzymatically generated silver nanoparticles (EGNP). The method is based on the deposition of silver ions from a silver containing solution caused by the enzymatic activity of horseradish peroxidase (HRP) which is immobilized onto the substrate material. In all experiments conventional glass slides were used as substrates for the SERS-active EGNP structures. In order to generate a LSL on the surface of the EGNP, the substrates were immersed in a heptane based solution of aliphatic hydrocarbons with a thiol moiety for 30 min. The solution was prepared by mixing one part of an octanethiol solution (1 mmol • L^{-1} in heptane) and two parts of an octadecanethiol solution (1 mmol • L^{-1} in heptane). Thus, a layer of octane-and octadecanethiol molecules is arranged directly onto the surface of the silver nanoparticles while using the concept of self-assembled monolayers.

(2) SERS detection

For recording the SERS spectra the confocal Raman microscope with an Argon ion laser as light source was applied. All presented spectra were gathered using the laser line at 488 nm. A 100 objective with a numerical aperture of 0.8 was used for focusing the incident light onto the sample and collecting the back-scattered light. The resulting laserspot size was about 1 mm in diameter whereby the laser power measured at the sample position was set to 20 mW during the measurements. The collected light was detected using a spectrometer with a 600 lines mm1 grating and a 1 024×127 pixels CCD camera at a working temperature of 208 K. The resolution of all measured spectra is 6 cm1. Each single spectrum was recorded setting the integration time to 0.3 s while moving the sample during the measurement to prevent burning of the analyte molecules. By this, image-scans consisting of 100 single spectra were collected from a designated area of 60×60 mm^2 (50 lines with two measurements per line). All presented mean spectra were calculated out of a certain number of such image-scans, performed at different positions on the substrate.

4. Reference

Jahn, M.; Patze, S.; Bocklitz, T.; Weber, K.; Cialla-May, D.; Popp, J. Analytica

Chimica Acta, 2015, 860, 43－50.

Exp.38 Determination of chromium species using ion chromatography coupled to inductively coupled plasma mass spectrometry

1. Introduction

Chromium is found naturally in rocks, soil, plants and animals, but can also be introduced into the environment as a result of human activity. Like many elements, chromium is found in multiple oxidation states, which can vary significantly in their toxicity, nutritional value, bioactivity, and environmental mobility. In trace amounts, trivalent chromium (Cr (Ⅲ)) is considered an essential nutrient that promotes insulin, sugar, and lipid metabolism. In contrast, hexavalent chromium (Cr (Ⅵ)) is toxic and can lead to respiratory tract, stomach, and intestinal irritation, anemia, and is known to be a human carcinogen. Cr (Ⅵ) can leach into drinking water sources naturally, but drinking water can also be contaminated by industrial processes such as wood treatment with copper dichromate, leather tanning with chromic sulfate, and stainless steel cookware. Because of the varying toxicity attributable to the different oxidation states of chromium, simply knowing the total chromium concentration in a solution is not sufficient to determine its true toxicity following exposure, and therefore speciation analysis is required. While inductively coupled plasma mass spectrometry (ICP-MS) can readily determine the total amount of an element present, chromatographic separation prior to the ICP-MS system is required to separate the different elemental species.

In this experiment, the Ion Chromatography system was coupled with the ICP-MS to determine the concentration of Cr (Ⅲ) and Cr (Ⅵ) in drinking water.

2. Reagents and Equipments

Reagents: tap water, concentrated nitric acid, a standard solution containing 10 $\mu g \cdot L^{-1}$ of both Cr(Ⅲ) and Cr(Ⅵ) species

Equipments: the ion chromatography system consisted of a Dionex Aquion IC system and a Thermo Scientific™ Dionex™ AS-AP autosampler, the Thermo Scientific™ iCAP™ RQ ICP-MS

3. Experiment Procedure

(1) Sample preparation

The tap water was acidified with 10 μL of concentrated nitric acid per 10 mL aliquot to yield a pH of around 4. A fortified sample was spiked with 0.1 mL of a standard solution containing 10 $\mu g \cdot L^{-1}$ of both Cr species to 10 mL of the sample to give a final concentration of 0.1 μg • L^{-1}.

(2) Instrument configuration

The ion chromatography system used for this work consisted of a Dionex Aquion IC system and a Thermo Scientific™ Dionex™ AS-AP autosampler. All components of the IC system were controlled using the ChromControl plug-in for Thermo Scientific™ Qtegra™ Intelligent Scientific Data Solution™ Software. The system was purged and equilibrated prior to the start of sample analysis on each day. Data evaluation was accomplished using the tquant virtual evaluation module of Qtegra Software. The chromatographic method was developed and published elsewhere, in brief, an isocratic separation using 0.3 mol • L^{-1} nitric acid was used to separate both Cr species using a Thermo Scientific™ Dionex™ IonPac™ AG7 anion exchange guard column. Using a guard column alone (length of only 5 cm) effectively reduces the analysis time per sample and therefore increases sample throughput. At the same time, the chromatographic resolution and sample capacity are sufficient for the analysis.

The iCAP RQ ICP-MS was operated using the conditions summarized in Table 6.1. After optimization of the instrument using the autotune routines delivered with the Qtegra ISDS Software, the outlet of the column was directly connected to the PFA-LC nebulizer using a zero dead volume connector. The instrument was operated using kinetic energy discrimination (KED) with He as a collision gas to effectively eliminate all potential polyatomic interferences on Cr.

Table 6.1　Instrument configuration.

Ion Chromatography	
Column	Dionex IonPac AG7, 2×50 mm
Flow rate	0.4 mL • min^{-1}
Eluent	0.3 mol • L^{-1} Nitric Acid
Injection volume	25 μL
ICP-MS	
Spray chamber	Quartz cyclonic, chilled at 2.7℃
Nebulizer	PFA-LC
Injector	2.5 mm I. D., quartz
Interface	Nickel sampler and skimmer cone High matrix skimmer cone insert
Forward power	1 550 W
Nebulizer gas	1.12 L • min^{-1}
Collision cell gas	He at 4.5 mL • min^{-1}
KED voltage	3 V
Dwell times	0.1 s
Total acquisition time	3 min 20 sec

4. References

(1) Agency for Toxic Substances & Disease Registry, Toxic Substances Portal-Chromium, https://www.atsdr.cdc.gov/phs/phs.asp? id=60&tid=17 (accessed 6/7/18).

(2) Séby, F., Charles, S., Gagean, M., Garraud, H., Donard, O. F. X., J. Anal. At. Spectrom. 18 (2003), 1386-1390.

(3) Xing, L., Beauchemin, D., J. Anal. At. Spectrom. 25 (2010), 1046-1055.

(4) Thermo Fisher Scientific Application Note 44407.

(5) Thermo Fisher Scientific Application Note 43098.

实验 39 串联气相色谱-质谱法进行高通量农药残留筛查

一、实验原理

目前,利用气质方法检测农产品中农药残留的相关标准主要是使用单杆质谱,而三重四级杆气质的引入,可以很好地提高微量农残的检出率,灵敏度更好。所以利用串联气相色谱—质谱法检测农产品中多组分农残是一个很好的选择。

该检测方法主要使用QuECHERS方法和固相萃取净化法,此方法涉及的产品基质较全,农残种类较多(近500种农药种类),实验方法较为简便快捷,实验结果也较为准确,所以在经过多次实验确证后,该法适用于日常的农残检测。本台气质质谱仪器配有安捷伦农药库,库中最多包含1 050种农药,更有利于日常对农产品进行农药残留筛查。

二、仪器及试剂

1. 仪器

离心机,涡旋机,水浴锅,气质联用仪。

2. 试剂

乙腈,硫酸镁,氯化钠,柠檬酸钠,柠檬酸氢二钠,乙二胺基-*N*-丙基(primary secondary amine, PSA),C18,石墨炭黑(GCB),乙酸乙酯,醋酸,甲苯,正己烷,标样。

三、实验步骤

(一) QuECHERS实验方法

1. 蔬菜、水果和食用菌

称取10.00 g试样(精确至0.01 g)于50 mL塑料离心管中,加入10.00 mL乙腈、4.00 g硫酸镁、1.00 g氯化钠、1.00 g柠檬酸钠、0.50 g柠檬酸氢二钠及1颗陶瓷均质子,盖上离心管盖,剧烈振荡1 min后4 200 r/min离心5 min。吸取6.00 mL上清液加到内含900 mg硫酸镁及150 mg PSA的15 mL塑料离心管中;对于颜色较深的试样,15 mL塑料离心管中加入885 mg硫酸镁、150 mg PSA及15 mg GCB,涡旋混匀1 min。4 200 r/min离心5 min,准确吸取2.00 mL上清液于10.00 mL试管中,40℃水浴中氮气吹至近干。加入20.00 μL的内标溶液,加入1.00 mL乙酸乙酯复溶,过微孔滤膜用于测定。

2. 谷物、油料和坚果

称取5.00 g试样(精确至0.01 g)于50 mL塑料离心管中,加10 mL水涡旋混匀,静置30 min。加入15.00 mL乙腈醋酸溶液(99+1体积比)、6.00 g无水硫酸镁、1.50 g醋酸钠及1颗陶瓷均质子,盖上离心管盖,剧烈振荡1 min后4 200 r/min离心5 min。吸取8.00 mL上清液加到内含1 200 mg硫酸镁、400 mg PSA及400 mg C18的15 mL塑料离心管中,涡旋混匀1 min。4 200 r/min离心5 min,准确吸取2.00 mL上清液于10 mL试管中,40℃水浴中氮气吹至近干。加入20.00 μL的内标溶液,加入1.00 mL乙酸乙酯复溶,过微孔滤,用于测定。

3. 茶叶和香辛料

称取2.00 g试样(精确至0.01 g)于50 mL塑料离心管中,加10.00 mL水涡旋混匀,静置30 min。加入15.00 mL乙腈醋酸溶液(99+1体积比)、6.00 g无水硫酸镁、1.50 g醋酸钠及1颗陶瓷均质子,盖上离心管盖,剧烈振荡1 min后4 200 r/min离心5 min。吸取8.00 mL上清液加到内含1 200 mg硫酸镁、400 mg PSA、400 mg C18及200 mg GCB的15 mL塑料离心管中,涡旋混匀1 min。4 200 r/min离心5 min,准确吸取2.00 mL上清液于10 mL试管中,40℃水浴中氮气吹至近干。加入20.00 μL的内标溶液,加入1.00 mL乙酸乙酯复溶,过微孔滤膜,用于测定。

4. 仪器条件

仪器型号:安捷伦7890/7000B气相色谱—质谱联用仪

色谱柱:HP-5MS 15 m×250 um×0.25 um(两根串联)

柱温箱程序:40℃保持1 min,然后以40℃/min程序升温至120℃,再以5℃/min升温至240℃,再以12℃/min升温至300℃保持6 min。

进样口温度:280℃

扫描方式:多反应监测(MRM)

(二) 固相萃取法实验方法

1. 样品准备

称取20.00 g试样(精确至0.01 g)于50 mL离心管中,加入30.00 mL乙腈,超声提取30 min加入5.00 g氯化钠,涡旋震荡1 min,将离心管放入离心机,在5 000 r/min离心5 min,取上清液15.00 mL(相当于10.00 g试样量),氮吹至5 mL以下,待净化。样品提取液使用Carb/NH_2柱净化(该固相萃取柱使用前应用5.00 mL乙腈甲苯溶液活化),将全部样液经过小柱净化后,用5.00 mL乙腈甲苯溶液淋洗小柱,收集所有流出液。将流出液氮吹至近干,用1.00 mL正己烷溶解试样残渣,并加入内标溶液,待进样。

2. 仪器条件

仪器型号:安捷伦7890/7000B气相色谱—质谱联用仪

色谱柱:HP-5MS 15 m×250 um×0.25 um(两根串联)

柱温箱程序:60℃保持1 min;40℃/min的速率升温到170℃不保持;10℃/min的速率升温到310℃保持3 min。

进样口温度:280℃

扫描方式:多反应监测(MRM)

四、注意事项

(1) 在使用 QuECHERS 方法进行前处理时，净化后的乙腈提取液氮吹时尽量不要吹干，之后用乙酸乙酯复溶，液液萃取会比固液萃取的效果更好。

(2) 在仪器进样口本身没有加装特殊装置时，不建议用乙腈作溶剂直接上样，否则会对仪器和色谱柱造成一定的损伤。

(3) 该方法使用内标法，且最后加入内标，是为了校正进样时的系统误差，并非操作时的误差。

实验 40　高效液相色谱串联质谱检测猪肉中 81 种兽药残留

一、实验原理

动物源性食品是畜牧业的主要产品，是人们饮食生活必不可少的重要部分，其所含成分与人体健康息息相关。随着动物生产的集约化、规模化，很多时候不得不使用兽药来预防和治疗疾病。兽药的不正确使用或者停药期的缩短，会导致药物在畜产品(如肉、蛋、奶)中残留，进而影响食品质量安全，因此国家越来越重视畜产品的安全。这些年，各种先进技术已经被广泛应用于兽药残留的检测。但是，畜产品中兽药残留的检测存在以下难点：不同性质的兽药同时测定时较为复杂；畜产品的基质比较复杂，干扰比较多；兽药残留的检测越来越痕量化。因此，研究同时能检测多种兽药，并且能更好地去除基质效应的兽药检测方法是当务之急。传统上兽药检测多采用分类检测的方式，每个方法的检测项目较少，导致检测周期长、样品通量低，无法满足多兽药残留筛查和定量的需要。目前，国内外关于四环素、磺胺、喹诺酮等多兽残同时检测方法的研究已有很多报道，同时也有许多问题，如检测项目数量有限、重现性差、灵敏度不高等。因此，一次能检测多种兽药成为兽药检测的发展方向，样品前处理能同时满足多种兽药的检测，同时检测多种兽药成为兽药残留分析的发展方向。

本实验综合了 81 种兽药的性质，采用甲酸乙腈进行提取，采用 EMR-Lipids 的空间排阻和疏水作用有效地去除动物源基质中的脂质与蛋白以及其他大分子干扰物，最后采用液相色谱串联质谱对 81 种兽药进行高通量的检测。

二、仪器与试剂

1. 仪器和试剂

安捷伦高效液相色谱仪串联质谱(LC-MS/MS)，电子天平，高速离心机，安捷伦 EMR-Lipids 小柱配陶瓷均质子，微型旋涡混合仪，振荡器，乙腈，甲酸，81 种兽药标准品(兽药名称见本实验末表 6.2)。

2. 色谱条件

色谱柱：ZORBAX SB-C18 3.5 μm，2.1 mm×100 mm；

流动相：流速 0.2 mL/min。

A：0.1%甲酸乙腈，B：0.5%甲酸水，梯度设置如下：

时间/Min.	0	2	8	10	13	13.5	25
A(%)	10	10	60	90	90	10	10
B(%)	90	90	40	10	10	90	90

质谱条件：电离模式：ESI　扫描方式：正/负离子扫描

检测方式：DMRM　鞘气温度：400℃　鞘气流量：12 L/min

干燥气温度：210℃　干燥气流量：17 L/min 雾化气压力：25 psi

毛细管电压：正离子：3 500 V 负离子：3 000 V

采集离子对见表 6.2

三、实验步骤

1. 标准储备液的配制

分别称取 10 mg 兽药于 100 mL 容量瓶中，加甲醇溶解（不易溶解的采取超声波辅助）定容，获得 81 种兽药的 100 μg/mL 标准储备液。

2. 混合标准溶液的配制

分别移取 1.00 mL 单标储备液于 100 mL 容量瓶中，加甲醇定容至刻度，混匀，获得浓度为 1 μg/mL 的混标储备液。

3. 标准曲线的绘制

将混标准储备液用空白样品基质溶液稀释配成浓度分别为 1、2、5、10、20、50 ng/mL 的标准溶液，经 0.22 μm 滤膜过滤后，取 2 μL 注入 LC-MS/MS，测定峰面积，以峰面积对浓度(ng/mL)作标准曲线。

4. 猪肉样品前处理

称取猪肉样品 2～5 g，加入 2 mL 水，加入陶瓷均质子分散基质，加入 8 mL 2%甲酸乙腈溶液，涡旋混合后震荡提取 30 min。离心，取上清液 5 mL 过 EMR 固相萃取柱，收集所有流出液于玻璃试管中，40℃氮吹至近干，加入 1 mL 初始流动相复溶，过 0.22 μm 有机滤膜。

5. 回收率的测定

在空白样品处理后，添加 3 个不同量的标准混合溶液，前处理及分析方法如步骤 4。

6. 检出限

以样品被测组分峰高为基线噪音的 3 倍时的浓度为最低检出浓度（检出限）。

四、注意事项

（1）猪肉样品取样时应注意避开脂肪较多的部位，制样时须均质混合均匀。

（2）前处理过程中加入水和陶瓷均质子的作用是分散猪肉组织，须在分散均匀后再加入甲酸乙腈提取液，否则会导致猪肉组织结块，提取不完全。

五、问题与思考

（1）自行查找国家对于兽药残留限量的相关规定，判断实验所测得样品中的兽药是否超出国家规定的限值。

（2）实验过程中采用空白样品基质作为标准曲线配制的溶剂，分析这一操作的原因。

(3) 思考本实验中 81 种兽药残留的种类,以及除本实验中的液质法,还有哪些应用于兽药残留的检测手段。

表 6.2 81 种兽药 MRM 质谱参数

No.	Compound Name	Precursor Ion	Product Ion	Collision Energy	Cell Accelerator Voltage	Polarity
1	ractopamine	302.1	284.1	9	5	Positive
		302.1	164.1	17	5	Positive
2	clenbuterol	277.1	259	9	5	Positive
		277.1	203.2	17	5	Positive
		277.1	168	33	5	Positive
		277.1	132	41	5	Positive
3	sulbutamol	240.2	222.1	9	5	Positive
		240.2	148.1	17	5	Positive
4	terbutaline	226.1	152.2	17	5	Positive
		226.1	125	29	5	Positive
5	cimaterol	220.2	202.2	9	5	Positive
		220.2	160.1	17	5	Positive
6	Cefazolin	455.1	323	17	5	Positive
		455.1	156	30	5	Positive
7	Cephapirin	424.1	292	20	5	Positive
		424.1	152	30	5	Positive
8	Cefalexin	348.2	174	5	5	Positive
		348.2	158.1	9	5	Positive
9	chlorpromazine	319.3	86.1	35	3	Positive
		319.3	58.1	45	3	Positive
10	tilmicosin	869.4	174.2	45	5	Positive
		869.4	132.1	53	5	Positive
11	erythrocin	734.3	576.3	21	5	Positive
		734.3	158.2	37	5	Positive
12	lincomycin	407.2	359.2	17	5	Positive
		407.2	126.1	41	5	Positive
13	clopidol	192.1	101.1	29	5	Positive
		192.1	87	29	5	Positive

（续表）

No.	Compound Name	Precursor Ion	Product Ion	Collision Energy	Cell Accelerator Voltage	Polarity
14	diazepam	285.1	222.2	37	5	Positive
		285.1	193.1	43	5	Positive
15	ronidazole	201.1	139.7	9	5	Positive
		201.1	54.8	29	5	Positive
16	MNZOH	187.7	126.2	17	5	Positive
		187.7	123.2	9	5	Positive
17	metronidazole	172	127.8	20	5	Positive
		172	81.7	34	5	Positive
18	HMMNI	157.8	140.2	9	5	Positive
		157.8	55.1	17	5	Positive
19	dimetridazole	142	95.9	13	5	Positive
		142	80.7	33	5	Positive
20	dicloxacillin	492	333	13	5	Positive
		470	160	21	5	Positive
21	penicillin	462	246	13	5	Positive
		462	218	21	5	Positive
22	cloxacillin	436	277	17	5	Positive
		436	160	9	5	Positive
23	nafcillin	415	256	13	5	Positive
		415	199	9	5	Positive
24	oxacillin	402	243	9	5	Positive
		402	160	13	5	Positive
25	amoxicillin	366	208	9	5	Positive
		366	114	37	5	Positive
26	benzoxicillin	351	192	9	5	Positive
		351	160	9	5	Positive
27	ampicillin	350	192	13	5	Positive
		350	106	21	5	Positive
28	benzylpcnillin	335	176	13	5	Positive
		335	160	17	5	Positive

(续表)

No.	Compound Name	Precursor Ion	Product Ion	Collision Energy	Cell Accelerator Voltage	Polarity
29	difloxacin	400	382	15	5	Positive
		400	356	15	5	Positive
30	sarafloxacin	386.3	342.3	14	5	Positive
		386.3	299.3	22	5	Positive
31	oflaxacin	362.2	318.2	13	5	Positive
		362.2	261.1	18	5	Positive
32	enrofloxacin	360.3	342.3	18	5	Positive
		360.3	316.4	15	5	Positive
33	danofloxacin	358.3	340.3	19	5	Positive
		358.3	82	30	5	Positive
34	lomefloxacin	352.3	308	12	5	Positive
		352.3	265.1	17	5	Positive
35	pefloxacin	334.3	290.2	13	5	Positive
		334.3	233.1	18	5	Positive
36	ciprofloxacin	332.2	314.3	15	5	Positive
		332.2	288.3	14	5	Positive
37	enoxacin	321.4	303.3	14	5	Positive
		321.4	233.9	18	5	Positive
38	norfloxacin	320.3	302.3	15	5	Positive
		320.3	276.3	14	5	Positive
39	pipemdilic acid	304.3	271.1	16	5	Positive
		304.3	189	24	5	Positive
40	cinoxacin	263.1	245.2	9	5	Positive
		263.1	217.2	17	5	Positive
41	flumequine	262.2	244.1	13	5	Positive
		262.2	202	29	5	Positive
42	Ribavirin	245	113	5	5	Positive
		245	96	25	5	Positive
43	paracetamol	152	110	13	5	Positive
		152	93	29	5	Positive

（续表）

No.	Compound Name	Precursor Ion	Product Ion	Collision Energy	Cell Accelerator Voltage	Polarity
44	dihydro-streptomycin	584.2	262.9	33	5	Positive
		584.2	246	33	5	Positive
45	streptomycin	582.3	263.1	41	5	Positive
		582.3	246.1	41	5	Positive
46	SAN	336.1	156.1	9	5	Positive
		336.1	134.1	25	5	Positive
47	SPA	315	160	20	5	Positive
		315	156	20	5	Positive
48	SDT	311.1	156	17	5	Positive
		311.1	108	26	5	Positive
49	SDX	311.1	156	14	5	Positive
		311.1	92	30	5	Positive
50	SQX	301.1	156	11	5	Positive
		301.1	92	29	5	Positive
51	TMP	291.2	230.1	22	5	Positive
		291.2	123	22	5	Positive
52	SCP	285	156	10	5	Positive
		285	108	22	5	Positive
53	SMD	281.1	156	14	5	Positive
		281.1	108	26	5	Positive
54	SMP	281.1	156	14	5	Positive
		281.1	108	22	5	Positive
55	SMM	281.1	156	14	5	Positive
		281.1	108	26	5	Positive
56	SDM	279.1	186	14	5	Positive
		279.1	124	18	5	Positive
57	SIM	279.1	186	14	5	Positive
		279.1	124	18	5	Positive
58	SBA	277.1	156	6	5	Positive
		277.1	108	22	5	Positive

(续表)

No.	Compound Name	Precursor Ion	Product Ion	Collision Energy	Cell Accelerator Voltage	Polarity
59	SMT	271	156	10	5	Positive
		271	108	22	5	Positive
60	SMO	268.1	156	10	5	Positive
		268.1	113	10	5	Positive
61	SFZ	268.1	156	10	5	Positive
		268.1	113	10	5	Positive
62	SMR	265.1	172	13	5	Positive
		265.1	92	80	5	Positive
63	STZ	256	156	9	5	Positive
		256	108	21	5	Positive
64	SMZ	254.1	156	10	5	Positive
		254.1	92	26	5	Positive
65	SDZ	251.1	156	10	5	Positive
		251.1	108	22	5	Positive
66	SPD	250.1	184	14	5	Positive
		250.1	156	10	5	Positive
67	SAA	215	156	3	5	Positive
		215	92	19	5	Positive
68	SGN	215	156	9	5	Positive
		215	108	20	5	Positive
69	chlortetracycline	479.2	462.2	27	5	Positive
		479.2	444.2	27	5	Positive
70	oxytetracycline	461.3	443.3	17	5	Positive
		461.3	426.1	25	5	Positive
71	doxycycline	445.2	428.2	23	5	Positive
		445.2	410.2	33	5	Positive
72	tetracycline	445.2	427.3	17	5	Positive
		445.2	410.2	25	5	Positive
73	malachite	329	313	37	5	Positive
		329	208	33	5	Positive

(续表)

No.	Compound Name	Precursor Ion	Product Ion	Collision Energy	Cell Accelerator Voltage	Polarity
74	leucomalachite	331	316	17	5	Positive
		331	239	29	5	Positive
75	oxolinic acid	262.1	244	13	5	Positive
		262.1	216	30	5	Positive
76	thiamphenicol	353.9	289.9	18	5	Negative
		353.9	184.9	28	5	Negative
77	chloramphenicol	321	257	9	5	Negative
		321	152	29	5	Negative
78	dexanethasone	437.1	361	18	5	Negative
		437.1	307	30	5	Negative
79	pentachlorophenol	268.7	268.7	23	5	Negative
		266.7	266.7	23	5	Negative
		264.7	264.7	23	5	Negative
		262.7	262.7	23	5	Negative
80	acetylsalicylic	137	93	17	5	Negative
		137	65	33	5	Negative
81	florfenicol	355.9	335.9	5	5	Negative
		355.9	185	15	5	Negative

第七章　常用分析仪器简介

分析仪器种类很多。了解各种常见分析仪器的用途、外观、结构、性能和使用方法及注意事项，可以突破不同实验室条件的限制，开阔眼界，体会分析仪器的共性，把握不同仪器的特点，提高对仪器分析方法掌握的水平。

§7.1　DZ－3 型 DZ 数字式自动滴定仪

一、主要用途

DZ－3 型 DZ 数字式自动滴定装置（简称 DZ 装置）由 DZ 装置与 DC 操作单元（简称 DC）、DQ 滴定管（简称 DQ）组成。它是用步进电机驱动滴定管内的活塞将溶液滴入滴定池的仪器，并用数字直接显示溶液的体积，是化学分析和仪器分析实验室中广泛使用的一种仪器。它与 DZ－3 系列各有关单元组合可作不同的用途：

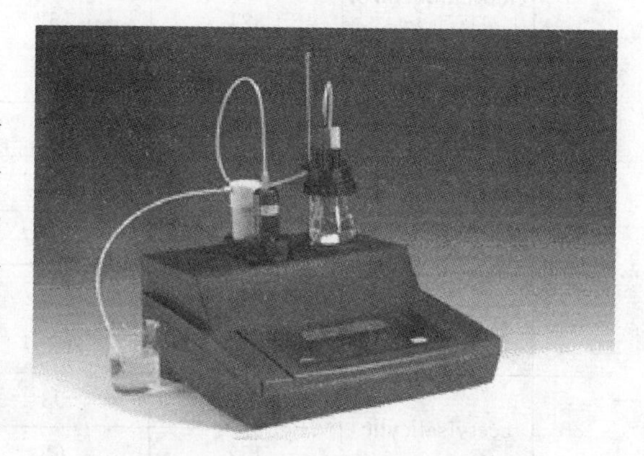

图 7－1　DZ－3 型 DZ 数字式自动滴定仪

(1) DZ 装置＋DF 滴定放大器＋XWT－1044S 台式记录仪，可用做一次微分滴定、记录滴定和极化滴定。

(2) DZ 装置＋DF 滴定放大器＋DK 滴定控制器，可用作预设终点滴定和恒定 pH 滴定。

(3) 可以代替普通玻璃容器滴定管按通常分析室惯用的检测手段进行滴定分析，但操作时自动化程度高，读数精确度高，使用远比普通玻璃滴定管方便。

在没有或不宜使用指示剂等情况下，电位滴定法比使用指示剂的滴定分析法有许多优越之处，不仅可用于有色或混浊溶液的滴定，还可用于浓度较稀的试液或滴定反应进行不够完全的情况，灵敏度和准确度均较高，便于实现自动和连续测定。

二、工作原理及构造

DZ－3 型 DZ 数字式自动滴定仪是通过测量电极电位的变化来测量离子的浓度。首先选用适当的指示电极和参比电极与被测溶液组成一个工作电池（如图 7－2 所示），然后加入滴定剂。在滴定过程中，由于发生化学反应，被测离子的浓度不断改变，指示电极的电位随之变化。在滴定终点附近，被测离子的浓度变化引起电极电位的突跃，由此可确定滴定终点，并给出测定结果。

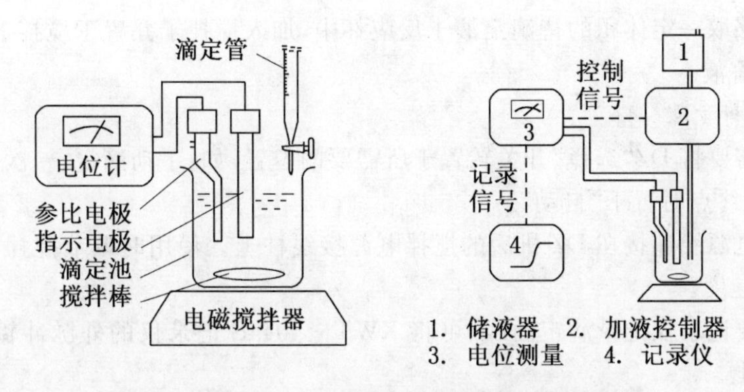

图 7-2 DZ-3 型 DZ 数字式自动滴定仪构造图

使用不同的指示电极,电位滴定仪可以进行酸碱滴定、氧化还原滴定、配位滴定和沉淀滴定。

全自动电位滴定仪至少包括两个单元:更换试样系统(取样系统)和测量系统。测量系统包括自动加试剂部分(量液计)和数据处理部分。仪器的结构框图如图 7-3 所示。

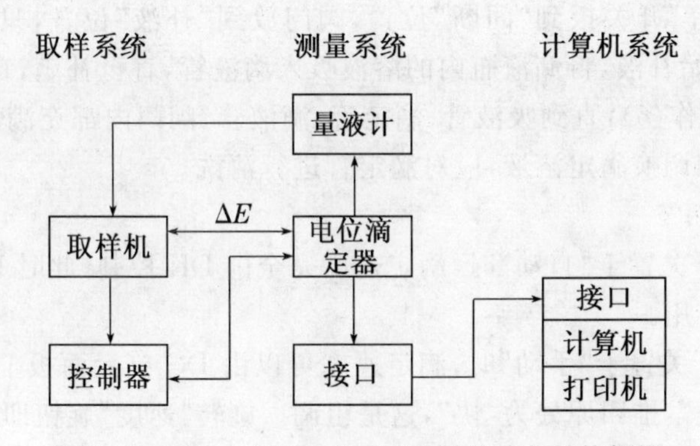

图 7-3 DZ-3 型 DZ 数字式自动滴定仪结构框图

三、主要性能指标

(1) 输入阻抗:1×10^{12} Ω。
(2) 测量范围:0~2 000 mV。
(3) 滴定精度:±0.2%。
(4) 稳定性:±0.5 mV / 3 h。
(5) 设定电位范围:0~1 999 mV。
(6) 控制精度:±5 mV。
(7) 极化电流:0~10 μA(连续可调)。

四、基本操作步骤

1. 准备工作

(1) 开机,DC 操作面板上的“选择”开关需放在“间断”的位置上。用滴定液反复冲洗滴定管,并使溶液充满整个滴定管路。

(2) 准确移取一定体积的待滴定液于反应杯中,加入搅拌子并置于搅拌器上,将电极组及滴液管插入溶液。

2. 滴定分析步骤

(1) 根据需要将DZ“选择”开关转置于所需要的位置,如:手动滴定、一次微分滴定时置于“手动”;预设终点时置于“自动”。

(2) 搅拌电源线连接在DZ机后的搅拌电源接线柱上。使用时调节搅拌器顶端的旋钮即可调节搅拌速度。

(3) 如需要记录仪记录滴定曲线,可将XWT－1044S记录仪的外脉冲输入线接在DZ机后的接线柱上。

(4) 连接好各个接线后,将洗液管插入储液瓶,滴液管插入烧杯内,三通阀门放在“吸液”位置上。

(5) 开启电源,仪器自动回零,直至显示0 mL,即自动停止吸液。

(6) 如用DC单元发出滴定指令,阀门放在“滴液”位置,把DC单元“选择”开关放在“连续”位置,滴定管开始连续滴定。待整管溶液全部滴完,显示10.00 mL,滴定管自动停止操作。把DC单元“选择”开关扳到“间断”位置,阀门放到“补液”位置,只需按一下“补液”按钮,滴定管即自动开始补液,将储液瓶内的溶液吸入滴液管,直至补满,自动停止补液。

(7) 反复重复操作(6),直到吸液管、滴定管、滴液管、阀门内都充满溶液,没有气泡时即可进行分析滴定。如调换滴定溶液,应对滴定管进行清洗。

3. 滴定速度的调节

(1) DZ“选择”开关置于“自动”时,滴定速度完全由DK控制,此时DC单元上的“速度”调节旋钮没有调节作用。

(2) DZ“选择”开关置于“手动”时,滴定速度可以由DC单元面板上的“速度”调节旋钮调节,旋钮拉出为“慢”,推回原处为“快”,这是粗调。旋转“速度”旋钮即速度细调。

4. 间断滴定

把DC单元的“选择”开关置于“间断”位置,用手调“手动”按钮即滴定,放开即停止滴定。“手动”时速度也可用“速度”旋钮调节。

5. 连续滴定

把DC单元的“选择”开关置于“连续”位置即可,将该开关放在“间断”位置即停止滴定。

五、注意事项

(1) 拆除或调换不同容积的DQ时,必须把毛细滴定管从紧固架中取出,以免弄断毛细滴定管。

(2) 使用者应养成开机前先将DC单元的“选择”开关放在“间断”位置上的习惯,否则DZ在开机启动回零时,到零不能自动停止,直到齿轮打滑造成损坏。

(3) 使用者应养成开机后,不论DZ单元显示什么数值,即使是0 mL,也应首先按DZ单元的“补液”键。至此方算完成开机过程。

§7.2　pHS－3C 型精密 pH 计

一、主要用途

pHS－3C 型精密 pH 计是一种实验室用的精密 pH 测量仪器。pH 计适用于测定溶液的 pH 和电位 mV 值。配上离子选择性电极，可测量电极电位，也可以用铂电极和参比电极测量氧化还原电位(ORP)。

二、构造及工作原理

图 7－4　pHS－3C 型精密 pH 计

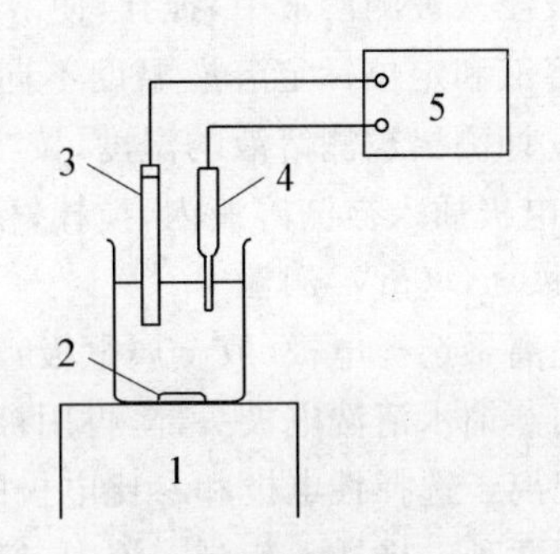

图 7－5　测量装置

1. 磁力搅拌器　2. 转子　3. 指示电极　4. 参比电极　5. 酸度计

三、主要性能指标

(1) 测量范围：pH 0～14.00；(0～±1 800)mV(自动极性显示)。

(2) 分辨率：pH 0.01；1 mV。

(3) 基本误差：±0.01 pH；±1 mV。

(4) 稳定性：±0.01 pH / 3 h；±1 mV/3 h。

(5) 输入阻抗：不小于 1×10^{12} Ω。

(6) 温度补偿范围：0～60℃。

(7) 被测溶液温度：5～60℃。

四、基本操作步骤

1. pH 测量

(1) 将复合 pH 电极和电源分别插入相应的插座中。

(2) 标定

打开电源开关，预热仪器(30 min)，按“pH/mV”按钮，使仪器进入 pH 测量状态。

按“温度”按钮，使之显示为溶液温度值(此时温度指示灯亮)后按“确认”键，仪器确定溶液温度后回到 pH 测量状态。

把用蒸馏水清洗过的电极插入 pH 6.86 的标准缓冲溶液中，待读数稳定后按“定位”键(此时 pH 指示灯慢闪烁，表明仪器在定位标定状态)，使读数为该溶液当前温度下的 pH(例如混合磷酸盐标准缓冲溶液 10℃时 pH＝6.92)，然后按“确认”键，仪器进入 pH 测量状态，

pH 指示灯停止闪烁。标准缓冲溶液的 pH 与温度关系对应表可见于缓冲溶液包装袋。

把用蒸馏水清洗过的电极插入 pH 4.00(或 pH 9.18)的标准缓冲溶液中，待读数稳定后按“斜率”键(此时 pH 指示灯快闪烁，表明仪器在斜率标定状态)，使读数为该溶液当前温度下的 pH(例如邻苯二甲酸氢钾 10℃时 pH＝4.00)，然后按“确认”键，仪器进入 pH 测量状态，pH 指示灯停止闪烁，标定完成。

用蒸馏水清洗电极后即可对被测溶液进行测量。

(3) pH 测量

被测溶液与定位标定溶液温度相同与否，测量步骤有所不同。

被测溶液与定位标定溶液温度相同时，用蒸馏水清洗电极头部，再用被测溶液清洗一次。把电极浸入被测溶液中，搅拌，使溶液均匀，在显示屏上读取溶液的 pH。

被测溶液和定位标定溶液温度不同时，用蒸馏水清洗电极头部，再用被测溶液清洗一次。用温度计测出被测溶液的温度，按“温度”键，使仪器显示为被测溶液温度值，然后按“确认”键。把电极插入被测溶液内，搅拌，使溶液均匀，再读取该溶液的 pH。

2. 电极电位(mV)测量

(1) 把离子选择电极(或金属电极)和参比电极夹在电极架上；

(2) 用蒸馏水清洗电极头部，再用被测溶液清洗一次；

(3) 把离子选择性电极和参比电极的插头插入相应的电极插口；

(4) 把两种电极插入待测溶液内，搅拌均匀后，即可在显示屏上读出该电极电位(mV)，并自动显示正负极性；

(6) 若被测信号超出仪器的测量范围，或测量端开路时，显示屏会不亮，作超载报警。

五、注意事项

(1) 仪器的输入端(测量电极插座)必须保持干燥清洁。仪器不用时，将短路插头插入插座，防止灰尘及水汽侵入。

(2) 电极转换器(选购件)专为配用其他电极时使用，平时注意防潮防尘。

(3) 测量时，电极的引入导线应保持静止，否则会引起测量不稳定。

(4) 仪器所使用的电源应有良好的接地。

(5) 仪器采用了 MOS 集成电路，因此在检修时应保证电烙铁有良好的接地。

(6) 用缓冲溶液标定仪器时，要保证缓冲溶液的可靠性，否则将导致测量结果产生系统误差。

(7) 如果在标定过程中操作失误或按键按错而使仪器测量不正常，可关闭电源，然后按住“确认”键再开启电源，使仪器恢复初始状态。然后重新标定。

(8) 经标定后，“定位”键及“斜率”键不能再按，如果触动此键，此时仪器 pH 指示灯闪烁，请不要按“确认”键，而是按“pH/mV”键，使仪器重新进入 pH 测量即可，无须再进行标定。

(9) 标定的缓冲溶液一般第一次用 pH 6.86 的溶液，第二次用接近被测溶液 pH 的缓冲液，如被测溶液为酸性时，缓冲溶液应选 pH 4.00；如被测溶液为碱性时，则选 pH 9.18 的缓冲溶液。一般情况下，24 h 内仪器不需再次标定。

(10) 溶液搅拌和静止时读数不一致，一般应静止后再读数。

附录：标准缓冲溶液的配制方法

(1) pH 4.00 标准缓冲溶液：将 10.12 g GR 级邻苯二甲酸氢钾溶解于 1 000 mL 高纯水中。

(2) pH 6.86 标准缓冲溶液：将 3.387 g GR 级磷酸二氢钾和 3.533 g GR 级磷酸氢二钠溶解于 1 000 mL 高纯水中。

(3) pH 9.18 标准缓冲溶液：将 3.80 g GR 级四硼酸钠溶解于 1 000 mL 高纯水中。

注意：配制(2)、(3)溶液所用的水，应预先煮沸 15～30 min，除去溶解的二氧化碳。在冷却过程中应尽量避免与空气接触，以防止二氧化碳的影响。

§7.3　KLT-1型通用库仑仪

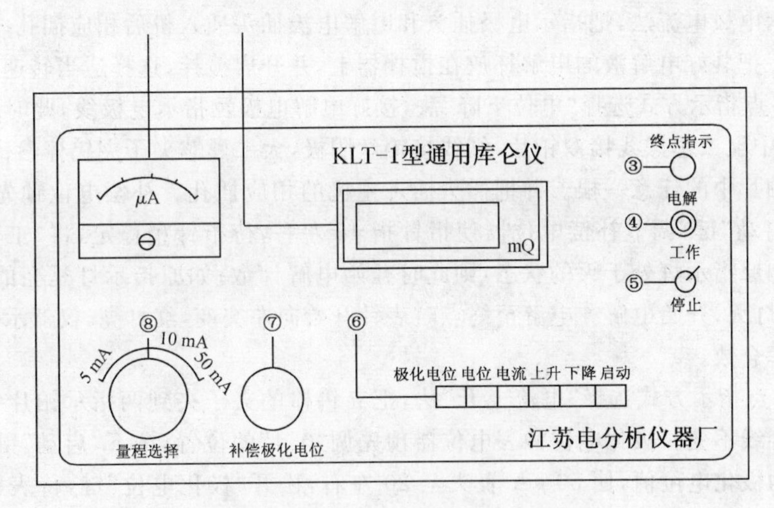

图 7-6　KTL-1 型通用库仑仪正面

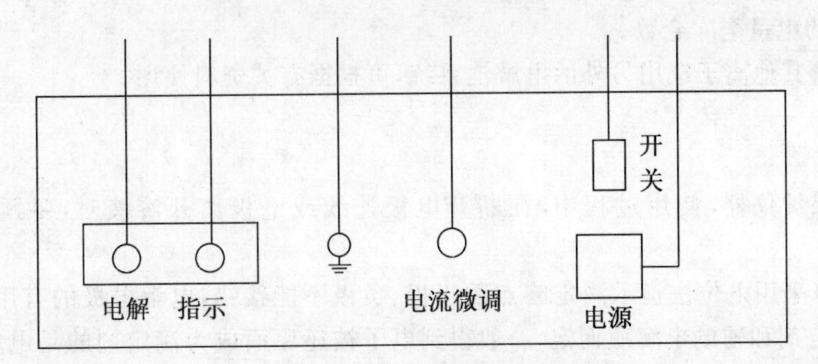

图 7-7　KTL-1 型通用库仑仪背面

一、主要用途

KLT-1 型通用库仑仪具有电流法、电位法、等当点上升、等当点下降四种指示电极终点检测方式。根据不同的要求，选用电极和电解液，可完成不同的实验，如酸碱滴定、氧化还原滴定、沉淀滴定、络合滴定等，是科研教学及仪器分析中的一种新型通用库仑仪。

二、主要性能指标

(1) 电解电流:50 mA、10 mA、5 mA 三挡连续可调。

(2) 积分精度:0.5%±1。

(3) 终点指示:四种方式(电流法、电位法、等当点上升、等当点下降)。

三、基本操作步骤

(1) 开启电源前所有键全部释放,"工作/停止"开关置于"停止",电解电流量程选择根据样品含量大小、样品量多少及分析精度选择合适的挡,电流微调放在最大位置。一般选 10 mA 挡。

(2) 开启电源开关,预热 10 min。根据样品分析的需要及采用的滴定剂,选用指示电极电位法或指示电极电流法,把指示电极插头和电解电极插头插入机后相应插孔内,并夹在相应的电极上。把装好电解液的电解杯放在搅拌器上,并开启搅拌,选择适当转速。

(3) 若终点指示方式选择"电位下降"法,接好电解电极及指示电极线,此时电解阴极为有用电极,即中红二芯黑线接双铂片,红线接铂丝阴极,大二黑芯夹子夹钨棒参比电极,红夹子夹两指示铂片中的任意一根。并把插头插入主机的相应插孔。补偿电位预先调在"3"的位置,按下"启动"键,调节补偿电位器使指针指 40 左右,待指针稍稳定,将"工作/停止"置"工作"挡。如原指示灯处于灭的状态,则此时开始电解计数;如原指示灯是亮的,则按一下"电解"按钮,灯灭,开始电解。电解至终点时表针开始向左突变,红灯亮,仪器示数即为所消耗的电量毫库仑数。

(4) 若终点指示方式选择"电流上升"法,把夹钨棒的夹子夹到两指示铂片中的另一根即可。其他接线不变。极化电位钟表电位器预先调"0.4"的位置,按下"启动"键,调节极化电位到所需的极化电位值,使 50 μA 表头至 20 左右,松开"极化电位"键,待表头指针稍稳定,按下"电解"按钮,灯灭,开始电解。电解至终点时表针开始向右突变,红灯亮,仪器读数即为总消耗的电量毫库仑数。

(5) 测量其他离子选用另外的电解池系统,可根据有关资料使用。

四、注意事项

(1) 为保护仪器,使用过程中,在断开电极连线或电极离开溶液时,要预先弹出"启动"键。

(2) 电极采用电位法指示滴定终点的正极、负极不能接错,电解电极的有用电极,应视选用什么滴定剂和辅助电解质而定,一般得到电子被还原而成为滴定剂的是电解阴极为有用电极。有用电极为双铂片电极,另一个电解电极为铂丝以砂芯和有用电极隔离,指示电极的正极、负极是钨棒为参比电极,另一根铂片为指示电极。指示电极是正电位还是负电位需要通过数字电压表测量而定。电解电极插头为二芯,红线为阳极,黑线为阴极。指示电极插头为大二芯,红线为正极,白线为负极。

(3) 电解过程中不要换挡,否则会使误差增加。

(4) 电解电流的选择,一般分析低含量时可以选择小电流,但如果电流太小,小于 50 mA挡时,有时可能终点不能停止,这主要是等当点突变速率太小,而使微分电压太低不能关闭。电流下限的选择以能关闭为宜。在分析高含量时，为缩短分析时间可选择大电流，一般以 10 mA 为宜，如果需选择 50 mA 电解电流时，需事先用标准样品标定后分析了解电解电流效率能否达到 100%，也即电流密度是否太大。一般高含量大电流的选择以电流效率能满足 100%为宜。

(5) 仪器不宜时开时关，使用过程中不要把电极接线弄湿。

(6) 量程选择 50 mA 挡时，电量为读数乘以 5 毫库仑；10 mA、5 mA 挡时，电量读数即为毫库仑数。

§7.4 电化学工作站

(Ⅰ) CHI600C 型

一、主要用途

电化学工作站可应用于有机电合成基础研究、电分析基础教学、电池材料研制、生物电化学(传感器)、阻抗测试、电极过程动力学研究、材料、金属腐蚀、生物学、医学、药物学、环境生态学等多学科领域的研究。

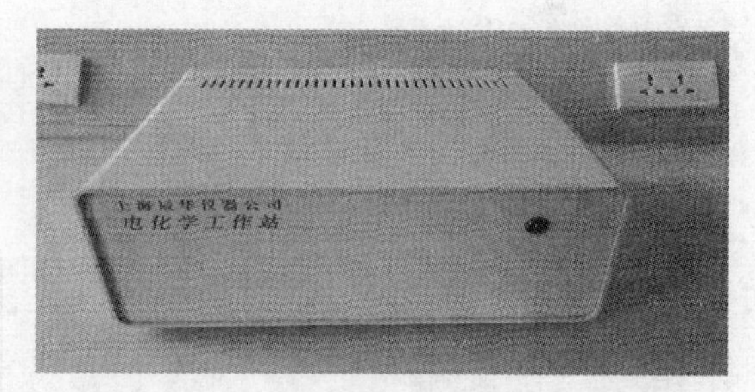

图 7-8 辰华 CHI600C 型电化学工作站

CHI600 系列为通用电化学测量系统。内含快速数字信号发生器、高速数据采集系统、电位电流信号滤波器、多级信号增益、iR 降补偿电路，以及恒电位仪/恒电流仪(660C)，可直接用于超微电极上的稳态电流测量。与 CHI200 微电流放大器及屏蔽箱连接，可测量 1 pA 或更低的电流。与 CHI680 大电流放大器连接，电流范围可拓宽至±2 A。600C 系列也是十分快速的电化学测量仪器，信号发生器的更新速率为 5 MHz，数据采集采用 16 位高分辨模数转换器，速率为 1 MHz。某些实验方法的时间尺度可达十个数量级，动态范围极为宽广。循环伏安法的扫描速度为 500 $V \cdot s^{-1}$时，电位增量仅 0.1 mV；当扫描速度为 5 000 $V \cdot s^{-1}$时，电位增量为 1 mV。交流阻抗的测量频率可达 100 kHz，交流伏安法的频率可达 10 kHz。仪器可工作于二、三或四电极的方式。四电极可用于液-液界面的电化学测量，对于大电流或低阻抗电解池(例如电池)也十分重要，可消除由于电缆和接触电阻引起的测量误差。仪器还有外部信号输入通道，可在记录电化学信号的同时记录外部输入的电压信号，例如光谱信号等。这对光谱电化学等实验极为方便。

二、工作原理及构造

CHI600C 系列是 CHI600A 系列和 CHI600B 系列的改进型，在硬件上将原来的 12 位 2.5 MHz的模数转换器换成了 16 位 1 MHz 的模数转换器，提高了仪器的频率响应和采样速度，交流阻抗高频段响应得到了改善。计时电量法加上了模拟积分器。仪器还增加了一个 16 位高分辨、高稳定的电流偏置电路，以达到电流复零输出，亦可用于提高交流测量的电流动态范围。CHI600C 系列仪器的内部控制程序采用了 FLASH 存储器。仪器软件的更新不再需要通过邮寄并更换 EPROM,而可以通过网络传送并通过程序命令写入,软件更新更加快捷方便。

CHI600C 系列增加了一些新的实验技术,例如积分脉冲电流检测、多电流阶跃等。多电流阶跃允许 12 个电流设定并循环。现有的多电位阶跃也由 6 个电位的循环增至 12 个电位的循环。

CHI600C 系列还允许升级为双恒电位仪。新的设计通过增加一块第二通道的电位控制、电流电压转换、多级增益和低通滤波器的电路板,便成了 CHI700C 系列的双恒电位仪。

CHI600C 系列仪器集成了几乎所有常用的电化学测量技术。为了满足不同的应用需要以及经费条件,CHI600C 系列分成多种型号。不同的型号具有不同的电化学测量技术和功能,但基本的硬件参数指标和软件性能是相同的。CHI600C 和 CHI610C 为基本型,分别用于机理研究和分析应用。它们也是十分优良的教学仪器。CHI602C 和 CHI604C 可用于腐蚀研究。CHI620C 和 CHI630C 为综合电化学分析仪,而 CHI650C 和 CHI660C 为更先进的电化学工作站。

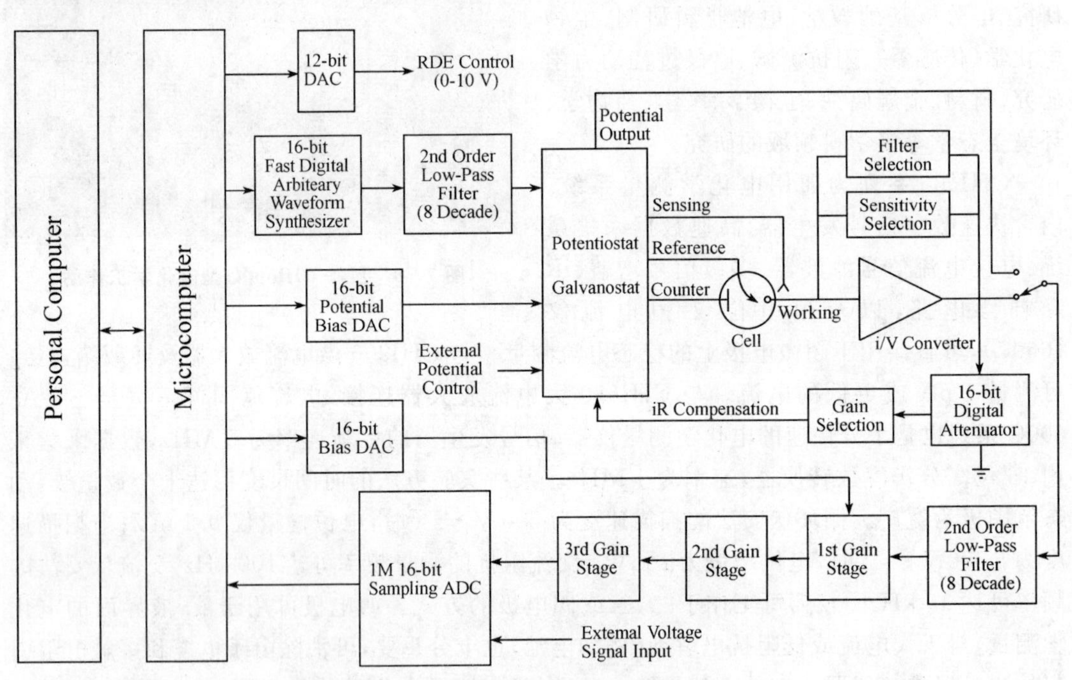

图 7-9 CHI600C 型电化学工作站内部模块

三、主要性能指标

表 7-1 CHI600C 型电化学工作站性能指标

项目	电位范围	电位上升时间	电流	槽压
性能指标	±10 V	<2 μs	±250 mA	±12 V
项目	参比电极输入阻抗	灵敏度	电位分辨率	主采样速率

（续表）

项目	电位范围	电位上升时间	电流	槽压
性能指标	10^{12} Ω	10^{-12}～0.1 A/V	0.1 mV	500 kHz
项目	电流测量下限	电流测量分辨率	电位更新速率	旋转电极控制
性能指标	＜50 pA	＜0.01 pA	5 MHz	0～10 V 对应 0～10 000 rpm

在 CHI600C 上可实现的功能有：循环伏安法（CV）、线性扫描伏安法（LSV）、阶梯波伏安法（SCV）、Tafel 图（TAFEL）、计时电流法（CA）、计时电量法（CC）、差分脉冲伏安法（DPV）、常规脉冲伏安法（NPV）、差分常规脉冲伏安法（DNPV）、方波伏安法（SWV）、交流（含相敏）伏安法（ACV）、二次谐波交流（相敏）伏安法（SHACV）、电流-时间曲线（$i-t$）、差分脉冲电流检测（DPA）、双差分脉冲电流检测（DDPA）、三脉冲电流检测（TPA）、积分脉冲电流检测（IPAD）、控制电位电解库仑法（BE）、流体力学调制伏安法（HMV）、扫描-阶跃混合方法（SSF）、多电位阶跃方法（STEP）、交流阻抗测量（IMP）、交流阻抗-时间测量（IMPT）、交流阻抗-电位测量（IMPE）、计时电位法（CP）、电流扫描计时电位法（CPCR）、多电流阶跃法（ISTEP）、电位溶出分析（PSA）、开路电压-时间曲线（OCPT）。

另外，CHI600C 还可作为恒电流仪、RDE 控制（0～10 V 输出）、任意反应机理 CV 模拟器、预设反应机理 CV 模拟器以及交流阻抗数字模拟器和拟合程序。

四、基本操作步骤（以循环伏安为例）

（1）打开计算机及电化学工作站主机电源开关，点击 CHI 电化学工作站快捷方式图标进入 CHI 电化学工作站软件主界面。

（2）选择测定方法，同时设定实验参数。在工作站界面的参数设置中设置电位范围及扫速、等待时间、扫描圈数和灵敏度等。（如在循环伏安法测定铁氰化钾的试验中：点击“control”，设置起始电位为－0.2 V，终止电位为 0.8 V；低电位设置为－0.2 V，高电位设置为 0.8 V；扫描方向选择“negative”；扫描速率选择 20 mV·s^{-1}；灵敏度设置为 1e－5。）

（3）将磨好的三电极系统插入溶液中，工作电极连接绿色电极夹头，参比电极连接白色电极夹头，铂电极连接红色电极夹头，并确认电化学工作站主机与微机系统连接正常，点击控制菜单中的“开始实验”。

（4）实验结束后，可执行“graphics”中的“present date plot”显示数据。这时实验参数和结果（例如峰高、峰电位和峰面积）都会在图的右边显示出来。

（5）扫描结束后点击“file”中的“save as”，输入要保存的文件名保存结果，或者点击“print”打印实验结果。

五、注意事项

（1）实验前要检查三电极体系的电极，饱和甘汞电极里饱和 KCl 是否充满，铂电极的表面是否光洁。

（2）仪器工作时不要将电极夹头碰到溶液，实验结束后要将电极夹头夹在绝缘物上。

（3）若实验过程中发现电流溢出（overflow，经常表现为电流突然转折为一水平直线），可停止实验，在参数设定命令中重设灵敏度“sensitivity”，数值越小越灵敏（1e－6 比 1e－5

灵敏),将灵敏度调低(数值调大)。灵敏度的设置一般以尽可能灵敏而又不溢出为准。

(4) 电极不要装错。工作电极连接绿色电极夹头,参比电极连接白色电极夹头,铂电极连接红色电极夹头。

(5) 实验结束后依次关闭仪器和计算机,洗涤电极,整理实验用品和桌面,保持清洁,并作登记。

(Ⅱ) LK2005A 型

一、主要性能指标

包括恒电位、恒电流、电位扫描、电流扫描、电位阶跃、电流阶跃、脉冲、方波、交流伏安法、库仑法、电位法,以及交流阻抗等多种电化学技术。

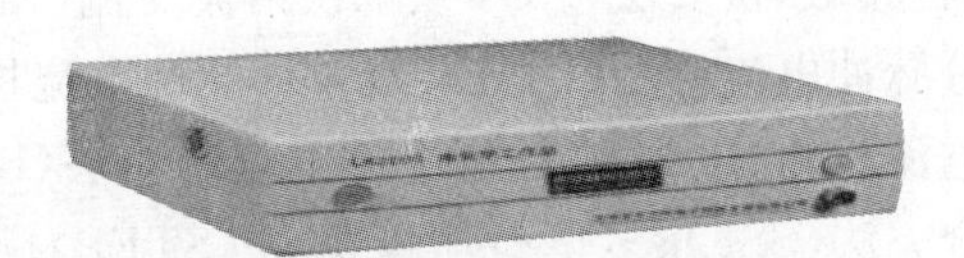

图 7-10 LK2005A 型电化学工作站

(1) 电势信号扫描范围:$-6.5\sim+6.5$ V。

(2) 扫描速度:0.01 mV·s^{-1}～5 000 V·s^{-1}。

(3) 采样间隔:0.000 1～60 000 s。

(4) 电流测量范围:±100 mA (8 个量程挡位)。

二、基本操作步骤

以循环伏安为例。

(1) 启动计算机,打开 LK2005 电化学工作站主机电源开关。

(2) 在 WindowsXP 操作平台下运行"LK2005. exe"进入主界面。按下主机前面板的"复位"键,这时主控菜单上应显示"系统自检"界面。待自检通过后,在"设置"菜单上选择"通讯测试",此时主界面下方显示"连接成功",系统进入正常工作状态。

(3) 选择测定方法,同时设定实验参数。在工作站界面上的参数设置中可设置电位范围以及扫速、等待时间、扫描圈数和灵敏度等。

(4) 将三电极系统插入溶液中,连接到 LK2005 型电化学分析系统(工作电极连接绿色电极夹头,参比电极连接黄色电极夹头,铂电极连接红色电极夹头),并确认电化学工作站主机与微机系统连接正常,点击控制菜单中的"开始实验"按钮即可开始实验。

(5) 扫描结束后点击"保存"按钮,输入要保存的文件名,即可得到所需的测定结果。

三、注意事项

(1) 仪器的电源应采用单相三线,其中地线应接地良好,不但可起到机壳屏蔽以降低噪声的作用,而且也是为了确保操作者的安全,不致由于漏电而引起触电事故发生。

(2) 仪器不宜时开时关,但晚上离开实验室时建议关机。理想的使用温度范围 15～28℃,此温度范围外也能工作,但会造成信号漂移并影响仪器寿命。电极夹头长时间使用会造成脱落,可自行焊接,但注意夹头不要与同轴电缆外面一层网状的屏蔽层短路。

(3) 仪器使用时应注意不要将电极夹头碰到溶液,实验结束后需要将电极夹头夹在绝缘物上。

(4) 如果实验过程中发现电流溢出(经常表现为电流突然变成水平直线),可停止实验,在参数设定命令中重设灵敏度,数值越小越灵敏。如果溢出,应将灵敏度调低(数值调大)。灵敏度的设置以尽可能灵敏而又不溢出为准。

(5) 电极不要装错。工作电极连接绿色电极夹头,参比电极连接黄色电极夹头,铂电极连接红色电极夹头。

(6) 实验结束后按照顺序关闭仪器,同时注意整理实验用品和桌面,保持清洁,并进行登记。

§7.5　722 型光栅分光光度计

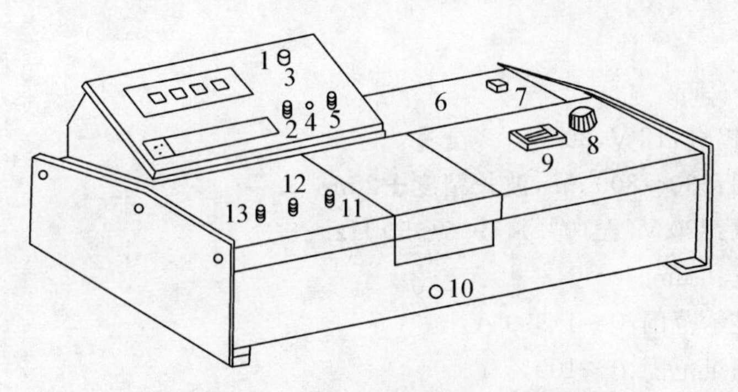

图 7-11　722 型分光光度计面板功能图

1. 数字显示器　2. 吸光度调零旋钮　3. 选择开关　4. 斜率电位器　5. 浓度旋钮
6. 光源室　7. 电源开关　8. 波长旋钮　9. 波长刻度盘　10. 吸收池架拉杆
11. 100%T 旋钮　12. 0%T 旋钮　13. 灵敏度调节

一、主要用途

分光光度计用于有色物质和经过反应可以显色的物质的定性和定量测定。具有一定的波长调节范围,可以直接测定透光率、吸光度,并具有浓度直读功能。在定性方面通常用作物质鉴定、有机分子结构的研究;在定量方面,可测定化合物和混合物中各组分的含量,也可以测定物质的离解常数、络合物的稳定常数、物质分子量鉴别和微量滴定中指示终点等。

二、工作原理和构造

722 型光栅分光光度计由光源、单色器、样品池、检测系统和信号显示系统组成。仪器的光学系统如图 7-12 所示。

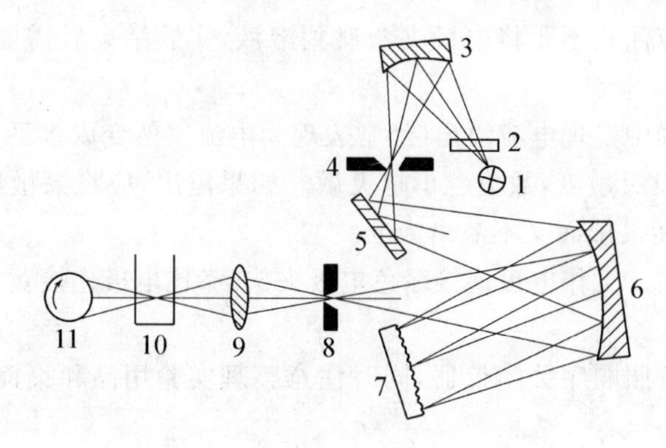

图7-12　722型分光光度计的光学系统

1. 碘钨灯　2. 滤光片　3. 聚光镜　4. 入射狭缝　5. 反射镜　6. 凹面镜　7. 光栅　8. 出射狭缝　9. 聚光透镜　10. 吸收池　11. 光电管

三、主要性能指标

(1) 光源:卤钨灯,12 V,30 W。

(2) 波长范围:330～800 nm,波长精度±2 nm。

(3) 电源电压:220 V(±10%),49.5～50 Hz。

(4) 光谱带宽:6 nm。

(5) 吸光度显示范围:0～1.999 A。

(6) 透光率测量范围:0～100% T。

(7) 色散元件:衍射光栅。

(8) 检测元件:光电管。

四、基本操作步骤

722光栅分光光度计的面板功能如图7-11所示,操作步骤如下:

(1) 将灵敏度旋钮调至“1”挡(放大倍率最小)。

(2) 开启电源,指示灯亮,预热仪器20 min,选择开关置于“T”(透光率)。

(3) 打开试样室盖(光门自动关闭),调节0%旋钮,使数字显示为“0.000”。

(4) 将装有溶液的比色皿放置在比色皿架中。

(5) 旋动仪器波长旋钮,把测量所需波长调到对应的波长刻线处。

(6) 盖上样品室盖,移动拉杆将参比溶液置于光路中,调节“100”旋钮,使数字显示为100%。若达不到100%,可适当增加灵敏度的挡数,同时应重复步骤(3)。

(7) 将被测溶液置于光路中,显示值即为溶液的透光率。

(8) 吸光度A的测量　参照步骤(3)和(6)调节仪器的“0.000”和“100.0”,将参比溶液置于光路,选择开关置于“A”,旋动吸光度调节旋钮,使得数字显示为“0.000”。将被测溶液移入光路,显示值即为试样溶液的吸光度A。

(9) 浓度c的测量　将选择开关置于“C”,将已知浓度的溶液置于光路中,调节浓度旋钮,使数字显示为已知浓度值。将待测溶液移入光路,显示值即为待测溶液的浓度c。

(10) 测量完毕,打开试样室盖,取出比色皿,用清水洗净擦干保存。关闭电源,待仪器冷却后，盖上试样室盖，罩上仪器防尘罩。

五、注意事项

（1）不同比色皿之间存在色差，建议测量过程中固定用一只比色皿盛放参比溶液，另一只盛放待测溶液。比色皿中盛放溶液的体积以 2/3～4/5 为宜。

（2）每次改变测量波长后，均应参照步骤（3）和（6）调节“0.000”和“100.0”。若大幅度改变测量波长时，需等待数分钟后再正常工作。

（3）若连续测量时间过长，光电管会疲劳造成读数漂移。因此，每次读数后应随手打开试样室盖（此时光闸自动关闭）。

§7.6　紫外-可见分光光度计

（Ⅰ）Agilent 8453 型

一、主要用途

Agilent 8453 型紫外-可见分光光度计除了具有一般分光光度计的功能外，还能对待测物在近紫外-可见光谱区进行全波长扫描，具有导数光谱、双波长法、时间扫描等多种强大的功能。操作简单快捷。

图 7-13　Agilent 8453 型紫外-可见分光光度计

二、工作原理及构造

Agilent 8453 型紫外-可见分光光度的主要构造与一般分光光度计相同，但采用二极管阵列检测器，扫描过程其实为“拍照”过程，可以快速获得全光谱信息。且采用敞开式样品池，便于对试样进行处理及连接流动注射装置。

三、主要性能指标

表 7-2　Agilent 8453 紫外-见分光光度性能指标

项目	性能指标	备　注
波长范围	190～1 100 nm	
狭缝宽度	1 nm	
杂散光	＜0.39% ＜0.05% ＜1%	340 nm（$NaNO_2$，ASTM） 220 nm（NaI，ASTM） 200 nm（KCl，EP）
波长准确度	＜±0.5 nm ＜±0.2 nm	486.5 s 扫描（NIST 2034） 486.0 nm 和 656.1 nm 处
波长重现性	＜±0.02 nm	连续 10 次扫描

（续表）

项目	性能指标	备　注
光度测定准确度	<±0.005 A	
光度计噪音	<0.000 2 A	60 次 0.5 s 扫描吸收值 0 A 500 nm rms
光度计稳定性	<0.001 A/h	0 A，340 nm，预热 1 h 后，每隔 5 s 测 1 次
基线漂移	<±0.001 A	0.5 s 空白，0.5 s 扫描，rms
标准扫描时间	1.5 s	全波长
最短扫描时间	0.1 s	全波长
扫描间隔时间	0.1 s	全波长，0.1 s 扫描，可多达 150 次连续扫描

四、基本操作步骤

1. 开机准备

开机预热 30～45 min。

选择 Windows NT Version 4.00；

按“Alt＋Ctrl＋Del”键登录；

依次输入 User Name 及 PassWord 进入 Window－NT 主画面。

按“START”键，用鼠标点 Program，再点 HP－UV－Chemstation 进入工作站状态，选择“Instrument on line”?。

点击“Mode”，选择“Standard”模式，由“Instrument”项下选择“Lamp”，打开氘灯或钨灯。

2. 固定波长处吸光度的测定

点击“Task”，选择“Fixed Wavelength”。

点击“Fixed WL”旁的“Set Up”，设置下列参数：

输入设定波长

输入背景校正方式

选择数据类型

将参比溶液置于光路，扳下卡扣，点击“Blank”做空白扫描；

将待测溶液置于光路，扳下卡扣，点击“Sample”测定该波长下样品的吸光度。

3. 波长扫描

点击“Task”，选择“spectrum/peaks”。

点击“spectrum/peaks”右边的“Set Up”，设置下列参数：

吸收峰及波谷的数目

扫描的波长范围

输入所需的数据类型(Data Mode)

将参比溶液置于光路，扳下卡扣，点击“Blank”做空白扫描；

将待测溶液置于光路，扳下卡扣，点击“Sample”完成设定波长范围内样品吸光度的扫描。

4. 工作曲线法进行含量测定

点击“Task”，选择“Quantities”。

点击“Set Up”，设置下列参数：

输入测量波长；

选择校正曲线；

选择数据类型；

输入相应的单位；

将参比溶液置于光路，扳下卡扣，点击“Blank”做空白扫描。

点击“StandardTable”，将不同浓度的标准溶液依次置于光路，扳下卡扣，点击“Sample”进行测定，得到相应的标准曲线，在对照品栏中输入对照液的名称及其相应的浓度。

将未知液置于光路，扳下卡扣，点击“Sample”测定该波长试液吸光度。

点击“SampleTable”，输入试液的名称及稀释倍数，并读取所测定的含量。

5. 工作结束

清洗比色皿；

打印扫描图谱及试验数据；

退出 UV－Chemistation，退出 Windows－NT；

与开机相反的顺序关机，切断电源。

五、注意事项

（1）不同比色皿之间存在色差，建议测量过程中固定用同一只比色皿盛放参比溶液和待测溶液，比色皿中盛放溶液的体积以 2/3～4/5 为宜。

（2）样品在测量前进行全波长扫描，以准确找出最大吸收波长及适宜的测量波长范围。

（3）专用表面皿的一侧有一个小太阳标志，这一侧应对准检测器。

（4）若待测样品挥发性比较强，应该盖上表面皿上的小盖子。

（Ⅱ）TU－1901 型

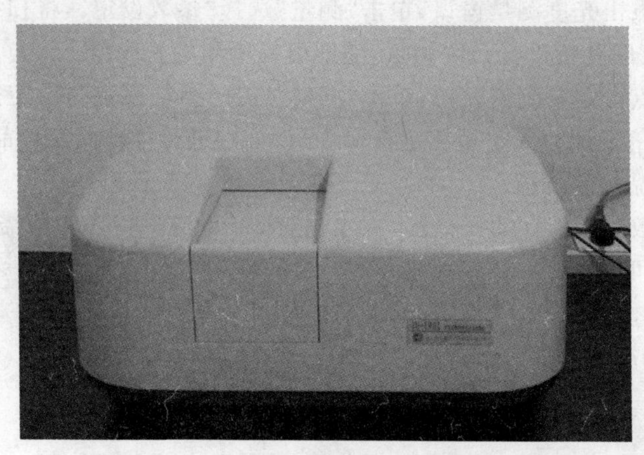

图 7－14　TU－1901 型紫外-可见分光光度计

一、主要性能指标

（1）光学系统：双光束监测。

(2) 波长范围:190～900 nm。

(3) 光谱带宽:0.1、0.2、0.5、1.0、2.0、5.0 nm 六档。

(4) 波长准确度:±0.3 nm (可自动校准波长)。

(5) 波长重复性:0.1 nm。

(6) 光度准确度:±0.002 Abs (0～0.5 Abs);±0.004 Abs(0.5～1.0 Abs);±0.3%T (0～100%T)。

(7) 光度重复性: 0.001 Abs(0～0.5 Abs)、0.002 Abs(0.5～1.0 Abs)。

(8) 基线平直度: ±0.001 Abs。

(9) 基线漂移: 0.000 4 Abs/h(500 nm,0 Abs 预热后)。

(10) 光度范围: −4.0～4.0 Abs。

(11) 光源:插座式长寿命溴钨灯及进口氘灯(更换灯后无须调整)。

(12) 检测器:光电倍增管。

二、基本操作步骤

1. 打开计算机和主机电源,计算机进入 Windows 操作界面。

2. 点击 UVWIN 5 的快捷方式来启动 TU - 1901 使用软件,此时仪器工作正常,则可进入仪器初始化画面,初始化完成后,便可进入 UVWIN 5 的主窗口,包括含有光度测量、光谱扫描、定量测定及时间扫描四个窗口。

3. 光谱扫描:点击光谱扫描窗口,单击"测量"选择"参数设定",设定测量所需参数,并进行保存。

4. 在扫描前先进行基线校正,将两个比色皿装入空白溶剂后分别放于样品池和对照池中,单击"√"进行基线校正。

5. 将样品池换成所测样品溶液,再单击"开始"即开始进行光谱扫描;扫描结束后,单击主窗口左边目录"文件 1"使工具栏有效,再单击"峰值检出",即出现扫描结果。

6. 光度测量:点击光度测量窗口,单击"测量"选择"参数设定",将扫描结果填入参数设定中,再单击"开始"即开始进行光度测量,随即出现所测的光度值。

7. 定量测定:点击定量测定窗口,单击"测量"选择"参数设定",设定完参数后分别将待测样品和标准品的信息填写入定量测定窗口中,再分别进行标准品和样品的光度测量,仪器最后计算出待测样品的浓度值。

8. 数据保存:激活需保存的光谱图,右击鼠标,将光谱图转换为所需要的文件格式后,点击保存的路径即可。

9. 操作完毕后,将所有窗口关闭,退出 UVWIN 5 系统和计算机,在关闭主机和计算机电源,并登记使用情况。

§7.7　荧光分光光度计

（Ⅰ）RF－5301PC 型（日本岛津公司）

一、主要用途

固体和液体的激发光谱、发射光谱和同步荧光光谱；荧光物质的定量分析。

二、工作原理及构造

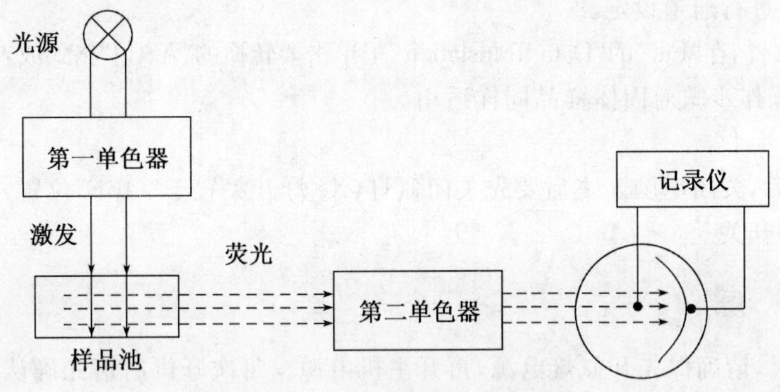

图 7－15　荧光分光光度计的结构

三、主要性能指标

（1）灯源：150 W Xe 灯。

（2）单色器：闪耀式全息光栅，F2.5 刻线 1 300 条/mm。

（3）波长范围：220～900 nm。

（4）波长精度：±1.5 nm，分辨率：1.0 nm。

（5）狭缝宽：1.5、3、5、10、15、20 nm。

（6）灵敏度：S/N 比 150 以上。

（7）测定方式：荧光光谱测定、定量测定、时间过程测定。

（8）软件功能：10 通道显示，数据 RSC 转换，谱图自动找峰，不同谱图加减乘除，谱图倒数、导数、常用对数转换等。

四、基本操作步骤

1. 开机

（1）确认所测试样液或固体，选择相应的附件。

（2）将荧光光度计的右侧 Xe 灯开关置于“ON”的位置，开启仪器主机电源，预热半小时后双击电脑上的“RF－5301PC”图标，启动电脑程序，仪器自检通过后，进行正常使用。

2. 光谱扫描

（1）在“Acquire Mode”中选择“Spectrum”模式。

对于做荧光发射光谱的样品，“Configure”中“Parameters”的参数设置如下：“Spectrum Type”中选择“Emission”；给定 EX 波长；给定 EM 的扫描范围（最大范围 220 nm～900 nm）；设定扫描速度；扫描间隔；狭缝宽度；点击“OK”，完成参数的设定。

对于做激发光谱的样品“Configure”中“Parameters”的参数设置如下：

“Spectrum Type”中选择“Excitation”；给定 EM 波长；给定 EX 的扫描范围（最大范围 220 nm～900 nm）；设定扫描速度；扫描间隔；狭缝宽度，击“OK”，完成参数的设定。

（2）在样品池中放入待测的溶液，点击“Start”，即可开始扫描。

（3）扫描结束后，系统提示保存文件。在“Presentation”中选择“Graf”“Radar”“Both Axes Ctrl＋R”来调整显示结果范围；在“Manipulate”中选择“Peak Pick”来标出峰位，最后在“Channel”中进行通道设定。

（4）转换文件：在“File”的“Data Translation”里单击要转换的“ASCII”格式或者“DIF”格式。

（5）上述操作步骤对固体样品同样适用。

3. 关机

测试完毕后，关闭电脑。之后要先关闭氙灯（Xe 灯开关置于“OFF”位置），散热 20 分钟后，再关闭电源开关。

五、注意事项

（1）开机时，请确保先开氙灯电源，再开主机电源。每次开机后请先确认一下排热风扇工作正常，以确保仪器正常工作，发现风扇有故障，应停机检查。

（2）使用石英样品池时，应手持其棱角处，不能接触光面，用毕后，将其清洗干净。

（3）当操作者错误操作或其他干扰引起程序错误时，可重新启动计算机，但无须关断氙灯电源。

（4）光学器件和仪器运行环境需保护清洁。切勿将比色皿放在仪器上。清洁仪器外表时，请勿使用乙醇、乙醚等有机溶剂，请勿在工作中清洁，不使用时请加防尘罩。

（5）为延长氙灯的使用寿命，实验完毕后要先关闭 Xe 灯，不关电源主机电源（光度计的右侧），等其散热完毕后再关闭电源。

（Ⅱ）Cary Eclipse 荧光分光光度计

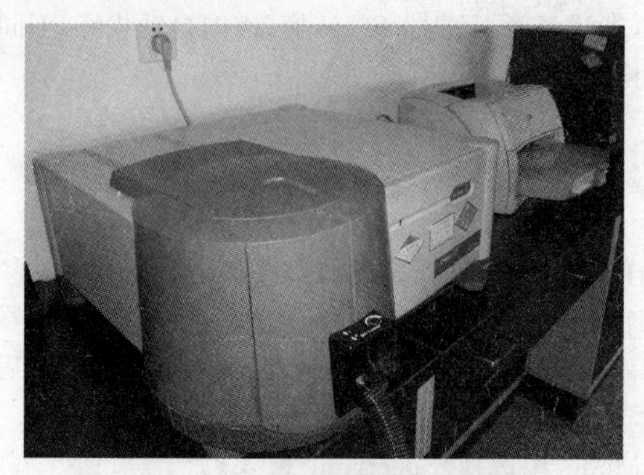

图 7－16　Cary Eclipse 荧光分光光度计

一、主要用途

可测量化合物的荧光发射/激发光谱、磷光光谱和化学/生物发光。具有自动控温设备，可进行浓度和动力学测定。广泛应用于化学、生命科学、石油化工、环境保护等各种领域。

二、主要性能指标

(1) 扫描速度：最高 24 000 nm · min^{-1}。

(2) 数据采集速率：80 Hz。

(3) 波长范围：190～1 100 nm。

(4) 光谱带宽：1.5 nm、2.5 nm、5 nm、10 nm 和 20 nm 五挡切换。

(5) 控温范围：10～80℃。

(6) 控温精度：±0.1℃。

三、基本操作步骤

1. 开机

(1) 启动电脑进入 Windows 系统。

(2) 开 Cary Eclipse 主机(注：保证样品室内是空的)。

(3) 双击“Cary Eclipse”图标，在主窗口中双击所选图标(以 Concentration 为例)，进入浓度主菜单。

2. 方法编辑与分析测试

(1) 单击“Setup”，进入参数设置界面。

(2) 依次点击“Cary Control”→“Options”→“Accessories”→“Standards”→“Samples”→“Reports”→“Auto store”，设置好每页的参数，点击“OK”返回浓度主菜单。

(3) 单击“View”菜单，选择需要显示的内容。基本选项有“Toolbar”、“Buttons”、“Graphics”和“Report”。

(4) 单击“Zero”，放空白到样品室内，点击“OK”。

(5) 点击“Start”，出现标准/样品选择页。“Solutions Available”左框中为不需要重新测量的标准或样品；“Selected for Analysis”右框中为待测的标准和样品。

(6) 点击“OK”进入分析测试。放入标准 1，点击“OK”读数；放入标准 2，点击“OK”读数。依此类推，直至测定完全部标准样。

(7) 同上(6)，依次放入各个样品，点击“OK”读数，直到样品全部测完。

(8) 若要将标准曲线保存在方法中，可在测定完标准后，不选择样品而由“File”菜单中保存此编好的方法。以后可以调用该方法，标准曲线一同调出。

3. 调用和运行方法

(1) 点击“File”→“Open Method”，选中欲调用的方法文件名，点击“Open”。

(2) 点击“Start”运行调用的方法。如使用已保存的标准曲线，将右框中的全部标准移到左框。点击“OK”进入样品测试。

(3) 按提示完成全部样品的测试。

(4) 点击“Print”打印报告和标准曲线。

(5) 若要保存数据和结果,单击“File”→“Save Data As…”,输入数据文件名并单击“Save”。

四、注意事项

工作环境要求温度 15～30℃,相对湿度 30%～70%,防酸气侵蚀和强磁场干扰。

(Ⅲ) LS－55 型

图 7－17　LS－55 荧光分光光度计

一、主要性能指标

(1) 波长精度:±1 nm。

(2) 波长重复性:±0.5 nm。

(3) 带宽:激发狭缝 2.5～15 nm,发射狭缝 2.5～20 nm。

(4) 调节步距均为 0.1 nm。

(5) 扫描速度:10～1 500 nm/min,调节步距为 1 nm;亦可按时间收集数据。

(6) 发射滤光片:290、350、390、430、515 nm,共 5 片,另有 1%衰减片,均由软件选择。

二、基本操作步骤

1. 先打开计算机,再打开仪器,预热 2～3 min,双击“FL-winlab”软件图标。

2. 点击菜单中应用“application”下拉菜单中的“status”,进入仪器和软件的联机过程,初始化后,可进行样品测量的设定与执行(PS:“status”中的参数不要动)。

3. 在“application”下拉菜单中的“scan”,出现扫描设定窗口中,点击“setup parameters”,设置激发(excitation wavelength)和发射(emission wavelength)波长的扫描范围,狭缝宽度(silt),扫速,以及样品名称。

4. 放入样品,点击扫描界面左上角的红绿灯按钮进行扫描(注:红灯亮表示正在扫描中,谱线是在扫描完成后才出现的)。

5. 进入主界面,在“file”下拉菜单中的“open”,找到文件,点击“OK”;然后再点击“file”下拉菜单中的“save as”,在出现的保存界面上设置文件格式为 ASCII,双击保存的文件夹,点击“OK”,文件以 Excel 表格的形式保存,打开 Excel 文件时,点击鼠标右键,选择“打开方式”中的“Excel”。

6. 使用完毕后，依次关闭软件、仪器、计算机，最后关闭总电源。

§7.8　红外分光光度计

（Ⅰ）Nicolet Avatar 360 型

一、主要用途

红外吸收光谱广泛应用于有机化合物的定性鉴定和结构分析以及定量分析。因为红外吸收带的波长位置与吸收强度反映了分子结构上的特点，故可以用来鉴定未知物的结构组成或确定其化学基团；而吸收谱带的吸收强度与分子组成或其化学基团的含量有关，故可以进行定量分析和纯度鉴定。配合适当的附件，红外分光光度计可以直接测定气体、液体和固体样品，因而常常作为剖析工作中首选的仪器。然后根据红外分析结果再确定后续的分离和分析方法。

图 7－18　Nicolet Avatar 360 型 FT－IR 分光光度计

二、工作原理及构造

傅立叶变换红外（FT－IR）分光光度计主要部件包括光源、迈克尔逊（Michelson）干涉仪、试样插入装置、检测器、计算机和记录仪等部件。其结构如图 7－19 所示。

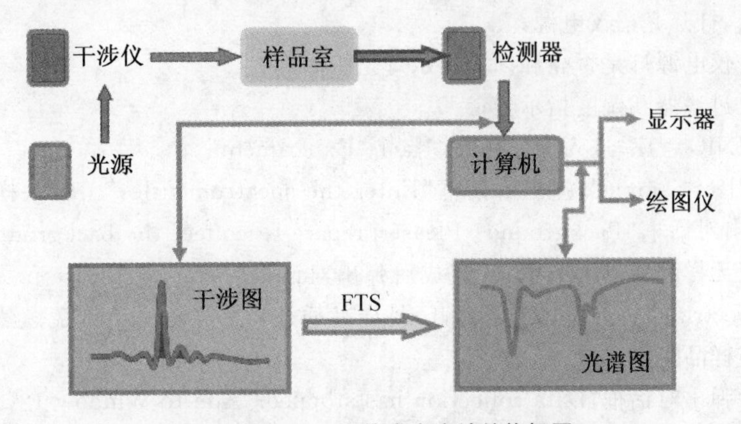

图 7－19　FT－IR 分光光度计结构框图

光源发出的辐射经干涉仪转变为干涉光，透过试样后，包含的光信息经傅立叶变换解析成普通的谱图，如图 7－20 所示。

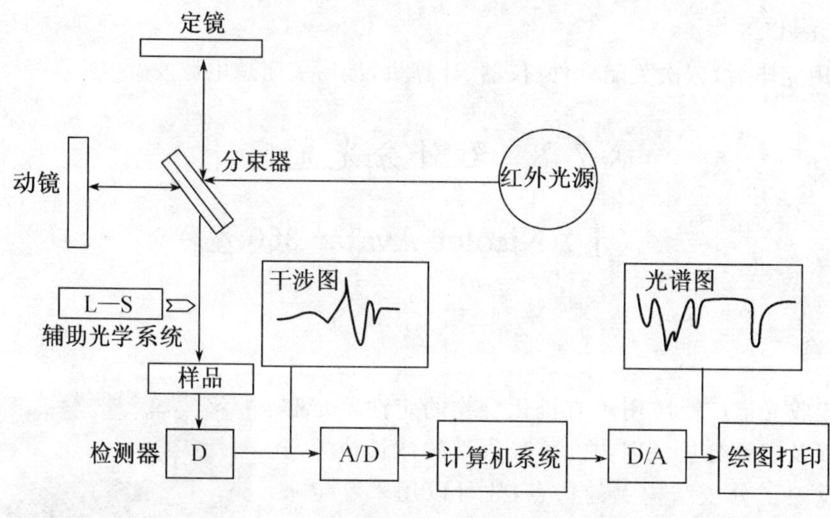

图 7-20 FT-IR 分光光度计工作原理图

三、主要性能指标

(1) 光谱范围:4 000～400 cm^{-1}。

(2) 分辨率:0.09 cm^{-1}。

(3) 波数精度:0.01 cm^{-1}。

(4) 透光精度:0.07%T。

四、基本操作步骤

启动电脑,打开光谱仪电源;

检查光谱仪电源灯是否亮和扫描指示灯是否闪烁;

检查纯化过滤器和湿度指示器;

启动 OMNIC 程序,进入操作界面。点击“Experiment”。

点击“Collect Sample”,弹出对话框“Enter the spectrum title:”。输入样品名称后,点击“OK”。弹出对话框“Background: Please prepare to collect the background spectrum”,确认样品架上无样品后点击“OK”。完成后弹出对话框“Sample: Please prepare to collect the sample spectrum”。将仪器上盖打开,将样品插入样品架后关上上盖。然后点击“OK”按钮开始收集样品光谱。

收集完后弹出对话框“Data collection has stopped. Add to Window 1?”,选择“Yes”。

根据需要处理和保存数据,打印谱图。取出样品,退出程序,关闭光谱仪电源,关闭计算机。

五、注意事项

(1) 红外分光光度计需预热 1 h 以上方可使用,让系统处于稳定状态有利于实验结果的准确。

(2) 仪器背板上的散热栅不能被覆盖,以免使电子元件过热损坏。

(3) 每次测量后,用脱脂棉或纱布沾上易挥发的溶剂,轻轻地擦拭窗片、压片模具等。

常用的溶剂有四氯化碳、氯仿、二硫化碳、乙醇等。将器具擦拭干净后，再用红外灯烘干，放入干燥器内保存，以免受潮和腐蚀。

(4) 保持环境的干燥，仪器内的干燥剂要及时更换，室温最好在25℃左右，湿度小于60%。

(5) 样品室窗门应轻开轻关，避免仪器振动受损。

(6) 当测试完有异味样品时，须用氮气进行吹扫。

(Ⅱ) Spectrum BXII 型

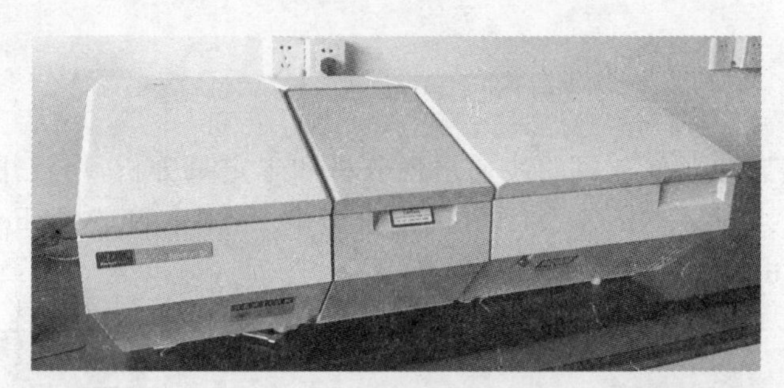

图7-21　Spectrum BXII 傅里叶变换红外光谱仪

一、主要性能指标

(1) 光谱范围：4 000～400 cm^{-1}。

(2) 分辨率：优于0.8 cm^{-1}。

(3) 波数精度：优于0.01 cm^{-1}。

(4) 信噪比：60 000∶1。

二、基本操作步骤

1. 开机

开机时先后打开主机电源和计算机电源，待进入Windows界面后启动Spectrum程序，进入Spectrum。

2. 确认仪器状态

点击<Instrument>下的<Monitor…>，进入仪器检测页面。分别点击能量和单光束图，观察能量水平和单光束图是否正常。点击<Exit>退出。

3. 采集样品光谱

点击<Instrument>菜单下的<Scan background…>命令，进行扫描背景(在确认样品室未放任何物体的情况下)。

将处理好的样品放入样品池中，点击<Instrument>菜单下的<Scan…>命令，出现样品扫描窗口，设定谱图文件名(Filename)酌情填写描述(Description)及注解(Comments)。在Scan页面根据需要设定扫描范围(Range)和扫描次数或扫描时间，点击<Apply>执行，再点击<OK>进行扫描，出现窗口提示询问是否覆盖<Overwrite>时根据情况选择。

4. 保存或打印光谱图

点击<file>菜单下的<save as... >命令，出现保存对话框，根据需要选择保存格式（*sp 为图谱文件；*asc 为数据格式文件）。

根据谱图情况决定是否进行处理。使用<Text>命令在谱图上标注样品名称、测试人员姓名、测试日期等并放在适当位置，然后点击<Print>打印，也可以点击<File>菜单下的<Copy to Report>使用报告模板格式打印光谱图。

§7.9 WKT-6 型看谱分析仪

一、主要用途

适用于黑色金属和有色金属的快速定性分析和半定量分析，广泛用于钢铁中 Cr、W、Mn、V、Mo、Ni、Co、Ti、Al、Nb、Zr、Si、Cu 和铜合金中 Zn、Ag、Ni、Mn、Fe、Pb、Sn、Al、Be、Si 及铝合金中 Mg、Cu、Mn、Fe、Si、Sn 等的分析。

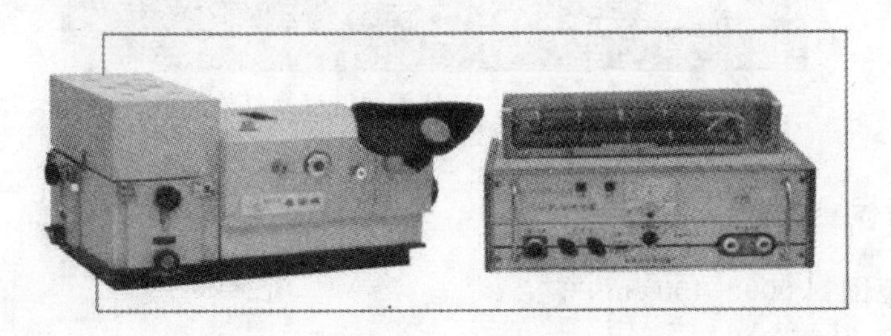

图 7-22　WKT-6 型看谱分析仪

二、主要性能指标

(1) 波长范围：390～700 nm。

(2) 分辨本领：0.05～0.11 nm。

(3) 目视可分辨以下线对：

Mn：476.59 nm 与 476.64 nm；

Fe：613.66 nm 与 613.77 nm；

Fe：487.13 nm 与 487.21 nm。

三、基本操作步骤

待测试样放左试台（主试台），标准样放前试台（副试台），调整试样与电极间的距离至 3 mm 左右。

打开 WPF-22 型电弧发生器电源开关，指示灯亮，放电盘之间应燃弧。

燃弧稳定后，调整主、副试台：第一步调整左侧的主试台。先切断电源，松开仪器主机背部的手柄，将比较棱镜全部拉出，调整鼓轮刻度至 35 格左右，使镜筒对准弧焰位置，并调整目镜使视场内亮度清晰；第二步调整前侧的副试台。将比较棱镜推进一半，视场内的光谱便分成上下两部分，上为主试台上待测试样的光谱，下为副试台上标准样品的光谱。

通过谱片的反复比较，识别出标准图谱上的 Cr5、Cr6、Cr7、Mn1、Mn3、Mn4 等灵敏分析线及其环境。再查对分析线的波长所对应的鼓轮刻度数值，并调整好鼓轮刻度。

将分析试样放主试台，标准样品放前试台，调整试样与电极间的距离至 3 mm 左右，同时将比较棱镜推进一半。

将 WPF-1 型电弧发生器背面的光源选择开关拨到"电弧"位置，通过目镜观察谱线进行分析。

四、注意事项

（1）每次燃弧 3～5 min 后应关掉发生器 3～5 min，以免损坏仪器。

（2）分析中更换样品时，应先切断电源（电弧发生器的开关），然后用夹子换取，以防烫伤。每换一次样品，须将铜圆盘电极转到一个新位置。

（3）分析工作全部结束后，应关好电源，拔下插头，清理干净电极、试台。冷却后将仪器用防尘罩盖好。

§7.10　6410 型火焰光度计

一、主要用途

广泛用于医疗卫生的临床化验及病理研究，农业肥料、土壤、水泥、耐火材料、玻璃、陶瓷等物质中钾、钠元素的测定。

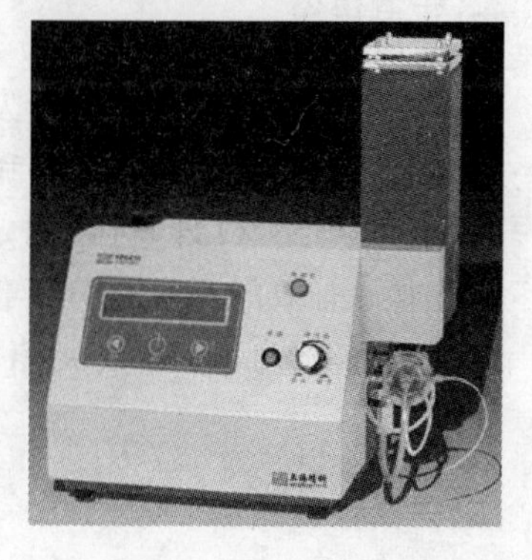

图 7-23　6410 型火焰光度计

二、主要性能指标

（1）分光方式：干涉滤光片。

（2）显示方式：双通道 3 位数字读数。

（3）量程：K 1 mg · L^{-1} 大于 100 个读数；Na 1.8 mg · L^{-1} 大于 100 个读数。

（4）精密度：CV≤3%。

（5）溶液耗量：<6 mL · min^{-1}。

（6）阻尼时间：≤6 s。

三、基本操作步骤

6410 火焰光度计用计算机辅助实现了许多功能的自动化，面板上有 8 个按钮和一个数据显示窗，还有一些用于指示状态的发光二极管，8 个按钮功能如下：

（1）PRINT　打印键。按一次打出 K^+、Na^+ 读数，再按一次，送出打印纸，若先按一下打印键，自动打出"上分"等数据表头。

（2）ZERO　自动调零键。调节试剂空白为"0"。

（3）MODEL　模式切换键。仪器开机默认为"EM"方式，即相对发射强度测量方式。按一次转换为"μg · mL^{-1}"，按第二次为"m mol · L^{-1}"，按第三次又回到"EM"方式。

(4) CONC　浓度曲线输入键。当吸入标准样品时，按下此键，可显示出标准试液的数值，用以校正仪器，检查仪器的工作状态。

(5) GAIN　满度调节键。在“EM”方式下，当吸入最高浓度的标样试液后，按下此键，屏显“100”。

(6) READ 键　读数键。当 CONT 灯亮时(在 SIGNAL 右边)，READ 灯一直闪烁，表示仪器在连续采样、读数，若此时打印机开着，仪器将连续打印数据。在 HOLD 灯亮时，READ 灯不亮，屏显数字不变，这时按下 READ 键，灯亮约 6 s 后屏显此次测得数据。

(7) SIGNAL 键　为信号连续采样状态与保持状态切换键，用以控制 CONT 与 HOLD 状态。

(8) 空白组合键

① 打出表头：按空白键，再按打印键。

② 漂移校正：在吸入浓度最高的标样时，按一下空白，再按一下 CONC 键。

③ 与 SIGNAL 联用，用于 K、Na 通道切换。

§7.11　SPS8000 型电感耦合等离子体原子发射光谱仪

一、主要用途

ICP 是以等离子体为激发光源的一种原子发射光谱仪，除了一些气体和一些非金属元素 F、Cl、Br、C、N、O 外，可以测定 70 多种元素，是一种非常有效的元素全分析仪，定性方便快速，定量也较准确，对多数元素具有很宽的线性范围。

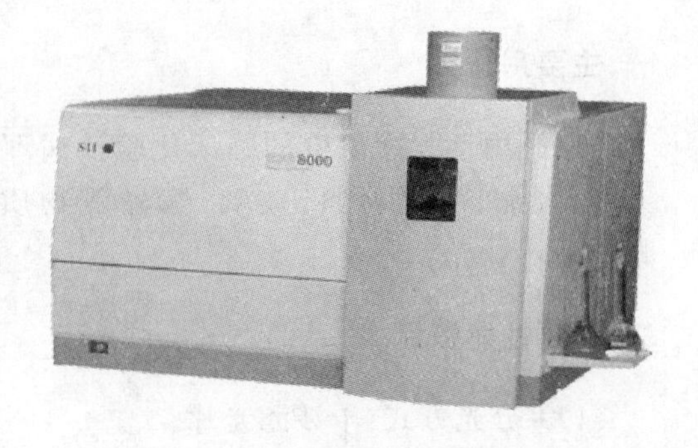

图 7-24　SPS8000 型电感耦合等离子体原子发射光谱仪

二、主要性能指标

(1) 类型：双单色器。

(2) 前级单色器：焦距：20 cm；衍射光栅：全息凹面衍射光栅。

(3) 阶梯光栅单色器：焦距：30 cm；衍射光栅：中阶梯平面衍射光栅。

(4) 波长重复性：0.001 nm。

(5) 波长范围：175～800 nm；真空紫外区：可充氮。

(6) 最大寻峰时间：5 s。

(7) 半峰宽：0.006 nm(194 nm)。

(8) 检测器：双光电倍增管。

(9) 入/出峰：固定。

(10) 观察高度：0～30 mm(测微头精确调整)。

(11) 气体流量：等离子体(11～20 L·min^{-1})；辅助气(0～2 L·min^{-1})；载气(0～400 kPa)。

(12) 精密度：RSD<2%。

(13) 分辨率：<0.009 nm(313 nm)。

(14) 动态范围:5 个数量级。

(15) 可测量元素:72 种。

三、基本操作步骤

1. 开机准备

依次打开计算机主机、显示器和打印机、ICP 主机电源(MAIN)。

通入载样气体、等离子体/辅助气体、雾化室气体,待仪器面板上的五个指示灯全部熄灭时可开始点火。

2. 开机

波长初始化:在软件主界面上点击“波长初始化”,当偏差小于等于 0.002 nm 时,点击关闭。

条件决定:当要测量新样品时,使用该项功能来选择最适合的分析谱线。在主界面上打开“条件决定”,选择“新建”,在“全分析曲线”前打勾,选择待测元素。选择完毕后点击“确定”。然后在该窗口中点击“测定”,依次导入基体空白、低标与高标溶液。测量完毕后点击“测量结果显示”,在窗口中点击“条件决定判定”,选择完合适的谱线以后,点击“定量条件设定”,生成定量条件表。

对“定量条件”表进行修改,须修改的项目有:“波峰”即寻峰方式、“积分”即积分时间,“累计”即积分次数和“标准样品”即标准样品浓度。

3. 样品分析

(1) 定量分析

修改完“定量条件表”,保存,关闭除“定量条件编辑窗口”和“主窗口”外的其他窗口,点击“测定”,依次导入基体空白、低标溶液、高标溶液和所有待测样品。测量结束后,保存定量测定结果。

(2) 定性分析

在主窗口中点击“分析”、“定性”,这时“元素周期表”打开。选择待测元素。若要测定所有元素,则先点击“全元素”,然后在“定性条件表”窗口中点击“测定”。当弹出“预备喷雾观察”窗口时,将待测样品导入,待“定性分析测定进度”窗口显示 100%时,测量完成。这时会弹出“定性判定结果”窗口。点击“显示”、“元素详细”,则显示所有已测量元素的谱线图。通过观察元素谱线来判断其是否存在及含量高低。

五、注意事项

(1) 仪器较长时间不使用时,应将废液排净,并在废液管中注满清水,以防废液管长时间浸泡在酸中,加速老化,造成废液泄漏。

(2) 仪器应避免阳光直射。

(3) 电源前面的防尘网每隔两个月应清理一次,以防防尘网堵塞造成电源内通风不畅,导致电源内温度过高对电源造成损坏。

(4) 仪器应每月充氮一次,一次 2 h 左右,以保持单色器内的干燥,延长单色器的使用寿命。充氮时会导致仪器不稳,应在关机状态下进行。

(5) 仪器较长时间未开机,应在开机半个小时以后再点火。

§7.12　AFS－830 型原子荧光光度计

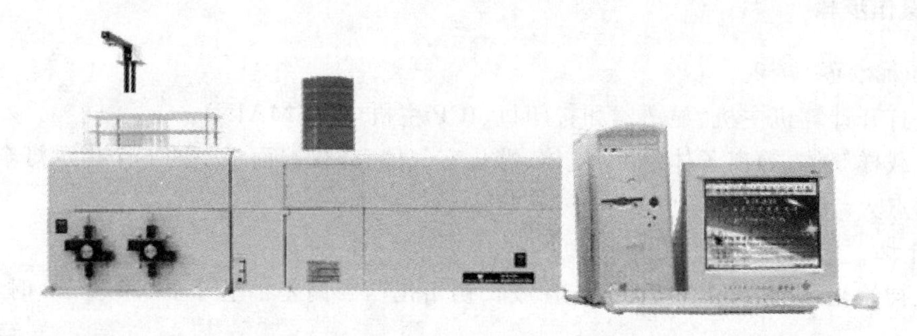

图 7－25　AFS－830 型原子荧光光度计

一、主要用途

用于检测痕量汞、砷、锑、铋、锗、锡、铅、硒、碲、镉、锌等元素的含量。

二、工作原理及构造

原子荧光光谱仪由激发光源、原子化器、分光系统、检测系统及光源与检出信号的同步调制系统所构成。如图 7－26 所示。

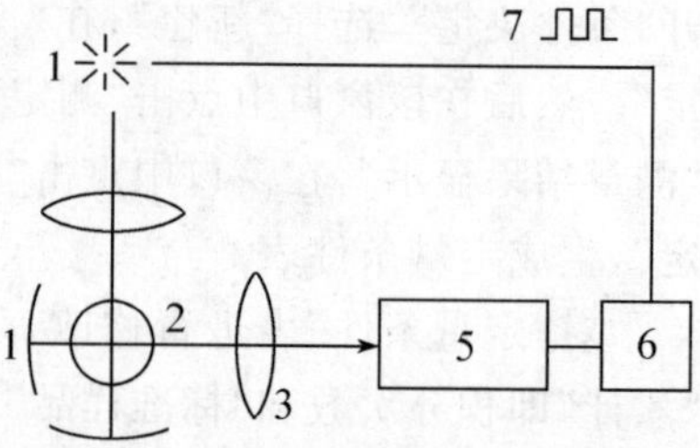

图 7－26　原子荧光光谱仪结构框图

1. 激发光源　2. 原子化器　3. 聚光镜　4. 凹面反射镜　5. 分光系统　6. 检测器　7. 电源调制系统

将酸化过的样品溶液中的待测元素在氢化物发生系统中生成氢化物，过量氢气与氢化物和载气（氩气）混合，进入原子化器，氢气和氩气在特制点火装置的作用下，生成氩氢火焰，使待测元素原子化。待测元素在激发光源（一般是高强度空心阴极灯或无极放电灯）的激发下所发射的特征谱线经过聚焦，得到的光信号被光电倍增管接收，然后放大、解调，最后由数据处理系统得到结果。如图 7－27 所示。

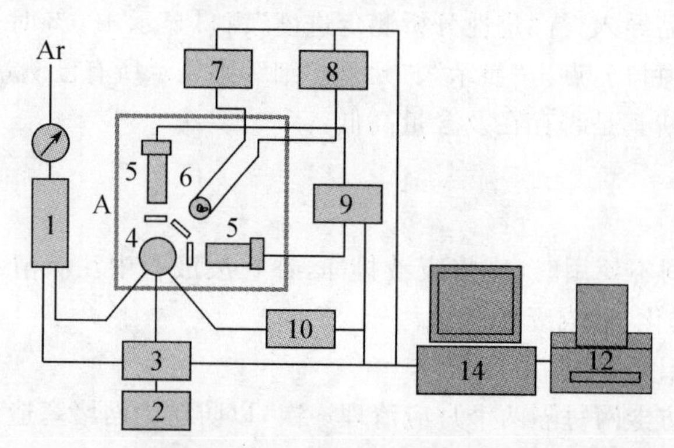

图 7－27　氢化物发生双道原子荧光光度计仪器原理图

1. 气路系统　2. 自动进样器　3. 氢化物发生系统　4. 原子化器　5. 激发光源　6. 光电倍增管　7. 前放　8. 负高压　9. 灯电源　10. 炉温控制　11. 控制及数据处理系统　12. 打印机　A. 光学系统

三、主要性能指标

(1) 检出限：As、Se、Pb、Bi、Sb、Te、Sn<0.01 μg・L^{-1}；Hg、Cd<0.001 μg・L^{-1}；Ge<0.05 μg・L^{-1}；Zn<1.0 μg・L^{-1}。

(2) 相对标准偏差：<1.0%。

(3) 线性范围：大于三个数量级。

四、基本操作步骤

1. 开机顺序

打开吸风罩通风，检查仪器是否水封；

打开氩气钢瓶总阀和减压阀，调节减压阀压力 0.2 MPa～0.3 MPa；

依次打开计算机、主机电源、流动注射进样器电源；

打开 AFS－830 程序，进入自检状态，自检完成后点击"返回"，即进入测量主菜单。

2. 测量操作步骤

点击"元素表"，完成元素灯识别选择。

点击"仪器条件"：① 进行仪器条件设置；② 点击"测量条件"，选择"test"，预热仪器 20 min；③ 点击"标准空白和 test"，位置"0"和"1"。

点击"间歇泵"，设置间歇泵程序为仪器默认值。约 20 min 后，点击"测量条件"，此时选择"peak area"、"荧光值"、"标准空白位置号"，点击"确定"。

点击"标准系列"，双击表格，输入浓度及位置号。

点击"点火"，此时仪器点火，观察元素灯是否点亮。

点击"测量窗口"，在"测量"中选择"从当前位置开始测量"，仪器则按顺序开始测量标准溶液。

点击"标准曲线"窗口即可得到工作曲线。若标准曲线线性相关系数达 0.999 以上，则可进行下一步的样品测量，否则选择"重做"，或者重新配制标准溶液继续测量。

点击"样品参数"可以添加样品，同时需要选择"样品空白"。在"属性修改"中可对已设定样品的参数进行修改。

在"测量窗口"中点击"测量"，选择"从当前位置开始测量"，仪器则按顺序开始测量样品溶液。

测量完成后，将还原液以及载流液均换成蒸馏水，点击"清洗"，让仪器自动清洗半小时。

3. 关机顺序

退出 AFS－830 程序，依次关闭流动注射进样器电源、主机电源、计算机。

关闭氩气瓶总阀和减压阀，关闭氩气阀门。

五、注意事项

(1) 测量前一定要先通氩气。

(2) 二级气-液分离器(水封)中一定要有水，无水则无信号。

(3) 仪器预热时一定要空启动，否则起不到预热作用。

(4) 仪器运行时不宜在电脑上进行其他操作。

(5) 更换元素灯时一定要关闭主机电源。

(6) 蠕动泵的压块不宜长时间压迫泵管,用后及时放松。泵管应定期清理并滴加硅油。

(7) 测量过程中注意观察一级气-液分离器,不能有积液,否则会影响测量精度。

(8) 标准系列和还原剂应现用现配,标准储备液应定期更换。

(9) 不能进高浓度样品,否则会污染进样系统。砷的最高浓度应小于 200 ppb,汞的最高浓度应小于 20 ppb。

(10) 所有器皿应专用且无污染,所用试剂纯度应符合要求。空白值高一般主要是由于器皿污染或试剂纯度不够造成的。

(11) 测量结束后,一定要用超纯水清洗进样系统并排空。

(12) 仪器每周应至少开机一次,以利于仪器的保养。

(13) 应配备 1 000 W 以上的精密稳压电源。

(14) 实验室的温度应控制在 15～30℃之间。实验室应清洁无污染。

§7.13 原子吸收分光光度计

(Ⅰ) TAS990 型

图 7－28 TAS－990 型原子吸收分光光度计

一、主要用途

原子吸收分光光度计能检测 70 多种金属元素和部分非金属元素的含量。火焰原子吸收法和石墨炉原子吸收法的检出限分别可达 10^{-9} g·mL^{-1}和 10^{-13} g·mL^{-1}数量级。借助氢化物原子发生器可对八种挥发性元素汞、砷、铅、硒、锡、碲、锑、锗等进行微量和痕量测定。广泛应用于环保、医药卫生、冶金、地质、食品、石油化工等部门。

二、工作原理及构造

原子吸收光谱分光光度计主要由光源(空心阴极灯)、原子化器(燃烧器或石墨炉)、分光系统、检测记录系统和数据处理及控制系统组成。如图 7－29 所示。

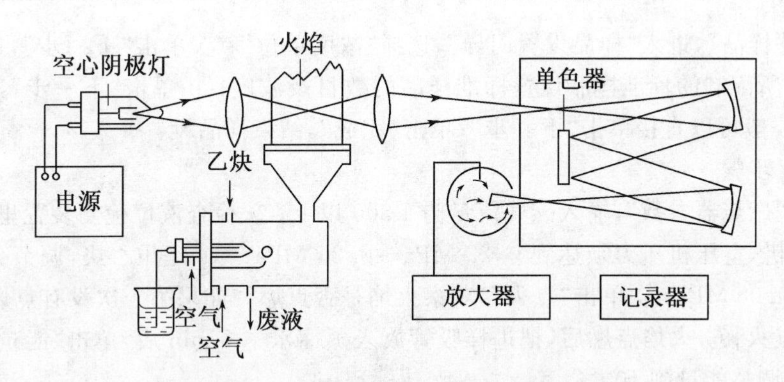

图 7－29　原子吸收分光光度计的结构

空心阴极灯发射出待测元素的特征谱线，通过试样蒸气时被蒸气中待测元素的基态原子所吸收，由特征辐射被减弱的程度来测定试样中待测元素的含量。

三、主要性能指标

(1) 波长范围：190～900 nm。

(2) 光栅刻线：1 200 条/mm 或 1 800 条/mm(可选)。

(3) 光谱带宽：0.1 nm、0.2 nm、0.4 nm、1.0 nm、2.0 nm 五挡自动切换。

(4) 波长精度：±0.1 nm。

(5) 波长重复性：0.15 nm。

(6) 基线漂移：0.004 A/30 min。

(7) 灯座：8 个。

(8) 背景校正：氘灯背景校正：可校正 1 A 背景；自吸背景校正：可校正 1 A 背景。

(9) 火焰分析：特征浓度(Cu)：0.02 ($\mu g \cdot mL^{-1}$)/1%；检出限(Cu)：0.006 $\mu g \cdot mL^{-1}$；精密度：RSD≤1%。

(10) 石墨炉分析：特征质量(Cd)：0.4×10^{-12} g；检出限(Cd)：0.5×10^{-12} g；精密度：RSD≤3%。

四、基本操作步骤

1. 开机顺序

打开抽风设备，打开稳压电源，打开计算机电源，进入 Windows XP 操作系统。打开 TAS990 火焰型原子吸收主机电源，双击 TAS990 程序图标“AAwin”，选择“联机”，单击“确定”，进入仪器自检画面。等待仪器各项自检“确定”后进行测量操作。

2. 测量操作步骤

(1) 选择元素灯及测量参数

① 选择“工作灯(W)”和“预热灯(R)”后单击“下一步”；② 设置元素测量参数，可以直接单击“下一步”；③ 进入“设置波长”步骤，单击“寻峰”，等待仪器寻找工作灯最大能量谱线的波长。寻峰完成后，单击“关闭”，回到寻峰画面后再单击“关闭”；④ 单击“下一步”，进入完成设置画面，单击“完成”。

(2) 设置测量样品和标准样品

① 单击“样品”,进入“样品设置向导”,选择“浓度单位”;② 单击“下一步”,进入标准样品界面,根据所配制的标准样品设置标准样品的数目及浓度;③ 单击“下一步”,进入“辅助参数”选项,一般可以直接单击“下一步”;单击“完成”,结束样品设置。

(3) 点火步骤

① 选择“燃烧器参数”,输入燃气流量为 1 500 以上;② 检查液位检测装置里是否有水;③ 打开空压机,空压机压力须达到 0.22 MPa～0.25 MPa; ④ 打开乙炔,调节分表压力为 0.07 MPa～0.08 MPa;⑤ 单击“点火”,观察火焰是否点燃。如果第一次没有点燃,等待 5～10 s 再重新点火;⑥ 火焰点燃后,把进样吸管放入蒸馏水中 5 min 后,单击“能量”,选择“能量自动平衡”调整能量到 100%。

(4) 测量步骤

① 标准样品测量　把进样吸管放入空白溶液,单击校零键,调整吸光度为零;单击测量键,进入测量界面(在屏幕右上角)。依次吸入标准样品(浓度必须从低到高)。注意:在测量中一定要注意观察测量信号曲线,直到曲线平稳后再按测量键“开始”,自动读数三次完成后再把进样吸管放入蒸馏水中,冲洗几秒钟后再读下一个样品。做完标准样品后,把进样吸管放入蒸馏水中,单击“终止”按键。把鼠标指向标准曲线图框内,单击右键,选择“详细信息”,查看相关系数 R 是否合格。如果合格,进入样品测量。

② 样品测量　把进样吸管放入空白溶液,单击“校零”键,调整吸光度为零;单击“测量”键,进入测量界面(屏幕右上角)。吸入样品,单击“开始”键测量,自动读数三次完成一个样品测量。注意事项同标准样品测量方法。

③ 测量完成　若需要打印,单击“打印”,根据提示选择需要的打印结果;若需要保存结果,单击“保存”,根据提示输入文件名称,单击“保存(S)”按钮。以后可以单击“打开”调出此文件。

④ 结束测量　若需要测量其他元素,单击“元素灯”,操作同上(2. 测量操作步骤);若要结束测量,一定要先关闭乙炔,待到计算机提示“火焰异常熄灭,请检查乙炔流量”数分钟后再关闭空压机。按下放水阀,排除空压机内水分。

3. 关机顺序

退出 TAS990 程序,若程序提示“数据未保存,是否保存”,根据需要进行选择。程序出现提示信息后单击“确定”退出程序。关闭主机电源,关闭计算机电源和稳压器电源。15 min后再关闭抽风设备,盖上仪器罩布,关闭实验室总电源。

五、注意事项

(1) 工作环境要求在温度 15～30℃;相对湿度 30%～70%;防酸气侵蚀和强磁场干扰。

(2) 点灯后需用自制卡片校对灯的位置,灯光照在卡片的中线即可。

(3) 测试应从空白(去离子水)开始。

(4) 在标准曲线测量中,测完所有标样后,应用空白溶液重新调零。

(5) 在排风良好的吸风罩下工作,以防有害气体及燃烧不完全的乙炔可能带来的危险。

(6) 排废液的塑料管中加少量水,构成水封。废液管不要插入废液筒液面。

(7) 实验结束后立即关闭乙炔钢瓶总阀。乙炔气源附近严禁明火或过热高温物体存在!

(8) 关闭空气压缩机前应放水气。

(9) 除必要的调节外,不要拨动其他开关、按钮和部件,以避免实验条件的改变而影响实验结果或损坏仪器。

(10) 除专业维修人员外，不要擅自拆开仪器。

(11) 未经管理人员许可不得擅自使用仪器；出现故障及时报告管理人员；管理人员应及时与厂家联系维修。

(Ⅱ) WFX110 型

图 7-30　WFX110 型原子吸收分光光度计

一、主要性能指标

(1) 波长范围：190～900 nm。

(2) 分辨率：光谱带宽 0.2 nm 时分开双锰线(279.5 nm 和 279.8 nm)且谷峰能量比<30%。

(3) 波长准确度：<±0.25 nm。

(4) 基线稳定性：≤0.004 A/30 min。

(5) 背景校正系统：氘灯背景校正 1 A 时≥30 倍；自吸效应背景校正 1.8 A 时≥30 倍。

(6) 灯座：6 灯座自动转换(其中 2 支可直接使用高性能空心阴极灯)。

(7) 光栅刻线：Czerny-Turner 型光栅，1 800 条/mm。

(8) 结果打印：可打印阶段测试数据或最终分析报告，可使用 Excel 软件编辑。

(9) 气路保护：具有漏气、空气欠压、异常熄火报警与自动保护功能。

(10) 检测器：高灵敏度、宽光谱范围光电倍增管。

(11) 火焰原子化器雾化室：全塑雾化室。

(12) 点火方式：自动点火。

(13) 特征浓度：普通空气-乙炔火焰 Cu≤0.025 $mg \cdot L^{-1}$ 检出限≤0.006 $mg \cdot L^{-1}$；富氧空气-乙炔火焰 Ba≤0.22 $mg \cdot L^{-1}$；Al≤0.4 $mg \cdot L^{-1}$。

(14) 石墨炉温度范围：20～3 000℃。

(15) 升温速率：2 000℃/s。

(16) 特征质量：Cd≤0.8 pg；Cu≤5 pg；Mo≤10 pg。

(17) 精密度：RSD≤4%。

二、基本操作步骤

(1) 检查实验室安全,打开吸风罩和实验室排气风扇,通风 10 min,打开空压机。

(2) 安装空心阴极灯。

(3) 打开原子吸收分光光度计主机电源和计算机电源,启动控制软件进行自检。

(4) 打开乙炔钢瓶总阀,开启减压阀至 0.5 MPa。

(5) 从控制软件界面"新建"分析项目。

(6) 用鼠标点击"寻峰"按钮,等待仪器寻找最强辐射所对应的波长。细调灯位,使辐射强度最大。

(7) 调节乙炔流量至适宜值,如 2 L/min,按下"点火"按钮。

(8) 点击"自动增益"使空心阴极灯的能量接近 100%。

(9) 用鼠标点击"数据"按钮,参比溶液进样清零,试样溶液进样读数。其余按界面提示进行操作。

三、注意事项

(1) 点火前将乙炔流量调节旋钮关闭后再打开三圈,此时点火既稳定,又不易爆燃。

(2) 气路部分为非数控的旋钮操作,需熄火间断测定时,直接按点火键熄灭火焰,不要关闭乙炔流量调节旋钮,否则再次点火测定时无法完全重复测量条件。

(Ⅲ) SHIMADZU AA-7000 型

一、主要性能指标

(1) 波长范围:185.0~900 nm。

(2) 单色器:象差校正型 Cremy-Tumer 装置。

(3) 带宽:0.2 nm、0.7 nm、1.3 nm、2.0 nm(4 档自动切换)。

(4) 检测器:光电倍增管。

(5) 测量方法:火焰-光学双光束;石墨炉-电子双光束。

(6) 背景校正:高速自吸收法(BGC-SR)(185.0~900.0 nm);氘灯法(BGC-D2)(185.0~430.0 nm)。

(7) 灯座数:6 盏、任意 2 盏点亮(1 盏预热)。

(8) 点灯方式:EMISSION、NON-BGC、BGC-SR、BGC-D2。

(9) 测量方式:火焰连续法、火焰微量进样法、石墨法。

(10) 基线校正:采用峰高/峰面积的偏移量校正方法,自动校正基线漂移。

(11) 火焰分析:吸收值≥0.230 0 Abs;重复精度≤2.00%;检出限 0.006 00 ppm;稳定性≤6.0%。

(12) 石墨炉分析:吸收值≥0.150 0 Abs;重复精度≤2.50%;检出限 0.030 00 ppm。

二、基本操作步骤

1. 开机顺序

① 打开电脑。

② 打开 AA－7000 主机电源。

③ 启动 WizAArd 软件，选择“操作”，点击“测量”。

④ 登录系统。

⑤ 弹出“向导选择”对话框，点击“取消”，进入下一步。

2. 仪器初始化

① 在“仪器”下拉式菜单中，点击“连接”，仪器进入初始化状态。

② 弹出“气体调节”页面时，根据提示，打开通风设备，乙炔钢瓶主阀和空压机开关。（乙炔气体分压要求为 0.08 MPa～0.10 MPa，空气压力要求为 0.35 MPa）。

③ 检测完成后，点击“确定”。

④ 弹出“火焰分析日常监测项目”页面时，对每个项目一一进行检查并勾选，点击“确定”。

⑤ 等待漏气检测结束，若不存在漏气现象，点击“确定”，完成初始化。

3. 设置参数

在“参数”下拉式菜单中，选择“元素选择向导”，进行元素选择。

① 选择“火焰连续法”、“普通灯”，单击“下一步”；输入元素灯位；点击“谱线搜索”；谱线搜索完成后，点击“关闭”。

② 校准曲线设置：输入“浓度单位”，编辑“校准曲线测量次序”。

③ 样品组设置：输入“浓度单位”、“样品数量”，点击“更新”；在样品 ID 栏输入样品名称或编号，点击“下一步”。

④ 点击“连接/发送参数”，完成参数设置。

4. 点火

同时按下 PURGE 和 IGNITE 两键，直至火焰点燃，松开。

5. 测量步骤

① 校零：把进样吸管放入去离子水中，雾化 1 min，点击页面底部的 Auto Zero 。

② 测量标准样品：吸入溶液，待信号稳定后，按页面底部的 START ，读数完毕，START 键变回绿色，换溶液，重复以上操作。

③ 测量空白溶液：方法同②。

④ 测量未知溶液：方法同②。测量过程中，每测完一种未知样品，应吸入去离子水雾化 30 s。每测 5～6 个样品，应校零一次。

⑤ 所有样品测量完毕，吸入去离子水雾化 2 min，取出进样吸管，按 EXTINGUISH 键熄灭火焰，并关闭乙炔钢瓶主阀和空压机开关。

6. 关机顺序

① 在“仪器”下拉式菜单中，点击“连接”，切断主机与电脑的通讯。

② 保存或打印数据，退出 WizAArd 程序。

③ 关闭 AA－7000 主机电源。

④ 关闭计算机。

⑤ 关闭抽风设备。

三、注意事项

(1) 从“仪器初始化”页面选择“漏气检查开始”或从菜单中选择“仪器”-“漏气检查”，就开始自动执行 8 分钟左右的漏气检查。

(2) 废液管末端不要浸在废液中，燃烧过程中不要从燃烧室上面窥视或把手放燃烧室上面。

§7.14 气相色谱仪

(Ⅰ) Agilent 6890N 型

一、主要用途

气相色谱仪适于对低沸点、易挥发有机物进行分离和定性、定量分析。广泛应用于化工、食品、医药、农药、生物、环保、石油、电子等行业。如农药残留量测定、大气中微量污染物含量的监测、制药行业中残留溶剂的检测、法医科学中挥发性毒物的检测、食品芳香气味的分析、卫生防疫部门中水质分析等。

图 7－31 Agilent 6890N 型气相色谱仪

二、工作原理及构造

气相色谱仪由气路系统、进样系统、色谱柱、检测器和数据处理系统组成。如图7－32所示。

三、主要性能指标

(1) 电子流量控制(EPC)：所有流量、压力均可以电子控制，压力调节精度 0.01 psi，具有四种 EPC 操作模式即恒温恒压、程序升压、程序升流、三阶程序升压/升流。

(2) 炉箱：操作温度在室温以上 4～450℃，温度准确度±1%，程序升温六阶/七平台，双通道色谱柱流失补偿。

(3) 进样口：毛细柱分流/不分流进样口，电子参数设定压力、流速和分流比，压力设定精度 0.01 psi 。

(4) 火焰离子化检测器(FID 检测器)：自动灭火检测、自动点火、自动调节点火气流，最

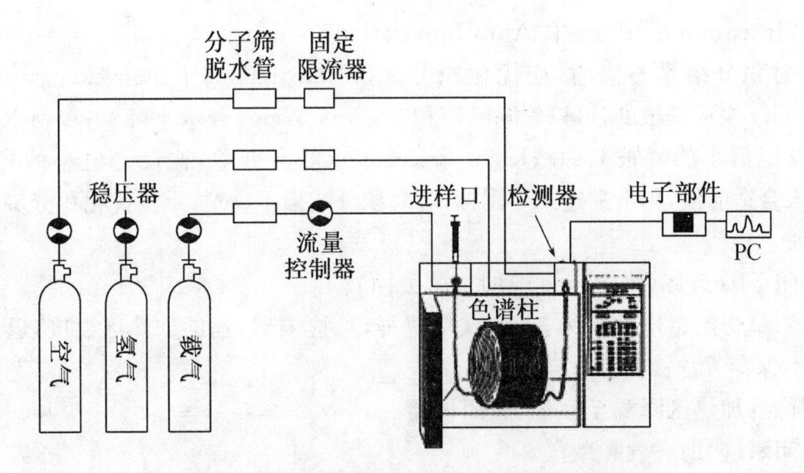

图 7-32　安捷伦 6890N 型气相色谱仪流程图

低检出限小于 3 pg C/sec,线性范围大于 10^7。

(5) 电子捕获检测器(ECD 检测器):最低检出限小于 0.008 pg/sec(六卤化苯),线性范围大于 10^5。

(6) 气相色谱化学工作站:GC Chem Station A.01,英文操作界面。

四、基本操作步骤

1. 开机

(1) 打开载气及支持气,设置减压阀氮气 0.5 MPa;氢气 0.2 MPa;空气 0.5 MPa。

(2) 打开计算机,进入 Windows 2000 操作系统。

(3) 打开仪器电源,等待仪器自检完毕。

(4) 双击桌面"Online"图标进入工作站(在"Offline"下不可以进入"Online")。

2. 编辑方法

(1) 在"Method"中选择"Edit Entire Method",在全部四项前选"√",单击"OK",键入方法注释内容,单击"OK"。

(2) 按照仪器的实际配置选择进样方式:GC Injector(自动进样器)、Valve(阀进样)、Manual(手动进样)。单击"OK"。

(3) "Apply"表示执行参数改变但不退出此画面,"OK"表示执行并退出,"Cancel"表示不执行退出。分别设置 Injector(自动进样器)、Valve(阀操作配置)、Inlets(进样口)、Columns(色谱柱)、Oven(柱温箱)、Detectors(检测器)、Signals(信号)、Aux(辅助加热区)、Runtime(运行时间表)、Options(选项)等。设置完毕后单击"OK"。

(4) 保存方法:保存原有方法、换名保存方法、方法编辑完毕。

3. 数据采集和分析

(1) 在"View"中,单击"Data Analysis"。

(2) 在"File"中,单击"Load Signal",选中数据文件名后单击"OK"。

(3) 在"Graphics"中,单击"Signal Options"。

(4) 在"Range"中,选择"Autoscale",单击"OK"。

(5) 在“Integration”中，选择“Auto Integration”

(6) 若对积分结果不满意，应优化积分。在“Integration”中单击“Integration Events”。Slope Sensitivity 表示灵敏度，可以删除噪声积分；Peak Width 表示半峰宽；Area Reject 表示面积截除，比设定值小的峰被截除；Height Reject 表示峰高截除，比设定值小的峰被截除；在 Value 中键入合适的值，单击左边“√”图标；若对积分结果不满意，重复优化积分步骤。

4. 关机

(1) 关闭 FID 火焰(将 Flame 前的“√”去掉)。

(2) 将炉温初始温度设置为 30℃，关闭进样口、检测器、辅助加热区温度，退出化学工作站，退出时不保存方法。

(3) 等待各加热区降温至室温，关闭仪器。

(4) 关闭燃气、助燃气和载气。

五、注意事项

(1) 仪器所在实验室应保持通风良好，没有腐蚀性物质和无悬垂障碍物。

(2) 室内温度应控制在推荐范围 20～27℃之间，湿度应在推荐范围 50%～60%之间。

(3) 气体应满足纯度要求，所有气体都应是色谱纯(99.999 5%)或更高纯度，空气为零级或更好。

(4) 前处理样品所用试剂必须是色谱纯或优级纯，样品溶液必须均匀，无颗粒或浑浊。

(5) 柱老化时，勿将柱出口端接到检测器上，防止污染检测器。

(6) 柱老化时，需在室温下通载气 10 min 后再升温老化，以防损坏柱子。

(Ⅱ) SP6800 型

一、主要性能指标

1. 主机

可安装氢焰检测器、热导检测器、电子捕获检测器、氮磷检测器。共有六个控温点；可进行五阶程序升温控制；进样器、各检测器均可独立控温。设有两个进样口，汽化装置及独立的毛细管进样装置。具有三个独立气路、三个独立电路系统、三个信号输出端。

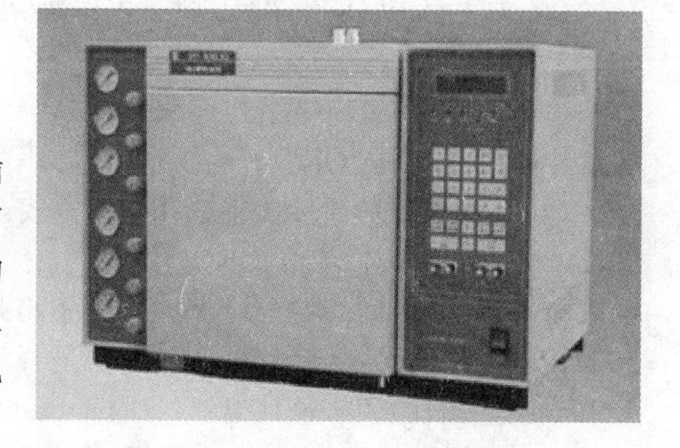

图 7-33 SP6800 型气相色谱分析仪

2. 柱箱

柱箱体积大，可同时安装三根色谱柱。采用微机控制温度，人机对话，可实时显示各点温度。柱箱温度：室温+5～400℃；控温精度：±0.1℃(200℃以下)，±0.2℃(200℃以上)。五阶程序升温：各阶恒温时间 0～999.0 min，增量 0.1 min，温度增量 0.1℃。

3. 检测器

(1) 氢火焰离子化检测器？(FID)

敏感度：$M \leqslant 1 \times 10^{-11}$ g · sec^{-1}(苯)；

线性范围：10^7；

基线漂移：≤0.3 mV/0.5 h。

(2) 电子捕获检测器(ECD)

敏感度：$M \leqslant 1 \times 10^{-13}$ g · mL^{-1}(r－666)；

基流：$I_0 \geqslant 1 \times 10^{-9}$ A；

基线漂移：满刻度的 3%/h；

线性范围：＞500；

放射源：Ni^{63}。

(3) 火焰光度检测器(FPD)

敏感度：$M_P \leqslant 2 \times 10^{-11}$ g · sec^{-1}(1 605)，$M_S \leqslant 5 \times 10^{-11}$ g · sec^{-1}(噻吩)；

基线漂移：满刻度的 3%/h。

(4) 热导池检测器(TCD)

灵敏度：$S \geqslant 2500$ mV · mL · mg^{-1}(苯，H_2)；

基线漂移：满到度的 3%/h。

(5) 氮磷检测器(NPD)

敏感度：测氮 $M_f \leqslant 5 \times 10^{-12}$ g · sec^{-1}(偶氮苯)，测磷 $M_f \leqslant 5 \times 10^{-12}$ g · sec^{-1}(马拉硫磷)；

基线漂移：满刻度的 3%/h。

二、基本操作步骤

1. 氢火焰操作

通气：将氮气、氢气、空气调至所需流速。也可通过柱前压控制，如氮气 0.8 MPa，氢气 0.7 MPa，空气 1.0 MPa。

打开电源开关，选择合适的“灵敏度”挡及输出“衰减”。如灵敏度 2，衰减 16。

设置汽化室(INJE)、氢焰检测室(DETE)及柱室(OVEN)温度，并启动加热。

打开数据采集与处理软件。

适当提高氢气流速，在氢焰出口处，用电子打火枪点火，然后将氢气调回原值。点火后基线会产生偏离，可用 FID 调零旋钮调基线至零点。

待恒温灯亮且基线稳定后进行分析。

2. 热导池操作

通气：将载气调至所需流速，也可通过柱前压控制，如氮气 2.0 MPa。

打开电源开关，选择桥流(CURR)及衰减。如桥流 100 mA，衰减 32。

设定汽化室(INJE)、柱室(OVEN)及热导池(AUXI)温度，并启动加热。

待恒温灯亮后，用仪器面板上的 TCD 调零旋钮将基线调零，待基线稳定后进行分析。

3. 关机操作

确保所有组分流出色谱柱后，按停止(HOLD)键，打开柱室门散热至接近室温时关闭电源和载气。

（Ⅲ）GC102 型

图 7－34 GC102 型气相色谱仪

一、主要性能指标

1. 技术指标

(1) 温度技术指标

色谱柱恒温箱：室温＋30～300℃，控温精度：±0.1～±0.2℃ ；

检测器、气化室：室温＋50～399℃。

(2) 火焰离子化检测器(FID)

检测限：$\leqslant 1\times10^{-10}$ g·s^{-1}(正十六烷)；

基线漂移：≤0.15 mV·h^{-1}。

(3) 热导检测器(TCD)

灵敏度：$S\geqslant$1 000 mV·mL·mg^{-1}(正十六烷，H_2)；

基线噪声：≤0.05 mV；

基线漂移：≤0.15 mV·h^{-1}。

2. 仪器要求

电源电压：(220±22)V，(50±0.5)Hz；

总功率：≤1 500 W；

环境温度：＋5～35℃；

相对湿度：≤85％。

二、基本操作步骤

(1) 打开气源(按相应的检测器所需气体)

(2) 在接通电源前，仪器的总开关、微电流放大器及热导池的电源开关均应处于“关”。设定柱室、气化室、检测器的控制温度。

(3) 接通电源，启动仪器总开关，恒温室风扇开始运转，同时温度控制器中的温度指示窗显示被选择的加热区域的实际温度。至温度显示值不再上升，与设置温度值相符(或接近时)，该加热区域即处于恒温状态。

(4) 启动微电流放大器或热导池电源的开关

① 当使用热导检测器时，应调节热导池的桥流至适当值。一般当载气为 H_2 时，最大电流不超过 240 mA；当载气为 N_2 时，最大电流不超过 140 mA。若无载气通过热导池池体，绝不能开启热导池电源开关，不然可能烧断桥路钨丝。刚开机时，当检测器温度在升温过程中，桥电流会有变化，属正常现象。至检测温度恒定后再调正电流值至所需值，即可固定旋钮位置。若操作条件不变重复开机，检测器温度未恒定时，桥电流将暂时大于原设定值，也属正常现象，不必调动“电流调节”旋钮，至温度恒定后，电流值会逐渐降至原设定值。

② 当使用火焰离子化检测器时，须各恒温区温度稳定后，才能开启氢气和空气针型阀，

并调至适当值,再点燃离子室口火焰,待基线稳定后方可进行分析。

(5) 打开电脑上面的工作站,查看基线是否平稳,待基线平稳后开始进样分析。在线色谱工作站中用面积归一化法分析样品步骤如下:

① 打开在线色谱工作站,先选择需要打开的通道。

② 在实验信息窗口中输入实验标题、实验人姓名、实验单位、实验简介。

③ 单击"方法"按键,在采样控制窗口中,根据实验情况修改各选项。

④ 编辑积分参数。用鼠标单击"积分"打开积分窗口,选择"面积"、"归一法",单击"采用"。根据需要修改峰宽、斜率等参数后,单击"采用"。

⑤ 图谱显示设置。用鼠标单击"谱图显示",打开图谱显示窗口,修改时间和电压显示范围。

⑥ 仪器条件。用鼠标单击"仪器条件",打开仪器条件窗口,在选择仪器窗口中选择"气相色谱",按主机气相色谱仪的条件输入条件。

⑦ 用鼠标单击"另存",在弹出的另存为窗口中键入名称,然后单击"保存"确认。在下次分析样品时,如果分析方法不变,不需要再输入方法,只需单击"打开"按键,在弹出窗口中选择以前已保存的方法文件,单击"打开"确认即可。

⑧ 数据采集。用鼠标单击"数据采集"按钮,打开数据采集窗口,用鼠标单击"查看基线"按键,使显示电压值为 5 mV 左右,单击"零点矫正"按键,使显示电压值为 0 mV,待基线稳定后进样品,并同时用鼠标单击"采集数据"按键。待各组分出完后,单击"停止采集"按键。

(6) 分析完毕后,关机。注意将所有加热部分冷却到室温后,再将载气关掉。

三、注意事项

(1) 使用氢气时应防止柱室内的密封接头漏气,以免柱室升温时发生爆炸事故。

(2) 柱室升温时,应注意所接色谱柱的最高使用温度,防止升温过高。

(3) 在使用 FID 时,必须在检测器温度升至 90℃以上时,才能点燃氢火焰,切勿在升温前点火,以免造成离子室内积水,影响检测器的稳定性或延长仪器的稳定时间。

(4) 若仪器用于高沸点样品或腐蚀性样品的分析,当仪器长期停机不使用时,应对进样器(气化管)及离子室的喷口、电极或热导池钨丝进行重点清洗处理后,再熄机停用。不然将影响今后再使用时的稳定性。

(5) 仪器室内应没有腐蚀性气体及不致使电子器件的放大器、记录仪、色谱数据处理机正常工作受到干扰的强电场和强磁场存在,仪器安放工作台应稳固。

(6) 应设立专用气瓶室,燃气和助燃气不得混放。在离氢气瓶 2 m 内绝对不允许有火种或任何起火隐患。

(Ⅳ) SHIMADZU GC2010 型

一、主要性能指标

(1) 先进的流量控制器(AFC):使载气控制方面有更高精度,实现了保留时间、峰面积、峰高的优良重现性。

(2) 柱温箱：操作温度室温 4～450℃，温度准确度为设定值(K)的±1%。柱温最高升温速率为 250℃/min，可进行 20 段程序升温或降温。

(3) 进样口：毛细管柱分流/不分流进样口。进样方式有分流、不分流和直接进样三种模式。

(4) 氢火焰离子化检测器：最低检出限小于 3 pg C/s(十二烷)，动态范围 10^7。

(5) 色谱工作站：GC solution，可以自动启动、关闭仪器，可以进行系统自诊断。

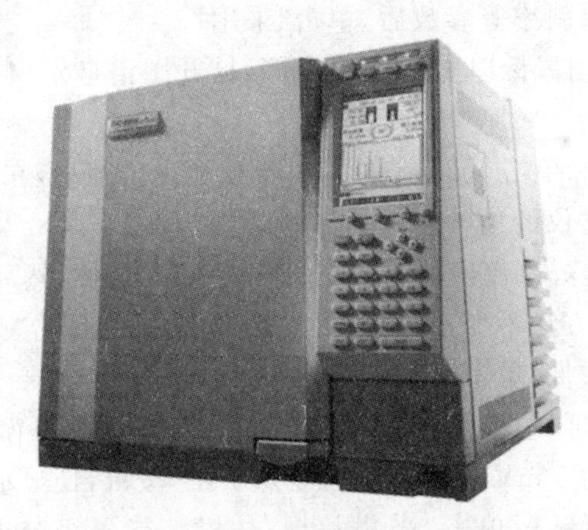

图 7-35 岛津 GC2010 型气相色谱仪

二、基本操作步骤

(1) 确保高压钢瓶气源总压在 1 MPa 以上。打开载气钢瓶开关，使其输出压力在 0.6 MPa；打开空气钢瓶开关，输出压力 0.5 MPa；氢气钢瓶或氢气发生器电源使其输出压力为 0.3 MPa。

(2) 打开 GC-2010 色谱仪开关和工作站电源的电脑开关。

(3) 点击工作站桌面<GC Real Time Analysis>→<OK>，长声蜂鸣表示联机成功。

(4) 打开原有方法文件或重新设定新的参数，包括色谱柱、进样口、柱温、检测器等。

(5) 点击<Download Parameters>→<System On>，待检测器达到设定温度后，点击 Flame <On>(FID 检测器，点火之前检查空气和氢气是否已达到需要压力)。

(6) 系统稳定(Ready)且基线平稳后，点击<Single Run>→<Sample Login>，编辑样品信息，点击<Start>→进样→按 GC 上"Start"键，进行色谱分析及数据获取。

(7) 点击<data explore>进行数据处理。

(8) 分析结束后，点击<System Off>，待检测器、进样口、柱箱温度均降至至少 80℃以下时，方可关闭工作站、GC 电源和载气气源。

§7.15　高效液相色谱仪

（Ⅰ）Varian ProStar 210 型

一、主要用途

HPLC 适于分析高沸点不易挥发的、受热不稳定易分解的、分子量大的、不同极性的有机化合物；生物活性物质和多种天然产物；合成的和天然的高分子化合物等。涉及石油化工、食品、合成药物、生物化工产品及环境污染物的分离与分析等。可分析对象约占全部有机物的 80%。其余 20%的有机物（含永久性气体、易挥发低沸点及中等分子量的化合物）适宜用气相色谱进行分析。

图 7－36　Varian ProStar 210 型高效液相色谱仪

二、工作原理及构造

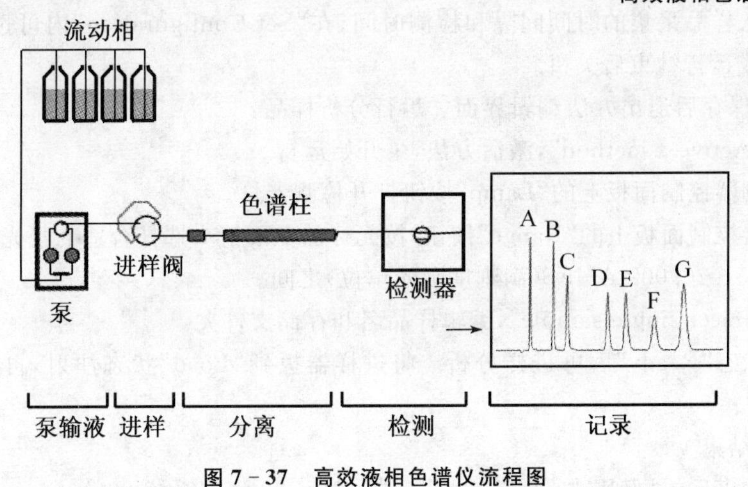

图 7－37　高效液相色谱仪流程图

三、主要性能指标

(1) 恒温温度：室温至 40℃。

(2) 流量范围：0.01～5 mL/min。

(3) 泵头最高耐压：8 000 psi。

(4) 紫外-可见检测器波长范围：190～700 nm。

可选配示差折光检测器等其他类型的检测器。

四、基本操作步骤

(1) 点击“View/Edit Method”建立新方法，出现方法编辑界面。

(2) 选择“Pump and CIM”，进入泵的参数设置界面。

	Time (min:sec)	%A	%B	Flow (ml/min)	Inject Wait	Alarm	Data Acq	(nm) A	ContactA 1	ContactA 2	ContactA 3
1	0:00	100	0	2			Begir	254			
2	20:00										
3											
4											
5											
6											
7											
8											

Scale Run Time | Add Run Time | Subtract Run Time | Show Column for %A

Ramp on Activation: Ramp Time (min): 0:00; Hold Time (min): 0:00
Ramp on Completion: Ramp Time (min): 0:00; Hold Time (min): 0:00
Data Acquisition: Samp Interval (sec): 0.20; Monitor Time (min): 0:10
Set Configuration: No Shutdown Method

图 7-38 泵参数设置界面

(3) 在“%A”和“%B”中输入两种溶剂的比例；在“Flow”中输入流速，在“A(nm)”中输入检测波长。“Scale Run Time”可以更改方法的运行时间，也可通过“Add Run Time”或“Subtract Run Time”增加或减少运行时间。“Ramp on Activation”可设置方法激活时的梯度爬升时间；“Ramp on Completion”可设置方法结束后的梯度回落时间；“Data Acquisition”内可输入样品采集的时间间隔和检测时间；在“Set Configuration”内可选择无关机方法、立即关机或运行结束后关机。

(4) 方法保存后退出方法编辑界面。运行分析样品：

① 点击“Active a method”，激活方法，泵开始运行。

② 按检测器控制面板上的“Lamp”按钮打开检测器灯。

③ 检测器控制面板上的“Range”按钮，按光标的上下箭头选择合适的吸光度范围，其范围值在 0.000 5～20.000 AUFS(满刻度吸光单位)之间。

④ 点击“Inject single sample”，编辑样品名和存储文件夹。

⑤ 仪器状态“Ready”后可进样分析。将进样器扳到“Load”状态注射，再扳到“Inject”状态进样。

(5) 分析结束

① 分析结束后，最好用水/甲醇或水/乙腈＝10∶90 清洗系统 20～30 min(采用进样分析的流速)。如果分析中使用缓冲溶液，还需先用大比例的水相清洗系统，再逐渐增加有机相的比例。

② 清洗结束后，在仪器控制界面上点击“Stop Pump”停泵。

③ 关闭和退出工作站。

④ 按检测器控制面板上的“Lamp”按钮关闭检测器灯。

⑤ 关闭泵和检测器的电源，关闭计算机。

五、注意事项

(1) 避免压力和温度的急剧变化及任何机械振动。

(2) 应逐渐改变溶剂的组成。

(3) 色谱柱不能反冲。

(4) 选择使用适宜的流动相。若使用缓冲溶液尤其须注意其 pH 和浓度。

(5) 避免将基质复杂的样品尤其是生物样品直接注入柱内,需要对样品进行预处理或者在进样器与色谱柱之间连接一保护柱。

(6) 经常用强溶剂冲洗色谱柱,清除可能保留在柱内的杂质。

(7) 柱子失效通常最先发生在柱端部分,在分析柱前装一根与分析柱具有相同固定相的短柱(5～30 mm),可以起到保护作用,延长柱子的使用寿命。

(Ⅱ) Agilent HP1100 型

一、主要性能指标

图 7-39　HP1100 型高效液相色谱仪

(1) 电子流控阀(EFC)控制的毛细液相泵柱流速范围:1～20 μL·min^{-1};

EFC 关闭状态:0.001～2.5 mL·min^{-1};

流速范围:0.001～100 mL·min^{-1};

进样量:0.01～8 μL(标准)。

(2) 可变波长扫描紫外检测器(VWD)

波长范围:190～600 nm。

(3) 多波长检测器(MWD)

波长范围:190～950 nm(双灯源)。

(4) 二极管阵列检测器(DAD)

波长范围:190～950 nm(双灯源)。

(5) 荧光检测器(FID)

激发波长:200～700 nm;发射波长:280～900 nm;光谱存储:全光谱。

(6) 可选示差折光检测器(RID)。

(7) 温控范围:室温+5～55℃。

(8) 最小检测浓度:1.3×10^{-8} g·mL^{-1}。

(9) 使用温度范围:10～80℃。

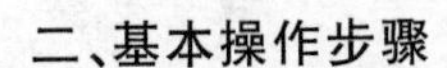

二、基本操作步骤

1. 开机

(1) 启动计算机,自动运行 CAG Bootp server。

(2) 由上至下依次打开液相色谱仪各模块的电源开关,各模块进入自检,右上角的指示灯不同颜色闪烁几下,变成橘黄色或灭掉,启动完成。

(3) Bootp 内出现 6 行 status 的 LC1100 广播信息,表示仪器与计算机连接成功。将 Bootp 窗口最小化,不要关闭。

(4) 双击电脑桌面的"Instrument1 online"图标,进入 LC 化学工作站。

(5) 脱气:逆时针拧松脱气开关,排除液路中的气泡。若流动相是甲醇和水,则它们一起脱气。此时,电脑屏幕上泵压力为 0 bar,约 20 min 后检查管路中若没有气泡,顺时针拧紧开关。

2. 样品分析

(1) 泵设置:在控制界面左击 pump → set up pump → 设置 Flow:0.300 mL · min^{-1},stop time:15 min,solvents A 80%,C20%(根据具体要求调节)→ OK。左击 pump → control → pump 置"on"→ OK。

(2) 检测器设置:在控制界面左击 VWD → set up VWD signal → 设置 wavelength:278 nm(根据具体要求设置),stop time as pump 15 min → OK。左击 VWD → control → lamp 置"on",analog output range"1 V"→ OK。

(3) 参数设置完成后,平衡 45 min,使基线平稳。待基线稳定后方可进样分析。

(4) 进样:进样阀在"Load"状态下,用注射器取样从手动进样阀注入,把手动阀转向"Inject",开始进样,采集数据。最后把手动阀转向"Load"状态,拔出注射器。

(5) 样品检测完成后,色谱图自动保存,也可点击"printer"直接打印。

3. 关机

(1) 关检测器灯:左击 VWD → control → lamp 置"off"→ OK。

(2) 清洗管路及柱子:用流动相清洗约 20 min,再用纯甲醇清洗 30 min。用水冲洗进样口,同时搬动进样阀数次,每次数毫升;然后再用甲醇冲洗进样口,同时搬动进样阀数次,每次数毫升。

(3) 停泵:左击 pump → control → pump 置"off"→ OK。

(4) 退出 LC 化学工作站,关闭主机各模块的电源。

(5) 关闭 Bootp 程序,关闭计算机、打印机等。

三、注意事项

(1) 所有进柱的样品都要用 0.45 μm 滤膜过滤,避免使用高黏度的溶剂作流动相。

(2) 要注意流动相的脱气,进样时进样针里不能有气泡。

(3) 色谱柱长时间不用时,柱内应充满溶剂,两端封死。

(4) 对于手动进样器,当使用缓冲溶液时,要用水冲洗进样口,同时搬动进样阀数次,每次数毫升。

(5) 流动相使用前必须过滤,超纯水宜新制并脱气,不要使用已存放多日的超纯水(易生菌)。

(Ⅲ) Dionex Summit P680A 型

一、主要性能指标

(1) P680A 等浓度泵流量范围:1~10.00 μL · min^{-1},增量 1 μL。

(2) 压力范围:0.1 MPa~50 MPa(7 250 psi)。

(3) 流速精度:±0.1%(流量 1 mL · min^{-1}时)。

(4) 紫外-可见二极管阵列检测器 PDA - 100 波长范围:190~800 nm;光谱分辨率:

1 nm。

(5) Pixel 分辨率：0.6 nm；波长精度：±1 nm。

(6) 流动池：PEEK，10 μL。

(7) 四通道紫外-可见检测器 UVD 170U 波长范围：200～595 nm，程序可调；光谱分辨率：1.9 nm（至400 nm，可选）。

(8) 流速重复性：RSD＜0.1%（流速 1 mL·min^{-1}时）。

(9) 压力脉冲：＜1%。

(10) 滞后体积：＜400 μL。

(11) 比例精度：±0.5%。

(12) 比例准度：±0.5%。

图 7-40　Dionex Summit P680A 型高效液相色谱仪

二、基本操作步骤

1. Summit 液相色谱系统

(1) 流动相管理

在 P680 型输液泵操作面板上选择"State"进入流动相管理界面，设定流速、流动相 A、B、C、D 的比例及压力的上下限。另外，清洗系统的溶剂瓶中溶液（甲醇）每周必须更换一次。流动相需经 0.45 μm 滤膜过滤，并用超声脱气 15 min。

(2) 设定柱温

在柱温箱的操作面板上长按"＋"或"－"直至显示温度为所需温度。

2. Chromeleon 色谱工作站

(1) 启动工作站程序

单击桌面上的"Server Monitor"图标，点击"Start"，待变色龙图标变成灰色，关闭"Server Monitor"。单击桌面上的"Chromeleon"启动色谱工作站，双击"hplc. pan"进入仪器控制面板。

(2) 平衡系统

单击"Acquistition on/off"图标，选择数据通道和采集参数，采集基线，待基线平稳后即可停止采集并开始分析样品。

(3) 建立进样序列

单击菜单 File→New→Sequence(Using Wizard)，依次设置样品及对照品信息（样品名称、样品数、进样针数、进样量）、采用的程序、积分方法、报告模板以及优先数据通道等。最后对序列命名，保存。

(4) 修改程序

单击"Browser"图标，找到编辑好的序列，按需要修改序列样品信息。双击该序列的程序文件，修改柱温（使用温度，温度上下限）；泵（流动相梯度、流动相比例、流速等）；检测器（检测波长、检测波长带宽、参比波长、参比波长带宽等）；运行时间，最后单击"Commands"检查程序有无错漏。

(5) 运行序列

将手动进样器扳到“Load”位置，单击“Start/Stop Batch”图标运行编辑好的序列。吸取适量样品溶液(先用 0.45 μm 滤膜过滤)，注射，扳动进样器手柄至“Inject”位置，进样，开始采集数据。

(6) 定量分析

在样品序列表中输入相应的进样量和稀释因子，单击任何采集完毕的样品，单击工具栏上的“QNT - Editor”图标，设定最小峰面积和积分时间、主峰名称、主峰保留时间、对照品浓度等，保存。

(7) 报告输出

单击任意采集完毕的样品，单击工具栏上的“Printer Layout”图标进入报告编辑界面，按需要适当修改报告格式，打印输出。

3. 关机

(1) 使用完毕后，在控制面板设定中关灯，断开检测器连接，待检测器适当冷却后再关闭检测器电源。

(2) 按规定用适当的溶剂冲洗色谱柱、手动进样器、进样针等。确保冲洗干净后，关闭各部分电源。

(3) 处理数据并打印报告后，退出色谱工作站，关闭计算机、打印机电源。

(4) 登记仪器使用记录和操作记录。

(Ⅳ) Agilent 1260 Infinity Ⅱ 型

一、主要性能指标

(1) 流速范围：在 600 bar 下，0.05～5 mL/min；在 200 bar 下，5～10 mL/min；

最大压力：600 bar；

进样量：0.1～100 μL，增量为 0.1 μL，可以选择更大的进样量；

温度范围：低于室温 10℃到 80℃；

温度稳定性：<±0.15℃；

检测器数据采集速率：UV 检测器 80 Hz；荧光检测器 74 Hz；蒸发光散射检测器 60 Hz；

UV 噪音水平：低至 0.6 uAU/cm(1260 Infinity DAD，60 mm 流通池)。

(2) 可变波长检测器

A. G1314F 检测器

① 检测器类型：双光束光度计；

② 光源：氘灯；

③ 波长范围：190～600 nm。

B. G1314B 检测器

① 检测器类型：双光束光度计；

② 光源：氘灯；

③ 波长范围：190～600 nm。

C. G1314C 检测器

① 检测器类型：双光束光度计；

② 光源：氘灯；

③ 波长范围：190～600 nm。

(3) 多波长检测器

A. G1365C 检测器

① 检测器类型：1 024 个二极管元件；

② 光源：氘灯和钨灯；

③ 波长范围：190～950 nm。

B. G1365D 检测器

① 检测器类型：1 024 个二极管元件；

② 光源：氘灯和钨灯；

③ 波长范围：190～950 nm。

(4) 二极管阵列检测器

A. G4212B 检测器

① 检测器类型：1 024 个二极管元件；

② 光源：氘灯；

③ 波长范围：190～640 nm。

B. G1315D 检测器

① 检测器类型：1 024 个二极管元件；

② 光源：氘灯和钨灯；

③ 波长范围：190～950 nm。

C. G1315C 检测器

① 检测器类型：1 024 个二极管元件；

② 光源：氘灯和钨灯；

③ 波长范围：190～950 nm。

二、基本操作步骤

1. 开机

(1) 启动计算机：打开计算机电源，输入密码，登陆 Windows 操作系统。

(2) 启动工作站：打开 Agilent 1260 各模块(按顺序打开)电源，待 Agilent 1260 各模块自检完成后(各模块右上角指示灯为黄色或者无色)，双击电脑桌面上的“LCMS(联机)”图标，进入 LC 化学工作站，从“视图”菜单中选择“方法和运行控制”。

2. 排气与冲洗色谱柱

(1) 把各流动相放入溶剂瓶中。

(2) 逆时针旋开仪器上的排气阀，单击电脑工作站上的“开启”，打开工作站上的各个模块。右单击“四元泵”的图标出现快捷键，点击“方法”选项进入泵编辑画面。将泵流量设到 5 mL/min，溶剂 A 设置 100%，点击“确定”，排出该管线中的气体 2～3 min，直到管线内(由溶剂瓶到泵入口)无气泡为止(一般为 5 min)，查看柱前压力(若大于 10 bar，则应更换排气阀内过滤白头)。

(3) 切换通道(溶剂 B、C、D)继续冲洗，直到所有要用的通道无气泡为止。

(4) 右键单击“四元泵”的图标出现快捷键，点击“方法”选项进入泵编辑画面。将泵流量设到 0 mL/min，顺时针旋紧排气阀。

(5) 再将泵的流量设到 1 mL/min，冲洗色谱柱 20～30 min。

3. 编辑方法

(1) 编辑完整方法：从“方法”菜单中选择“编辑完整方法”项。选中项单击“确定”进入下一画面“方法注释”，编辑好之后单击“确定”进入下一画面“选择进样源”，选中 Als 单击“确定”进入下一画面“设置方法”进行参数设定。

(2) 四元泵参数设置：在“流量”处输入如 1 mL/min，在“溶剂”处选中 B 输入如 80%(A=100－B－C－D)，在后面注释栏中标明各溶剂的名称；设置“停止时间”和“后运行时间”；在“压力限值”处输入柱子的最大耐高压以保护柱子，如：600 bar；在“时间表”处编辑梯度。

(3) 进样器参数设置：在“进样”处输入“进样体积”；在“针清洗”处选中“启用洗针”，设置“模式”下的“冲洗端口”，设置“时间”为“3 s”；设置“停止时间”与“后运行时间”与四元泵一致。

(4) 柱温箱参数设置：在“温度”处设置“左侧”温度，一般“右侧”温度与“左侧”温度一致；设置“停止时间”与“后运行时间”与四元泵一致。

(5) DAD 参数设置：在“信号”处设置需要“采集”的信号，如选中“信号 A”，输入“波长”“带宽”“参比波长”“参比带宽”；设置“峰宽”如＞0.1 min(2 s 响应时间)(2.5 Hz)；设置“停止时间”与“后运行时间”与四元泵一致。

(6) 最后点击“确定”。

(7)方法保存：从“方法”菜单中选择“方法另存为”项，然后选择文件夹，输入文件名，点击“确定”。

4. 编辑自动进样的序列方法

(1)从“序列”菜单中选择“序列参数”，设置“数据文件”，在“数据文件”处设置“路径”及“子目录”，选中“命名模式”，在“命名模式”下选择自己所需要的，之后点击“确定”。

(2) 从“序列”菜单中选择“序列表”，在“序列表”表中设置“样品容器”，“样品位置”如 P1－A1，“样品名称”，“方法名称”(选择前面编辑好的方法)，“进样量”，“进样次数”；如果要测多种样品，可以在此“序列表”中点击左上角的“添加行”，以此来完成多种样品的自动进样，最后点击“确定”。

(3) 序列的保存：从“序列”菜单中选择“序列模板另存为”项，然后选择文件夹，输入文件名，点击“确定”。

5. 样品分析

方法与序列设置好之后，点击“序列表”右下角的“运行”即可。

6. 查看数据与图

打开桌面上的“LCMS(脱机)”可以查看数据与图，可以保存所需要的图与数据，图保存：点击“识别峰，计算结果与打印报告”图标；数据保存：从“文件”菜单中选择“导出文件”，然后选择“CSV 文件”，然后在“进样数据来源”下点击“信号”，之后在“浏览”中选择文件夹，输入文件名。最后关闭窗口。

7. 关机

(1) 关机前,用95%水冲洗柱子和系统0.5～1 h,流量设置为0.5～1 mL/min,再用100%有机溶剂(甲醇)冲洗0.5 h,然后设置流量为0 mL/min,等压力降到0 bar,点击“关闭”按钮,以此关闭各模块,之后关闭此窗口,最后关闭计算机。

(2) 关闭仪器各模块(按顺序关)。

(3) 关掉电源开关。

三、注意事项

(1) 开机前,打开排气阀,100%水,泵流量5 mL/min,若此时压力显示>10 bar,则应更换排气阀内的过滤白头。

(2) 流动相使用前必须过滤,水相一般使用矿泉水即可,不要使用多日存放的水相(易长菌),影响基线平衡。

(3) 流动相使用前必须进行脱气处理,可用超声波振荡10～15 min。

(4) 氘灯是易耗品,分析前应最后开灯,不分析样品应及时关闭氘灯。

(5) 使用缓冲溶液做流动相后,要先用水相长时间冲洗柱子和系统,之后用纯甲醇长时间冲洗柱子,防止柱子堵塞。

(6) 色谱柱的保存:两端密封,柱子内充满有机溶剂(甲醇)。

(Ⅴ) LC-20AT型

一、主要性能指标

(1) 流量范围:0.01～3 mL/min。

(2) 光源:SPD-20AD2灯。

(3) 波长范围:190～700 nm。

(4) 波长准确度:1 nm以下。

(5) 波长精密度:0.1 nm以下。

(6) 噪声:0.25×10^{-5} AU。

(7) 漂移:0.5×10^{-4} AU/h。

(8) 线性:>2.5 AU。

二、基本操作步骤

1. 准备

(1) 准备所需的流动相,用合适的0.45 μm滤膜过滤,超声脱气20 min。

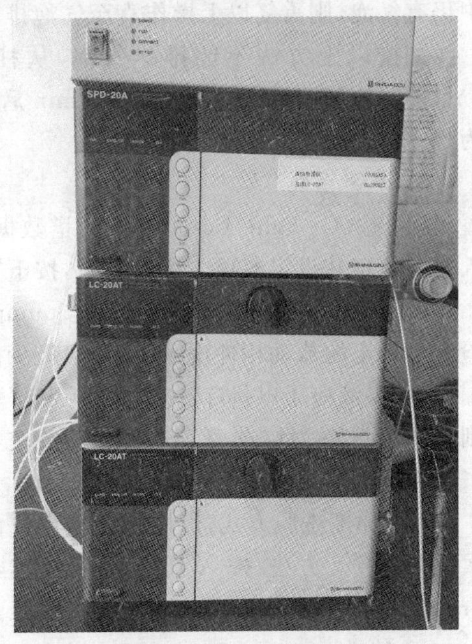

图7-41　岛津LC-20AT型高效液相色谱仪

(2) 根据待检样品的需要更换合适的洗脱柱(注意方向)和定量环。

(3) 配制样品和标准溶液(也可在平衡系统时配制),用合适的0.45 μm滤膜过滤。

(4) 检查仪器各部件的电源线、数据线和输液管道是否连接正常。

2. 开机

接通电源，依次开启不间断电源、B泵、A泵、检测器，待泵和检测器自检结束后，打开电脑显示器、主机，最后打开色谱工作站。

3. 参数设定

(1) 波长设定：在检测器显示初始屏幕时(也可在检测器面板上进行设置)，按＜func＞键，用数字键输入所需波长值，按＜Enter＞键确认。按＜CE＞键退出到初始屏幕。

(2) 流速设定：在A泵显示初始屏幕时(也可在检测器面板上进行设置)，按＜func＞键，用数字键输入所需的流速(柱在线时流速一般不超过1 mL/min)，按＜Enter＞键确认。按＜CE＞键退出。

(3) 流动相比例设定：在A泵显示初始屏幕时(也可在检测器面板上进行设置)，按＜conc＞键，用数字键输入流动相B的浓度百分数，按＜Enter＞键确认。按＜CE＞键退出。

(4) 梯度设定：在A泵显示初始屏幕时，按＜edit＞键，＜Enter＞键。用数字键输入时间，按＜Enter＞键，重复按＜func＞键选择所需功能(FLOW设定流速，BCNC设定流动相B的浓度)，按＜Enter＞键，用数字键输入设定值，按＜Enter＞键。重复上一步设定其他时间步骤。用数字键输入停止时间，重复按＜func＞键直至屏幕显示STOP，按＜Enter＞键。按＜CE＞键退出。

4. 更换流动相并排气泡

将A/B管路的吸滤器放入装有准备好的流动相的储液瓶中。逆时针转动A/B泵的排液阀180°，打开排液阀。按A/B泵的＜purge＞键，pump指示灯亮，泵大约以9.9 mL/min的流速冲洗，3 min(可设定)后自动停止。将排液阀顺时针旋转到底，关闭排液阀。如管路中仍有气泡，则重复以上操作直至气泡排尽。

如按以上方法不能排尽气泡，从柱入口处拆下连接管，放入废液瓶中，设流速为5 mL/min，按＜pump＞键，冲洗3 min后再按＜pump＞键停泵，重新接上柱并将流速重设为规定值。

5. 平衡系统

(1) 按《Cs-light/Lcsolution色谱数据工作站操作规程》打开“在线色谱工作站”软件，输入实验信息并设定各项方法参数后，按下“数据收集”页的＜查看基线＞按钮。

(2) 等度洗脱方式：按A泵的＜pump＞键，A、B泵将同时启动，pump指示灯亮。用检验方法规定的流动相冲洗系统，一般最少需6倍柱体积的流动相。检查各管路连接处是否漏液，如漏液应予以排除。观察泵控制屏幕上的压力值，压力波动应不超过1 MPa。如超过则可初步判断为柱前管路仍有气泡，按4操作。观察基线变化。如果冲洗至基线漂移＜0.01 mV/min，噪声为＜0.001 mV时，可认为系统已达到平衡状态，可以进样。

(3) 梯度洗脱方式：以检验方法规定的梯度初始条件，平衡系统。在进样前运行1～2次空白梯度。方法：按A泵的＜run＞键，prog. run指示灯亮，梯度程序运行；程序停止时，prog. run指示灯灭。

6. 进样

(1) 进样前按检测器＜zero＞键调零，按软件中＜零点校正＞按钮校正基线零点，再按一下＜查看基线＞按钮使其弹起。

(2) 用试样溶液清洗注射器，并排除气泡后抽取适量进样。

(3) 点击软件左边快捷中的单次分析按钮，等仪器出现就绪状态，表示可以进样。

(4) 将进样器按钮扳至连接状态，吸取一定量的待分析溶液，排清气泡后，插入进样针，等进样针里的样品溶液推进后，将进样器按钮扳至初始状态，拔出进样针。仔细观察色谱图。

(5) 清洗进样针、进样器和定量环，等样品图分析结束基线走平后，才可进行下次样品分析。

7. 数据处理

(1) 点击软件中再解析图标，建立数据处理的方法文件，并保存。

(2) 打开所要分析的数据文件，在色谱中打开方法文件，进行峰积分和迁移时间的处理。具体操作详见色谱工作站数据处理说明。

8. 仪器清理工作

实验结束后，首先退出液相仪器工作软件，关闭数据接收器，紫外检测器，并按照由上至下的顺序先后关闭两个泵。

§7.16　毛细管电泳仪

(Ⅰ) Beckman P/ACE™ MDQ 型

一、主要用途

Beckman P/ACETM MDQ 毛细管电泳仪可以分离各类不同的样品，包括核酸/核苷酸、蛋白质/多肽/氨基酸、糖类/糖蛋白、碱性药物分子、手性化合物、无机及有机离子/有机酸、其他小分子等。毛细管电泳仪比其他分析仪器需要更少量的样品，一般仅 5～30 μL，进样量更少至 5～50 nL。

图 7-42　Beckman P/ACE™ MDQ 毛管细电泳仪

二、主要性能指标

(1) 主机带自动进样系统、分离系统和仪器控制/数据分析系统。

(2) 分离电压：1 kV～30 kV。

(3) 最大功率：9 W。

(4) 电流范围：3～300 μA。

(5) 电泳分离模式：恒压/梯度电压；恒压/梯度电流；恒功率/梯度功率。

(6) 进样方式：压力进样；真空进样；电动进样。

(7) 最大可容纳样品数：192 个。

(8) 检测器全部为光纤连接。

(9) UV 检测器：波长 200 nm，214 nm，254 nm，280 nm，精度±2 nm。

(10) DAD 检测器：波长 190～600 nm，精度±1 nm。

(11) LIF 检测器：激光波长 300～700 nm，发射波长 350～750 nm；灵敏度 1×10^{-11} mol · L^{-1}。

(12) 毛细管温度控制：制冷剂冷却控温系统。

(13) 柱温控制范围：15～60℃，精度±0.1℃。

(14) 扫描频率：0.5～32 Hz(可调)。

(15) 数据采集速率：0.5～32 Hz 。

三、基本操作步骤

1. 开机

(1) 接通电源，打开毛细管电泳仪开关，打开计算机，点击桌面"32 Karat"操作软件图标，点击"P/ACE™ DAD"检测器图标，进入毛细管电泳仪控制界面，点击"Control"下拉菜单，选择"Direct Control View"打开直接控制窗口，如图 7-43 所示。

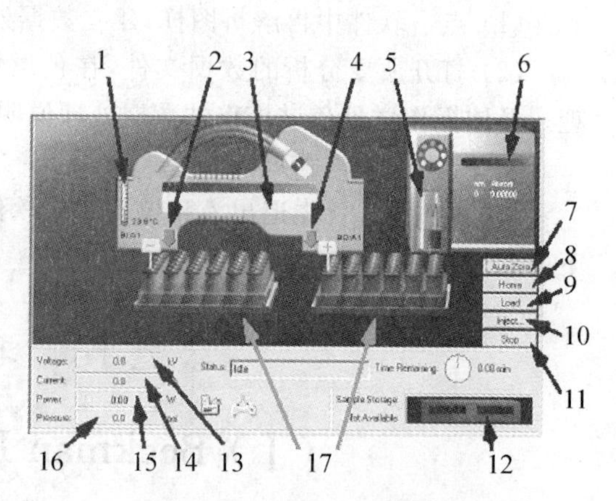

图 7-43　直接控制窗口

1. 毛细管温度　2. 托盘上/下　3. 标签对话框　4. 托盘上/下　5. 灯开关　6. 检测器对话框　7. 调零　8. 托盘回到原始位置　9. 托盘到装载位置　10. 进样对话框　11. 停止当前步骤　12. 样品存储温度　13. 电压对话框　14. 电流对话框　15. 功率对话框　16. 压力对话框　17. 瓶位置对话框

(2) 将分别装有 NaOH 溶液、纯水和缓冲液依次放入电泳仪的进口端托盘(Inlet)，并记录对应的位置。将装有缓冲液及空的缓冲液瓶放入出口端托盘(Outlet)，记录对应的位置。

(3) 将装有待检测样品的缓冲液瓶放入进口端托盘，记录对应的位置。

(4) 检查卡盘和样品托盘是否正确安装。关好托盘盖，注意直接控制图像屏幕上是否显示卡盘和托盘均已安装好。此时应能听到制冷剂开始循环的声音。

2. 石英毛细管的处理

(1) 在直接控制屏幕上点击压力区域，出现压力控制对话框，如图 7-44 所示。

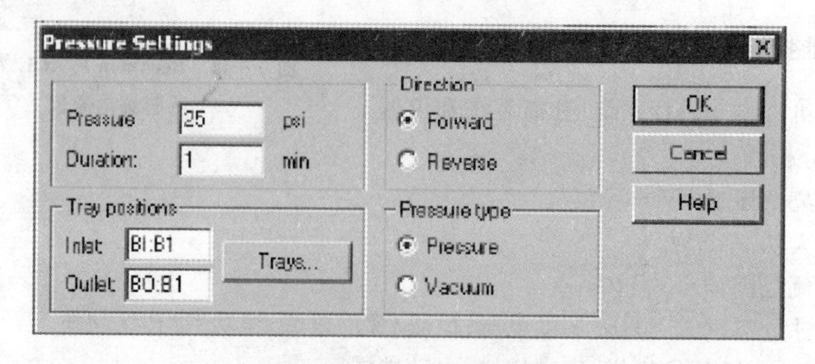

图 7-44　压力控制对话框

该对话框用于设置冲洗参数：

Pressure：输入所需压力，正向压力范围为：0.1～100 psi；真空范围：0.1～5 psi。

Duration:持续时间,单位 min。

Direction:方向,正向(从毛细管进口到出口)或反向(从出口到进口)。

Pressure Type:压力类型,使用压力或真空(一般使用压力)。

Tray Positions:指明毛细管冲洗瓶的位置。点击"Trays"打开瓶选择对话框,直接点击相应的位置。点击"OK"后回到压力设置对话框。

在"Pressure"框中输入 30,在"Duration"框中输入 2.0,"Direction"选择为正向 Forward,"Pressure Type"选择为压力 Pressure,"Inlet"框中输入:B1:E1,"Outlet"框中输入:B0:B1。

点击"OK"。瓶子移到指定的位置,开始冲洗。

表 7-3　毛细管冲洗步骤

溶液	Inlet	Outlet	Pressure	Time
NaOH 溶液	E1	B1	30	2
纯水	E2	B1	30	5
缓冲液	E3	B1	30	5

按照上表的步骤依次进行冲洗。冲洗完成后,毛细管已处理完毕,其中充满运行缓冲液。

3. 方法编辑

(1) 进入"32 Karat"主窗口,用鼠标右键单击"P/ACE DAD"检测器图标,选择"Open Offline",几秒钟后会打开仪器脱机窗口。

(2) 从"文件"菜单选择"File Method New",在"方法"菜单选择"Method Instrument Setup"进入方法的仪器控制和数据采集模块。选择"Initial Condition"(初始条件)选项卡,进入初始条件对话框,在其中输入开始运行时的仪器初始参数。在所要采集的仪器参数(电压、电流、功率和压力)前打勾,在"max kV"和"max μA"框中输入最大允许电压(30 kV)和电流值(300 mA),在"Temperature"(温度)选项中设置卡盘初始温度和样品温度。

(3) 选择"Detector Initial Conditions"选项卡,进入检测器的参数设置对话框,输入检测参数。

(4) 选择"Time Program"(时间程序)选项卡,按照以下步骤建立时间程序。该程序包括:用溶液清洗毛细管、装载缓冲液、进样、分离、运行后冲洗。

参数设置完成后要保存所编辑的方法。选择"File / Method / Save as"给方法命名。

4. 系统运行

(1) 在系统运行前,检查仪器的状态:检测器配置是否正确;灯是否点着;样品和缓冲液放置是否正确。

(2) 从"32 Karat"软件的主屏幕双击仪器图标进入联机状态,从菜单选择"Control / Single Run"或点击图标"→"打开单个运行对话框,选择采用的方法、数据存放路径和数据存放文件名等,完成后点击"Start"。系统先检查方法是否与仪器设置相符,然后将方法传输到 P/ACETM MDQ 主机,经仪器自检,然后开始运行。

5. 关机

(1) 关闭氘灯。

(2) 点击“Load”,使托盘回到原始位置。

(3) 打开托盘盖,待冷凝液回流后关闭控制界面。

(4) 关闭毛细管电泳仪开关,关闭计算机,切断电源。

(Ⅱ) LUMEX CAPEL - 105 型

图 7 - 45 LUMEX CAPEL - 105 型毛细管电泳仪

一、主要性能指标

(1) 主机带自动进样系统、分离系统和仪器控制/数据分析系统。

(2) 毛细管:石英材质;长度 300～700 mm;内径 30～100 μm。

(3) 最大负荷电流:200 μA。

(4) 压力进样:最大压力 30 mbar。

(5) 电动进样:电压范围 1～25 kV,间隔 1 kV,配备可置换正负高压电源。

(6) 进口瓶数:10 个。

(7) 出口瓶数:10 个。

(8) 紫外分光检测器:波长范围 190～380 nm,不确定度<±5 nm,光谱带宽 20 nm。

(9) 响应时间:0.1～10 s。

(10) 测量频率:10 Hz。

(11) 毛细管温度控制:液体冷却控温系统。

(12) 温度控制范围:10～54℃。

(13) 平均无故障时间:>2 500 h。

(14) 检出限:苯甲酸≤0.8 $\mu g \cdot mL^{-1}$(正极高压源);氯离子≤0.5 $\mu g \cdot mL^{-1}$(负极高压源)。

(15) 峰高均方差:≤5%(8 h)。

(16) 基线达稳定时间:≤30 min。

(17) 连续正常运转时间:≥8 h。

二、基本操作步骤

1. 开机

(1) 接通电源，打开毛细管电泳仪开关，打开计算机。点击桌面“Chrom&Spec 1.5”操作软件图标，进入毛细管电泳仪控制界面，如图 7-46 所示。

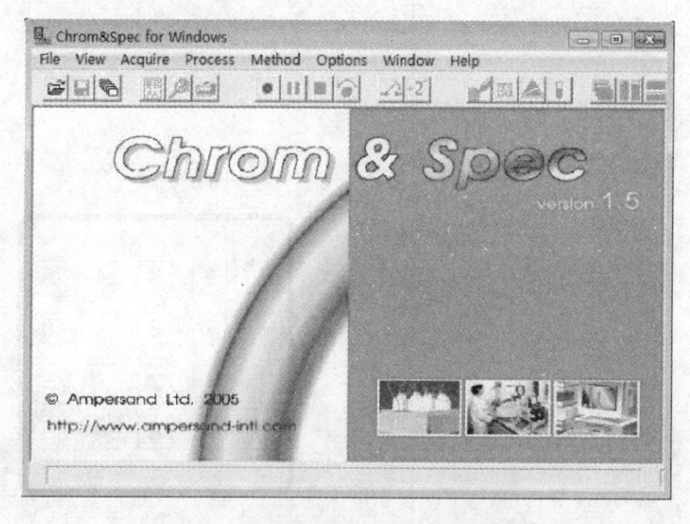

图 7-46　毛细管电泳仪控制界面

(2) 启动仪器。绿色电源指示灯亮起，控制界面首页显示于计算机屏幕，圆盘置于初始工作位置，初始波长置于 254 nm。按“Ent”或“Esc”取消首页界面，主菜单随之打开，光标会停留在第 10 行前，给出温度值，启动温度控制系统。

(3) 2～3 min 后检查分光系统。按下红色“＊”键调出“分光参数控制”工作窗口。在窗口上部，靠近“Photo”(测量通道)和“Reference”(参照通道)显示检测光强度(单位 V)。一般情况下，检测通道的信号值范围在 0.1～0.5，参照通道的信号范围在 0.3～0.7，在检测灯没有亮的情况下，背景值可以达到信号的千分之几，如果检测灯在 10 min 内还没有亮起，需要关闭电源重新打开。

(4) 将分别装有 NaOH 溶液、纯水和缓冲液的埃氏小瓶依次放入进口端托盘(Inlet)，并记录对应的位置。将装有缓冲液的埃氏小瓶及空瓶放入出口端托盘(Outlet)，记录对应的位置。

(5) 将装有待测样品和缓冲液的小瓶放入进口端托盘，记录对应的位置。

(6) 检查卡盘和样品托盘是否正确安装。

2. 石英毛细管的处理

(1) 在毛细管电泳仪主机前面板右侧的液晶显示窗口(图 7-47)上，通过面板键盘将光标放在“0-Vials Manager”上，按“Ent”，出现新画面后，依次按“1”、“↑”、“2”、“↑”。

(2) 将光标放在“1-Rinse”，按“Ent”。然后设置冲洗电压、压力、冲洗时间。如果清洗过程有适用电压应该预先设定并按下“Ent”确定。“0 kV”是缺省值，即当清洗过程没有适用电压时设备自定义电压为 0 kV。按“Esc”可以随时停止清洗。毛细管的洗涤方法要与参考方法一致，但是无论如何，清洗时间不能低于 30 s。

3. 方法编辑

方法编辑有两种方式：一种是在“8-Programming”中设置冲洗、进样、分析、设置出口、设置进口、填装进口、填装出口。待这些参数设置好后，再选择“9-Run program”；另一种是在主操作界面上手动设置每个步骤。

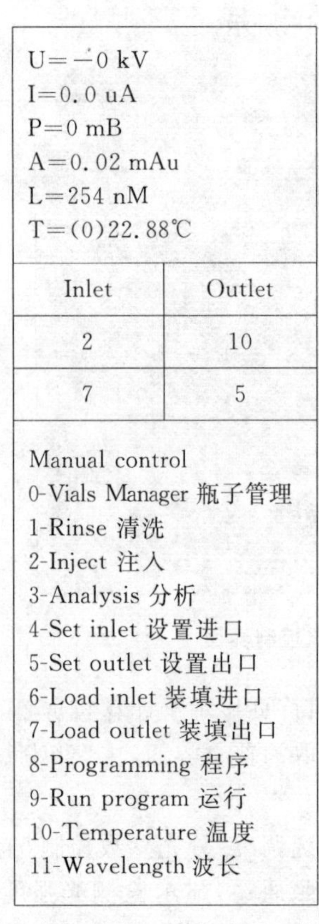

图 7－47 主机面板显示区

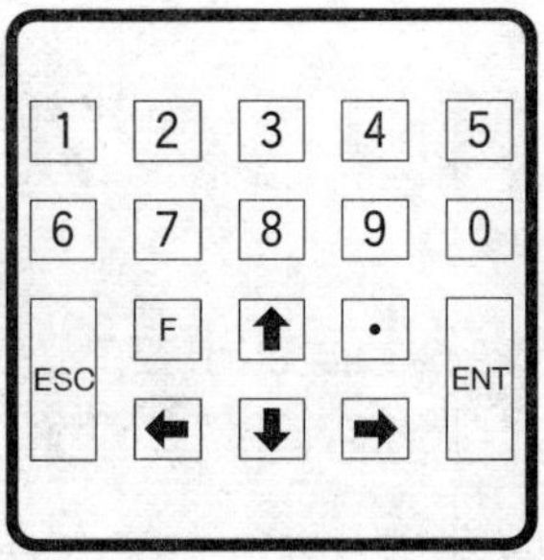

图 7－48 主机面板键盘

4. 系统运行

(1) 在系统运行前，检查仪器的状态：检测器配置是否正确、灯是否点亮、样品和缓冲液放置是否正确。

(2) 进入“Chrom&Spec 1.5”主窗口，在标题栏中依次点击“Acquire”→“Load method and run”→后者标题栏中红色的点。从列表中选择“cations.mtw”，点击打开。

(3) 在弹出的对话框中设置“Start Run 属性”，如图 7－49 所示。点击“确定”后，标题中栏中的状态由“Ready”变成“Waiting”，背景由白色变为蓝色。

(4) 记录处理实验数据。

5. 关机

(1) 完成检测后用蒸馏水清洗毛细管 15 min。

(2) 将圆盘中的埃氏小瓶取出洗净备用。

(3) 擦拭滴落在仪器表面的试样液滴。

(4) 将进口和出口小瓶中的水装满后放置在工作位置上，使毛细管末端可以浸在水里。

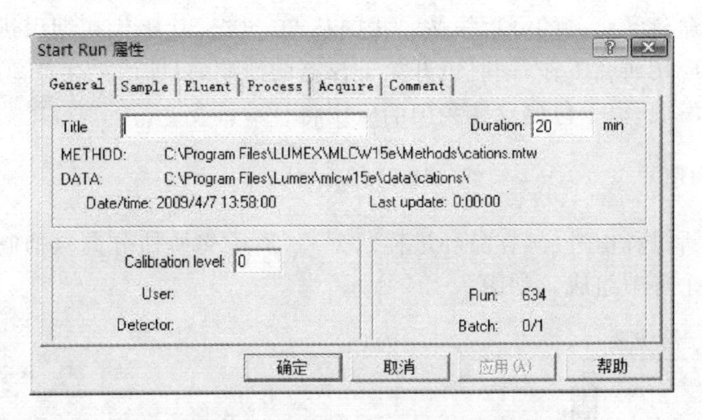

图 7－49　Start Run 属性设置界面

(5) 若 1 周以上不使用仪器,应将毛细管保存起来。

(6) 关闭毛细管电泳仪开关,关闭计算机,切断电源。

三、注意事项

(1) 毛细管电泳仪需要使用高压电源,仪器外壳必须接地,接地电阻不得大于 0.6 Ω,否则高压易击穿仪器。仪器在没有接地的情况下严禁使用。

(2) 仪器工作时切勿敞开外壳;也不要打开前盖板,否则仪器将强制自动停机以防止高压伤人。

(3) 所有维修工作必须在断电状态下进行。

§7.17　离子色谱仪

(Ⅰ) ICS－90 型

图 7－50　ICS－90 型离子色谱仪外观

一、主要用途

目前,离子色谱法已经在能源、环境、冶金、电镀、半导体、水文地质等方面广泛应用,并且开始进入与生命科学有关的分析领域。我国从20世纪80年代初期引进离子色谱仪，开始了离子色谱的应用研究工作，同时也开始了仪器的研制，目前已能生产离子色谱仪。随着离子色谱技术的发展，离于色谱仪在我国的应用将日益普及。

二、工作原理及构造

离子色谱分析过程由进样(样品环进样)、分离(离子交换柱分离)、抑制(抑制器)、检测(电导检测器)四个环节组成。如图7-51所示。

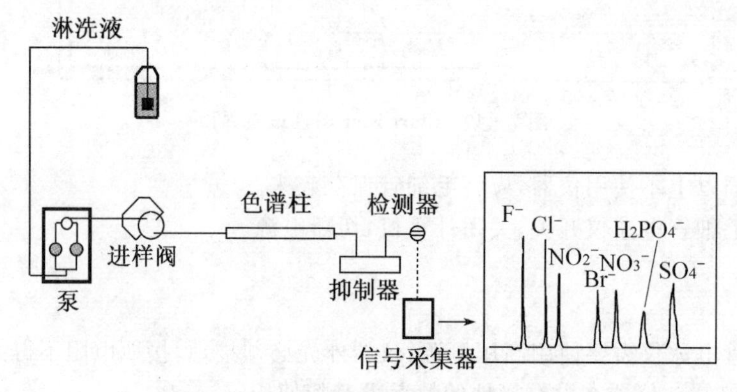

图7-51 ICS-90型离子色谱仪流程图

离子色谱仪由输液系统、进样系统、分离系统、检测系统和数据处理系统五部分组成。具体构成如图7-52所示。

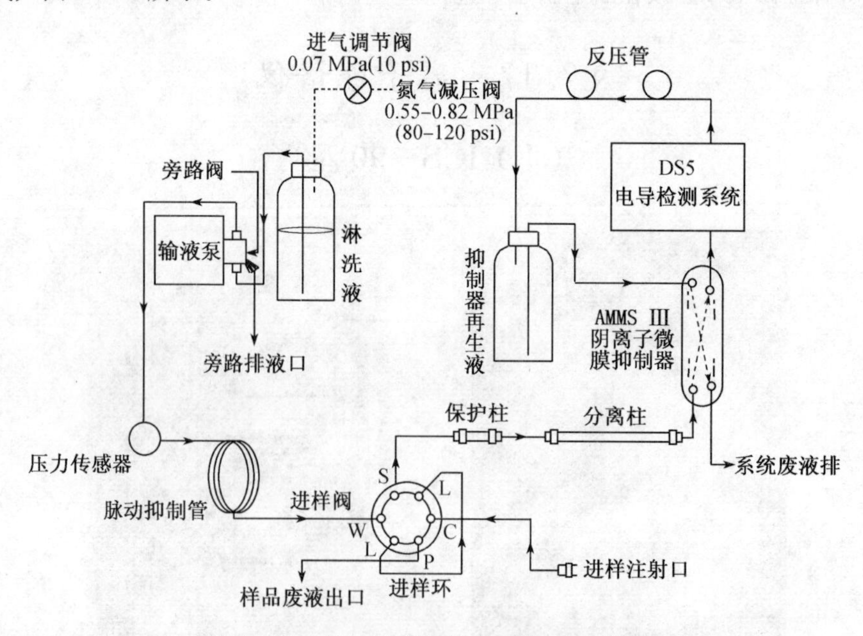

图7-52 ICS-90型离子色谱仪结构示意图

三、主要性能指标

(1) 设计流量：0.5～4.5 mL·min^{-1}。

(2) 最大泵压:4 000 psi(28 MPa)。

(3) 电动全PEEK材料高压六通阀。

(4) USB高速通信接口,具有自动识别功能。

四、基本操作步骤

1. 开机前的准备

打开实验室空调。根据样品的检测条件和色谱柱的条件配制所需淋洗液和再生液。

2. 开机

(1) 依次打开打印机、计算机进入操作系统;打开氮气钢瓶总阀,调节钢瓶减压阀分压表指针为0.2 MPa左右,再调节色谱主机上的减压表指针为5 psi左右;确认离子色谱仪与计算机数据线连接正常,打开离子色谱主机电源。

(2) 点击"开始"→"程序"→"Chromeleon"→"Sever Monitor"。

(3) 双击桌面上的"Chromeleon"图标(工作站主程序)。

(4) 双击安装目录下的ICS-90 System. pan(离子色谱操作控制面板)。

(5) 操作控制面板打开后,选中"Connected"使软件与离子色谱仪联动起来;打开泵头废液阀排除泵和管路里的气泡,关闭泵头废液阀,开泵启动仪器,查看基线,待基线稳定后方可进样分析。

3. 样品分析

(1) 建立程序文件(program file)。

(2) 建立方法文件(method file)。

(3) 建立样品表文件(sequence(using wizard))。

(4) 加样品到自动进样器或手动进样。

(5) 启动样品表。

(6) 若是手动进样,按系统提示逐个进样分析。

4. 数据处理

(1) 建立标准曲线。

(2) 打印标准曲线。

(3) 打印待测样品分析报告。

5. 关机

(1) 关闭泵,关闭操作软件。

(2) 点击"开始"→"程序"→"Chromeleon"→"Sever Monitor",出现对话界面后点击"Stop"关闭。

(3) 关闭离子色谱主机电源;关闭氮气钢瓶总阀并将减压表卸压。

(4) 关闭计算机、显示器和打印机电源。

五、注意事项

(1) 意外情况处理

仪器工作中遇到突然停电时,应该立即关闭离子色谱仪主机电源开关,然后关闭计算机、显示器和打印机电源。

（2）维护与保养

保持泵头无气泡。每周至少开一次机，若长时间未开机，请在开泵之前排除泵头气泡（先逆时针旋松泵头废液阀排气泡，观察管路，无气泡后拧紧泵头废液阀，但不要过紧）。

（3）系统更换

将原系统（保护柱、分析柱、抑制器）卸下后，原来接柱的地方用黑色两通接头连接，“ELUENT IN”和“ELUENT OUT”也用黑色两通接头连接，将淋洗液瓶盖管路放入盛有去离子水的容器中，开泵冲洗，用 pH 试纸检测流出的废液至中性，关泵再将淋洗液瓶盖管路放入所要更换的淋洗液瓶中，开泵冲洗，用 pH 试纸检测流出的废液至该淋洗液的酸碱性，最后关泵，卸去刚才所接的两通管，将所需更换的系统按其指示标签及管路标签正确连接。

（4）样品处理

含有强氧化性物质、油性水不溶物、高浓度有机溶剂等的样品不宜进样分析，尽量避免样品中的水不溶物进入柱子导致柱头堵塞或柱效能下降。应使用滤膜除去杂质，最好再使用 C18 预处理小柱除去有机物，以延长柱子的使用寿命。

（Ⅱ）ICS－3000 型多功能离子色谱系统

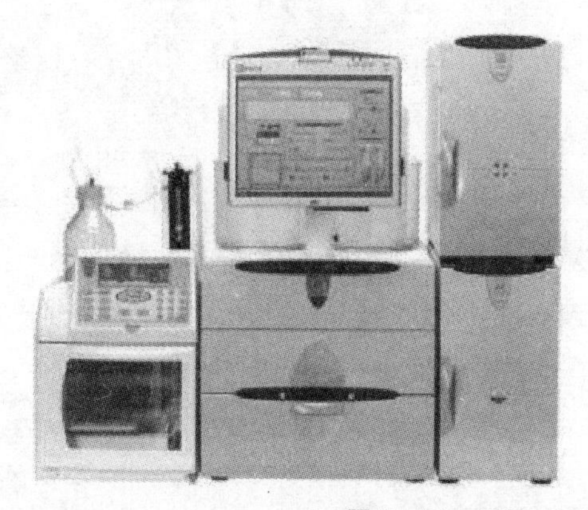

图 7－53　ICS－3000 型多功能离子色谱系统

一、主要用途

选配不同的分析柱和检测器，可以完成阴离子的多元分析；另外，在碱金属、碱土金属、有机胺和铵等阳离子的分析中，也可进行多组分同时测定并进行价态和形态分析；在有机化合物方面可以分析水溶性和极性化合物、有机酸、有机胺、糖类、氨基酸和抗生素等。

二、主要性能指标

（1）流速范围：0.001～10 $mL \cdot min^{-1}$。

（2）压力范围：50～5 000 psi。

（3）梯度泵延迟体积：＜400 μL。

（4）淋洗液浓度范围：0.01～100 mmol。

三、基本操作步骤

1. 开机

打开钢瓶气源开关，分压表调至 0.2 MPa～0.3 MPa(建议不关闭钢瓶气源)。

调节减压阀至 3～6 psi。

依次打开 SP 泵、DC 色谱单元电源开关。

打开计算机，待右下角变色龙服务器图标变成灰色后，双击桌面的变色龙图标，打开控制面板。

2. 平衡、运行样品

开泵，根据连接的柱子设定泵流速、设定柱箱温度；在 ED 页面打开电化学检测器电压，选择“CVMODE”为“INTAMP”并选定“WAVEFORM”(波形)。

采集基线。

编辑样品分析所需的程序、方法和样品表。

系统平衡后，停止采集基线。依次点击“BATCH”、“START”启动样品表，选择要运行的样品表。

做完样后双击打开第一个标准，点击“QNT－EDITER”进行数据处理。

3. 关机

在结束样品后，走空白梯度或进针水走 75 min 的梯度；

将电化学检测池电压关掉，然后将泵逐步降为 0。断开 DC、SP 的连接。关闭各设备的电源。

四、注意事项

(1) 样品需经过 0.45 μm 或 0.22 μm 滤膜过滤。

(2) 开机前更换泵头密封清洗液(100%纯水)，高度在 min 和 max 之间。

(3) 电化学检测器的操作都要使用一次性手套(手套上不能带粉尘)。

(4) 使用完电化学检测器后，要用纯水彻底冲洗安培池，将盐洗净，然后封死进口。

(5) 淋洗液要用惰性气体(N_2)保护。

§7.18　Waters 1525/2414/2487 及 BREEZE 系统凝胶渗透色谱仪

一、主要用途

凝胶渗透色谱仪可以快速测定分子量及其分布，研究高聚物的支化度、共聚物的组成分布及高聚物中微量添加剂的分析。适用于有机化合物的分离与定量，特别是许多高沸点、难挥发、热稳定性差的物质，如生物化学制剂、金属有机络合物等物质的分离分析；碳水化合物的分离与定量；天然脂类物的定性、定量；多肽的分离与分析等。是化学领域必不可少的分析与研究手段。

图 7-54 Waters 1525/2414/2487 及 BREEZE 系统凝胶渗透色谱仪

二、主要性能指标

(1) 1525 色谱泵:流速范围 0.001～10 mL·min^{-1};增量 0.001 mL·min^{-1};流速精度 0.1%。

(2) 2414 示差折光检测器:噪音<$\pm 1.5\times 10^{-9}$ RIU(2 s 时间常数,1 mL·min^{-1} 水,35℃);漂移<$\pm 1.0\times 10^{-7}$ RIU(2 s 时间常数,1 mL·min^{-1} 水,35℃);检测池体积 8 μL。

(3) 2487 紫外检测器:噪音<$\pm 0.35\times 10^{-5}$ AU(ASTM 标准程序 E1657-94);波长范围 190～700 nm;带宽 5 nm;测量范围:0.000 1～4.0 AUFS。

(4) 测量温度:室温～50℃。

(5) 分子量范围:10^2～10^7。

(6) 操作系统:Empower 软件。

三、基本操作步骤

(1) 仪器与电脑开机顺序并无先后要求,但必须待仪器初始化完毕后,才能启动安装在电脑上的 CLASS-VP 软件。

(2) 双击"CLASS-VP"图标,进入操作界面。此时出现"Shimadzu CLASS-VP"窗口,双击"Instrument1"图标,仪器会发出蜂鸣声,表示已与计算机连接。

(3) 点击相应图标,打开"instrument"、"pump"和"oven",完成仪器初始化,此时这些按钮呈高亮状态。

(4) 点击"purge"图标,冲洗进样针 25 min。点击"rinse"图标,冲洗 autosampler 三次。

(5) 按主界面中的任何实物图标(溶剂瓶、进样架、泵或检测器)进入"Instrument Set-up"中,进行主要参数设置。注意:参数设置完毕后,要按下"Download"键,所有设置方可生效。在主菜单上选择"File"→"Method"→"Save"或"Save as"保存方法文件。

(6) 走基线与进样

单个进样:点击"Single Run"键,出现一对话框,在"Vial"中输入样品所在位置编号,在"Injection volume"中输入所需的进样量,单位 μL,点击"Start"开始测样。

连续进样:在主菜单上选择"Sequence"→"Edit",输入样品所在的位置编号、重复次数、进样量、方法文件等。编辑完毕,选择"File"→"Sequence"→"Save as"保存。点击"Sequence Run"键,开始分析。

(7) 测试结束后,点击"purge"图标,冲洗进样针 5 min,再次点击该图标停止"Purge"。依次关闭"oven"、"pump"和"instrument"。关闭软件,然后关闭各仪器开关。

(8) 取出样品瓶。

四、注意事项

(1) 样品的制备:将待测样品溶解在 HPLC 级的溶剂中后,用 0.45 μm 以下的有机过滤膜滤除固体小颗粒后收集在专用的样品瓶中,方可进入柱子。溶解过程中,不得使用超声波、不得加热,如有必要可以放置过夜。

(2) 样品是要经过干燥的,纯度也必须有保障。

(3) 不得使用流动相以外的溶剂溶解样品。

(4) 检查废液瓶,注意及时更换,勿让废液溢出。

(5) 表征结束后,应及时取出样品瓶,请勿留在仪器内。

(6) 使用的溶剂须为 HPLC 级 THF。请在使用前先查看并保证装流动相的瓶子是满的,若液面很低,请先加满流动相。

(7) 装流动相的瓶子应保持良好的密封性,防止水气进入。

(8) 若所用溶剂非同一批次,请重新标定标样,再做样品。而且每两月须走一次标样,检查柱效是否降低。

§7.19　Vario EL Ⅲ型元素分析仪

一、主要用途

Vario EL Ⅲ型元素分析仪是一种全自动快速定量分析仪器,采用吸附-解吸-TCD 检测的原理,通过软件实现分析程序的自动控制。可用于化学、化工、农药、石油、地质、煤炭、土壤、农产品等各种不同领域样品中 C、H、N、S、O 等元素的分析检测。

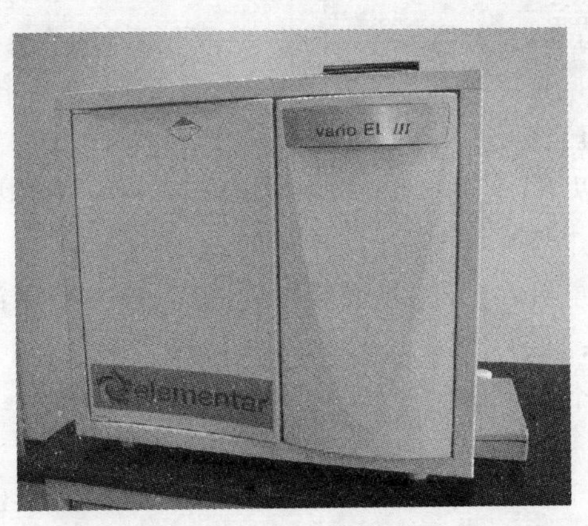

图 7-55　Vario EL Ⅲ型元素分析仪

二、主要性能指标

(1) 进样量:0.02～1 000 mg。

(2) 测定范围:CHNS 模式 C 0.03～20 mg abs;H 0.03～3 mg abs;N 0.03～2 mg abs;

S 0.03～6 mg abs。CHN 模式 C 0.03～20 mg abs;H 0.03～3 mg abs;N 0.03～2 mg abs。O 模式 O 0.03～2 mg abs。

(3) 加氧时间:可调,最长 5 min。

(4) 气体分离方式:吸附-解吸。

(5) 预热时间:<45 min。

(6) 分解温度:950～1 200℃(锡容器燃烧时可达 1 800℃)。

(7) 进样方式:79 位全自动进样。

三、基本操作步骤

1. 开机程序

(1) 开启计算机,进入 WINDOWS 操作系统;

(2) 拔掉主机尾气的两个堵头;

(3) 将主机的进样盘移至一边,开启主机电源;

(4) 待进样盘底座自检完毕即自转一周,将进样盘放回原处;

(5) 打开氦气和氧气,将减压阀输出压力调至:He 0.2 MPa,O_2 0.25 MPa;

(6) 启动 WINVAR 操作软件。

2. 操作程序

(1) 选择标样"STANDARD"。

(2) 常规分析仪器条件选择

CHNS 模式:炉 1:1 150℃;炉 2:850℃;炉 3:0℃。

CHN 模式:炉 1:950℃;炉 2:500℃;炉 3:0℃。

O 模式:炉 1:1 150℃;炉 2:0℃;炉 3:0℃。

(3) 称量及测量(一次校正)。

(4) 二次校正,输出结果。

3. 关机程序

(1) 分析结束后,主机自动进入休眠状态;

(2) 待降温至 750℃以下,点击"system"→"offline"→"exit"退出 WINVAR 操作软件;

(3) 关闭计算机;

(4) 关闭元素分析仪主机,打开主机燃烧单元的门,散去余热;

(5) 关闭氦气和氧气;

(6) 将主机尾气的两个出口堵住。

四、注意事项

(1) 只用于根据操作模式在燃烧条件下可控制燃烧的样品的测定;烈性化学品、酸、碱、溶剂、爆炸物或能形成爆炸气体的物料禁止使用该仪器测定;含氟、磷酸盐或重金属的样品可能会对分析结果或仪器零部件的使用寿命产生影响。

(2) 必须具有良好的通风,避免燃烧产生的 SO_2 等有害气体在室内聚集而超过允许浓度。

(3) 更换备件(如燃烧管、还原管或清除灰分管等)以后,必须进行检漏测试,若检漏不通过,则退出操作软件并激活维护,查找渗漏点。

(4) 在 CHNS、CHN、CN 和 N 模式中，新换的氧化管或还原管等必须在测定样品之前使之条件化，即在炉温升至设定温度后，等待 1 h 后方能进行测定。

(5) 若关机时炉温在 300℃左右，则需开启主机燃烧单元的门，以便散去余热，否则将引起过温保护，导致第二次开机无法升温。

§7.20　X-射线衍射仪

(Ⅰ) ARL X′TRA 型

一、主要用途

用于测定物质的物相、晶体结构、点阵参数、微粒尺寸以及定性定量分析等。

二、工作原理及构造

X-射线衍射仪主要由 X-射线衍射管(图 7-56)、测角仪、检测器、数据处理系统和显示系统构成，其结构如图7-57所示。

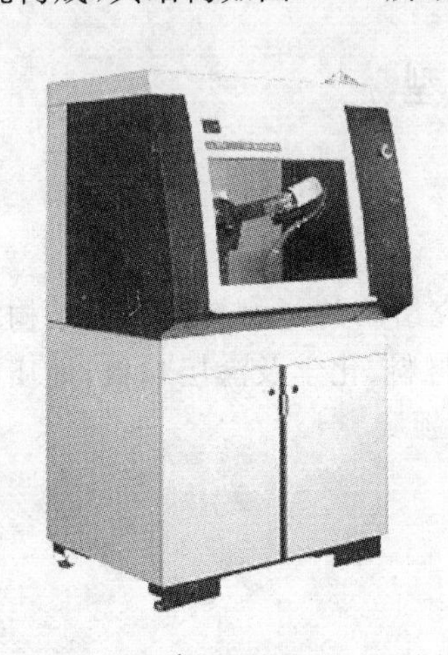

图 7-56　ARL X′TRA 粉末 X-射线衍射仪

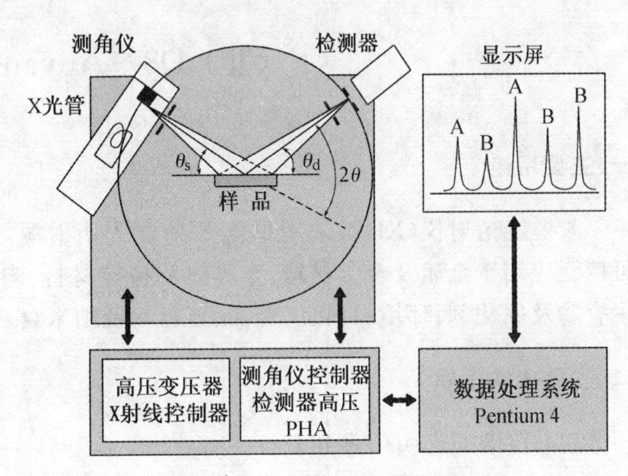

图 7-57　X-射线衍射仪的结构

三、主要性能指标

(1) 输出功率：2.2 kW。
(2) 测量范围：0.5°～135°。
(3) 2θ 测量范围：0.5°～135°。
(4) 测角准确度：≤0.01°。
(5) 测角重复性：≤0.001°。
(6) 测角重现性：≤0.002°。
(7) 分辨率(半高宽)：≤0.007°(2θ)。

四、主要操作步骤

见实验31“实验步骤”。

五、注意事项

(1) 安全防护

X射线对人体有害,因此,使用此类设备时必须注意安全,避免受到X-射线的辐射,绝对不可受到直接照射。更换样品时必须注意X-射线的出射窗口是否关闭,实验时防护罩必须四周关严。

X射线衍射仪也是一种高压设备,因而使用中要注意高压的防护。维修时必须切断电源并使高压电容放电。

(2) 仪器保养

X射线衍射仪是大型精密的机械、电子仪器,每一位操作者都应注意对它的爱护及保养。首先必须保证冷却水的畅通,注意最大衍射角不可超过160°,最低起始角不得小于2°,各开关应轻开轻关,严格按照操作规程进行。实验完毕后要将样品台上的粉末清理干净,以防粉末掉入轴孔损坏轴及轴承。

(Ⅱ) D8-Advance型

一、主要用途

X射线衍射仪(XRD)采用单色X射线为衍射源,研究给出的是材料的体相结构信息。可广泛应用于金属及合金材料、半导体及超导材料、陶瓷材料、化学及涂层材料、地质矿物、聚合物及催化剂、环境材料、医药品、新材料及纳米材料等领域。

二、主要技术指标

(1) 扫描方式:q/q测角仪。

(2) 2q测量范围:-10°~155°。

(3) 可读最小步长:0.000 1°。

(4) 角度重现性:0.000 1°。

(5) 高温附件:25℃~1 600℃,固体探测器、位敏探测器。

可提供服务范围:

(1) 物相的定性及定量分析。

(2) 晶块大小测定。

(3) 宏观应力的测定。

(4) 微观应力的测定。

(5) 指标化和点阵常数。

(6) 结构分析。

(7) 不同温度下样品结构变化。

三、基本操作步骤

1. 开机步骤

(1) 打开墙壁水冷、XRD 电源空气开关。

(2) 按下水冷机按钮,温度等有温度显示(22℃～24℃)。

(3) 旋转设备左侧主机旋钮(0－1)5～10 s 后按绿色按钮开机,设备进入自检,待正面左侧高压按钮不闪了,(闪超过 10 min 左右,就直接关机)。

(4) 轻按一下高压按钮(一闪一闪开始升压,不闪时即达设定电压)。

(5) 打开设备右下盖板,按下绿色的"BIAS",对应"BIAS READY"灯不闪,说明探测控制器准备好进入工作状态。

(6) 软件操作:

"INERENT CENTER"—"Lab manger"—进入主界面"Commander"(! 表示没有初始化)—"Edited"后面点☑(2θ 后没有☑)—PSI 0.00,PHI 90(上面都是 0)。

COMMANDER

Theta:θ,光管角度;

Two theta:无实际意义,不能打☑;

Detector:探测器角度;

PSI:基底角度,测应力等用到(普通测试"0"就可以);

Phi:基底平面角度,90;

Twin－Primary:初级光路,聚焦光、平行光;

G:Gobel Mirror(平行光);

Motorized slit:sitwidth 常用(0.6～1.0 mm),一般用 0.6 mm;

Motorized slit:Opening 用狭缝宽度表示,表示方式不一样;

Motorized slit:Fixed 固定的样品照射面积(很少用);

Soller:0.2(度)平行光

X-ray genarator

	实际	设定
Voltage(kV)	40	40
Currrent(kV)	40	40

Shutteropen:打开射线,点 start 后自动打开射线;

Tube:光管固定值;

Detector　Lynxete(1 维模式)——常用、分辨率高强度强;

Lynxete(OD)(0 维模式)——相当于点探测器、很少用下方的参数设置;

	Start	Incre	Stop
2 theta	起始角度	步长	终止角度

Time(s)探测器每一步的时间(0.1)steps;

Scan type(扫描类型);

Compled:最常用,发射－探测联动;

Two theta：探测器动；

PSD fixed：探测器、光管都固定；

Offset：不用；

保存：Save result file　　Raw txt 格式；

Raw v3 格式，可以用 Jade 打开；

文件格式转换(也可分时保存不同的文件格式)，也可使用软件 File exchange。

2. 更换样品台，校准流程(小角度掠射)

(1) 将样品台上放上 glass slit(玻璃狭缝)；将探测器 Cu0.1 替换正常的镍的狭缝(正常测试用狭缝为镍狭缝，Cu0.1 用来校准位置)。

(2) Theta 角度设置成 0°☑，detecter 设置成 0°☑。

(3) Twin-primary 设置 2 mm；Twin-Secondary 设置 5 mm。

(4) 将电压电流设置成 20 kV，5 mA。

(5) 将 detector 模式设置成 0 维模式 LYNXEZE，然后点击右侧的设置对话框，设成5 mm-apply-ok。

(6) scan type 选择 Theta，范围−1°到 1°，步长 0.01，时间 0.1。

(7) 点 start 扫描。

(8) 测试完后选择菜单栏中"Commander"中列表倒数第二项"Referece and Offset Determination"看"Reference"这项看"Peak Position"，若"Peak Position"后边参数大于0.004，则点击"Save and send New Reference"；若"Peak Position"后边参数小于 0.004，则点击"Cancel"(该项是为了校准位置，小于等于 0.004 为正确)，换掉 glass slit 后换成标准样品 AlO，探测器狭缝换成镍(替换 Cu0.1，铜狭缝用来校准，衰减入射光强)。

(9) 然后重新设置测试参数换成标准测试程序：将电压电流设置成 40 kV，40 mA，Twin-primary 0.6，Twin-secondary 5。

(10) 选择一维模式 LYNXEYE 点"Apply"。

(11) 然后接着点菜单栏"Commander"选择"Referece and Offset Determination"看峰的位置一般参数为 35.149−0.1 到 35.149+0.1 范围内；若不在该范围，则在"Theoretical Position"输入 35.139～35.149 间的一个数，然后点"Apply""OK"，直到校准完成。

3. 手动待机

将软件参数设置成 20 kV，5 mA 点击"Set"，即进入待机状态(若一直使用可不关机)。

4. 关机顺序

开机的反过程：关高压(继续让冷却水循环 5 min)—关右侧探测器绿色按钮—(按左侧白色按钮旋转 1−0)—关制冷—关墙壁空气开关。

四、注意事项

(1) 样品制备

必须将要测试的样品用玛瑙碾钵磨成粉末，才能填充到试样架中，并用玻璃板压平实，使试样面与玻璃表面齐平。

(2) 停机操作

测量完毕，必须缓慢降低管电流、管电压至最小值，再关闭 X 光管电源；取出试样；

10 min后才能关闭循环水泵，关闭水源。

§7.21　热分析仪

（Ⅰ）STA 409 PC Luxx®型同步热分析仪

一、主要用途

将热重分析（TG）与差热分析（DTA）或差示量热扫描（DSC）结合为一体，在同一次测量中利用同一样品可同步得到热重与差热的信息。可以进行材料的研究开发、工艺优化与质检质控。研究材料的如下特性：DSC TG 熔融过程、结晶温度与结晶度、比热、固化、相变与转变热、纯度、玻璃化温度、相容性等，进而得出样品成分、它的分解过程、氧化与还原过程、吸附与解吸、水分与挥发物、气化与升华、热稳定性、反应动力学等物化性质。

图 7-58　STA 409 PC Luxx® 型同步热分析仪

二、主要性能指标

(1) 温度范围：室温～1 550℃。

(2) 升温速率：0.01～50℃ · min^{-1}。

(3) 最大称量：18 000 mg。

(4) 分辨率：0.2 μg。

(5) 真空度：10^{-2} mbar。

(6) 测量气氛：氧化、还原、惰性、真空。

三、基本操作步骤

(1) 通水；(2) 通气；(3) 开机；(4) 称量；(5) 放样；(6) 参数设定；(7) 测量；(8) 关机；(9) 数据分析。详见第五章实验 31。

四、注意事项

(1) 使用前需通冷却水、通保护气，室温恒定在 25℃。

(2) 试样应为固体颗粒或粉末。

(3) 实验结束时，先关工作站和主机电源，后关冷却水和保护气。

(4) 为保护仪器，炉温在 500℃以上时不得关闭 STA 409 同步热分析仪主机的电源。

（Ⅱ）Diamond DSC 型差示扫描量热仪

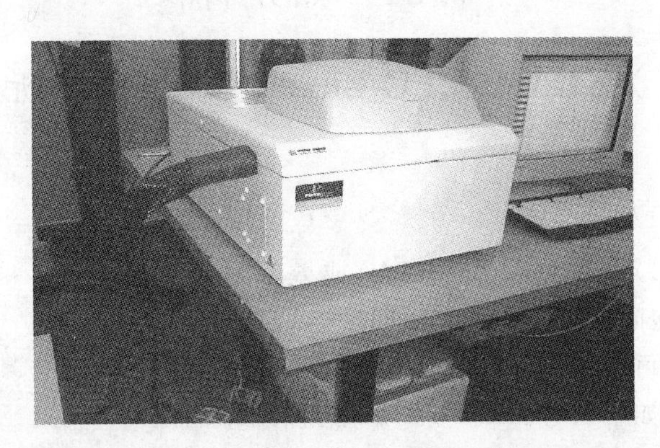

图 7－59 Diamond DSC 型差示扫描量热仪

一、主要用途

差示扫描量热仪是研究材料随温度变化而发生热量变化的仪器，常用于研究物质的热性能、结晶、熔点和熔融过程、玻璃化转变、纯度、比热容、热历史和应力历史、蛋白变性等与热量相关的性能。主要应用领域为高分子、化学化工产品、药品、食品、无机材料、金属材料等的测试研究。

二、主要性能指标

（1）炉体材料：铂铱合金。

（2）温度范围：－80～730℃。

（3）灵敏度：0.2 μW。

（4）动态量程：0.2 μW～800 mW。

（5）最快升温/降温速率：500℃ · min^{-1}。

（6）温度精度：优于±0.01℃。

（7）温度准确度：优于±0.1℃。

（8）量热精度：优于±1%。

（9）量热准确度：优于±1%。

三、基本操作步骤

1. 开机

（1）常温模式

首先打开吹扫气体（高纯氮气），压力调至 1.5 MPa 左右。

打开电脑和 DSC 主机电源，主机前面板上三个指示灯闪亮后“RDY”灯常亮。

启动“Pyris”软件并在软件界面上点击“联机”按钮。双击电脑桌面的“Pyris Manager”图标，单击活动窗口上的“Diamond DSC”启动按钮联机。

(2) 低温模式(机械制冷)

打开炉子吹扫气体(高纯氮气)、气帘气体(高纯氮气)的气体钢瓶开关,减压阀压力均调至1.5 MPa左右,DSC主机右后部的气帘气体压力表调至9~12 psi。

打开电脑和DSC主机电源,主机前面板上三个指示灯闪亮后"RDY"灯常亮。

启动"Pyris"软件并在软件界面上点击"联机"按钮。双击电脑桌面的"Pyris Manager"图标,单击活动窗口上的"Diamond DSC"启动按钮联机。

2. 样品准备与放置

(1) 用电子天平准确称量待测试样的质量。

(2) 将样品置于样品皿中(铝皿最高使用温度550℃,550~650℃时使用铜皿),使用手动压片机密封样品皿。

(3) 将样品皿(左)和参比空皿(右)分别置于炉子内。

(4) 将白金盖盖好,然后将上盖、前盖盖好,准备测试。

3. 测试

(1) 双击桌面"Pyris Manager"图标,单击工具条上的"Diamond DSC"联机按钮打开软件。

(2) 在"Method Editor"窗口中设置测试条件:

"Sample Info"中输入样品质量和选择结果保存路径;

"Initial State"中设置初始温度和选择基线路径(可不选);

"Program"中编写升/降温测试步骤,包括温度范围,升/降温速率或者等温等;

"View Program"中检查编辑的程序正确与否。

(3) 点击"Diamond DSC Control Panel"上的"开始/结束"按钮 开始测试。

(4) 测试结束后,单击"Start Pyris"按钮,选择"Data Analysis"进入数据分析主界面进行数据分析。

注:基线测量与样品测量流程与操作一样,只是左右炉子都放置空皿。

4. 关机

(1) 常温模式:关机时首先关闭DSC电源及操作软件,再关闭钢瓶气体。

(2) 低温模式:若第二天需要继续DSC测试,就将气帘气体关掉,而吹扫气体调整到0.5 MPa~1 MPa,关闭DSC电源、操作软件和计算机;若第二天不进行DSC测试,关闭所有气体、DSC电源、操作软件和计算机。

四、注意事项

测试样品前,应对样品的性质,例如需要测试的温度范围、温度程序、测试目的和分解温度等有大致的了解。对未知样品,在扫描时应采取保守的态度。禁止使用该DSC进行分解实验。

§7.22 GCT Premier 高分辨飞行时间质谱仪

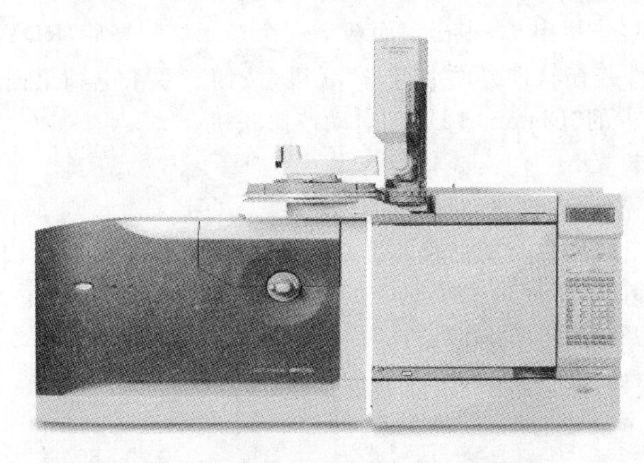

图 7-60 GCT Premier 高分辨飞行时间质谱仪

一、主要性能指标

(1) 气体压力条件

表 7-4 气体压力参数

Gas	Correct pressure for EI	Correct pressure for CI
Pneumatic gas	80 to 100 psi	80 to 100 psi
Soft vent gas	5 to 100 psi	5 to 100 psi
Helium	90 psi (for GC, if fitted)	90 psi (for GC, if fitted)
CI Gas	Not applicable	10 psi

(2) 推荐测试条件

表 7-5 推荐测试参数

Parameter	Recommended EI value	Recommended CI value
MCP Voltage pane		
MCP Voltage	2 700	2 700
Temperature pane		
Source Temperature	200	120 to 150
Inner Source pane		
Electron Energy	70	70
Trap Current	100	250
Ion Repeller	1	Not applicable
Outer Source pane		
Beam Steering	0	0

(3) 检测分子量范围：0～3 000，标样分子量 600。

二、基本操作步骤

(1) 打开循环水开关和空压机(或者空气钢瓶)。

(2) 打开机械泵的电源。

(3) 打开 MS 和 GC 的电源。

(4) 启动主控计算机。

(5) 待计算机提示“Press Ctrl＋Alt＋Delete to log on”时，依照命令进入计算机，出现“logon information”，键入密码，按“OK”。

(6) MassLynx 4.0 以上只要等到 Windows 2000 或 XP 进入桌面后就可以执行“(7)”的操作。

(7) 进入桌面后打开 EPC(不要按“reset”键，按“power”键)，等待两三分钟后连接 EPC(通过“start”→“run”→“ping － t epc”→“ok”)待出现“Reply from 64.1.1.2：bytes＝32 time＜10ms TIL＝64”连接完成。关闭显示框。

(8) 启动 Masslynx。

(9) 确定所用的离子源方式，选择相应的模式，特别是使用 CI 源时一定要使用 CI 的“tune”模式，以免烧坏 CI 灯丝。设定完成后要保存一下“tune”的“＊.ipr”文件。

(10) 确定主机是否处于工作状态下，在 MS TUNE 下检查“MCP”是否处于零。灯丝发射电流最好设为 0，“Electron energy”的电压必须处在 70 eV(EI 源)或 35～55 eV(CI 源)，设定离子源的温度设定值：200～250℃(EI 源)；140～150℃(CI 源)。

(11) 设定 MCP 老化时间为 600 min。

(12) 进入“vacuum”→“Monitor”并确认参考进样的 PUMP 阀是处于打开状态。

(13) 点击“Vacuum”→“Pump instrument”出现提示“是否自动老化 MCP?”，选择“yes”。ML 3.5 选“yes”，等待真空达到和老化完毕，即可正常使用仪器。

ML 4.0 选“yes”后不可以关闭“WARNING”窗口，待真空到达 3×10^{-6}后，仪器要检测 1 h 真空均在 3×10^{-6}后才自动开始“MCP Conditioning”。

这一步也可以手动老化 MCP，尤其是长期停机以后，最好是进行两次抽真空以后再手动老化 MCP，老化前还可以在“engineer page”关闭离子源隔离阀。

(14) 老化完 MCP 后，如果离子源隔离阀是开的，通常可以见到本底峰(比如氮气和氧气峰等)。此时可以关闭参考进样的 PUMP 阀，进 0.2 μL 左右的标样进行调试(EI 模式)，通过抽掉一部分标样和调节灯丝发射电流 30～100 μA 来获得 mass219 峰达 2 000 计数左右。调试仪器的灵敏度和分辨率、低质量数的偏转量(只对有 GC 和 CI 的仪器)，开始校正仪器和测样。

§7.23 Agilent 6890/5973 气相色谱-质谱联用仪

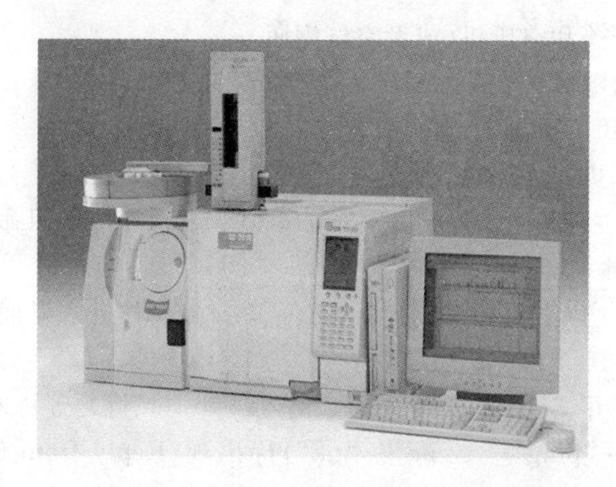

图 7-61 Agilent 6890/5973 气-质联用仪

一、主要性能指标

(1) 灵敏度:1 pg 八氟萘(OFN)在 EI 的条件下信噪比 200∶1。

(2) 质量分析器:带预过滤四极杆的钼金属四极杆滤质器。

(3) 质量范围:1.0～1 200 amu(道尔顿)。

(4) 质量稳定性:±0.1 m/z,>48 h。

(5) 电子离子化电压:10～100 eV 可调。

(6) 抽真空时间:<3 min 达到空气/水本底值(255 $L \cdot s^{-1}$分子涡轮泵)。

(7) 离子源温度独立加热系统:120～350℃可调。

(8) 最大扫描速度:12 500 $amu \cdot s^{-1}$。

(9) 最大全扫描采样速率:60 Hz(取决于全扫描质量范围)。

(10) 单次运行中扫描功能的设定数:32 段(全扫描/选择离子检测)。

(11) 选择离子检测模式中离子设定数目:32 组,每组最多可达 32 个选择离子。

二、基本操作步骤

1. 进入工作站

打开计算机,开启主机电源,点击快捷方式进入工作站,抽真空(真空泵一般自动随机器开启)达到仪器要求的真空度。

2. 方法设定

(1) 在“Method”下拉菜单中选择“Edit Entire Method”进入方法编辑界面。

(2) 对“Check method section to edit”和“Method to run”等界面中的选项均全选并点击“OK”按钮。

(3) 在“Inlet and Injection”界面中,“Sample”项选择“GC”;“Injection source”项选择“Manual”;“Injection Location”项选择“Front”;选中“use MS”,点击“OK”确定。